# 电工操作口诀
## 二百首

商福恭　编著

中国电力出版社
CHINA ELECTRIC POWER PRESS

## 内 容 提 要

本书以过目成诵、便于记忆的口诀形式，言简意赅地介绍电工作业中装、拆、修时的经典操作经验，致力于帮助广大电工快速提高实际操作技能，以满足社会发展需求。主要内容包括：高效检测诊断术；传统正宗操作法；强制性操作规范；操作顺序和经验；窍门技巧简捷法；灭火、紧急救护法。独立成文的小节标题，便是简单明了的典型操作规范、窍门、技巧、方法名称。便于读者边学边用，快步跨进高级电工行列。

本书可供从事电工作业的技术工人、工程技术人员自学参考；可指导刚参加工作的电气技术人员进行实践工作；可作为职高、技校电工专业的辅导教材。

**图书在版编目（CIP）数据**

电工操作口诀二百首 / 商福恭编著 . —北京：中国电力出版社，2021.5
ISBN 978-7-5198-5348-8

Ⅰ. ①电… Ⅱ. ①商… Ⅲ. ①电工技术—基本知识 Ⅳ. ① TM

中国版本图书馆 CIP 数据核字（2021）第 022685 号

出版发行：中国电力出版社
地　　址：北京市东城区北京站西街 19 号（邮政编码 100005）
网　　址：http://www.cepp.sgcc.com.cn
责任编辑：马淑范（010-63412397）　李文娟
责任校对：黄　蓓　王小鹏
装帧设计：赵丽媛
责任印制：杨晓东

印　　刷：北京天宇星印刷厂
版　　次：2021 年 5 月第一版
印　　次：2021 年 5 月北京第一次印刷
开　　本：710 毫米 ×1000 毫米　16 开本
印　　张：23.75
字　　数：382 千字
印　　数：0001—2000 册
定　　价：76.00 元

# 前　言

　　当今的世界是一个离不开电的世界。说起"电"，人们对它似乎太熟悉了。环顾周围，电几乎无处不在，它与日常生活息息相关，不可或缺。随着科学技术的飞速发展，各种电气设备的应用范围已普及到城市和乡村的各个领域。电已成为工业发展的命脉、农业丰收的保障、整个国民经济腾飞的翅膀。因此社会需要大量的掌握电工理论知识和实际操作技能的电工，以保障电力系统安全经济运行和电力用户安全生产。

　　当个电工真不错，担负运筹和驾驭电能应用的重任。但干电工此行业，驾驭"电老虎"，学问浅薄则如履薄冰。电工系特殊工种，需精通专业知识，有过硬的操作技能。随身携带工器具很多，俗话道："工欲善其事，必先利其器"；"七分工具，三分手艺"。这说明了解工具的使用方法和善于运用工具是非常重要的，为此本书以过目成诵、便于记忆的口诀形式，简练精辟地讲授如何使用工器具。钢丝钳的握法、运用低压测电笔检测时的握法、双高阻式测电笔紧线法等，都是电工应熟练掌握的基本操作技能。

　　"经验是智慧之父，记忆是知识之母。"电工作业历代人，经验荟萃有绝活。本书以朗朗上口、易于诵记的口诀形式，言简意赅地介绍电工作业实践中积累起来的经典经验、窍门和技巧，如：手动拉合隔离开关时应按照慢、快、慢过程进行；带负荷错拉合隔离开关时的对策；进户线进屋前应做滴水弯；电动葫芦应加有接触器构成的总开关；负荷开关配带的熔断器必须安装在电源进线侧；更换农用电动机轴承应内紧外松；用剥头绝缘导线检验发电机组轴承绝缘状况；摇动接线柱短接的微安表判断其线圈是否断线；水浮泥汤擦洗绝缘子；锉小缺口法修正碳膜电阻阻值；挖空示温蜡片中心处粘贴法；蛇皮管作填充材料热弯硬质塑料管；钳形电流表测量三相三线电流的技巧；静铁芯座槽内垫纸片消除交流接触器噪声；软塑料管更换指示灯泡等。同时还介绍了众多解决

"疑难杂症"问题的巧办法：热碱水溶液清除瓷套管污垢；烧毛的电气接线螺栓用尖嘴钳套丝；自锁电路串开关启动按钮具有启动和点动两功能；多尘环境中的微动开关外壳缝隙用透明胶带严封；注射针头穿熔丝；土豆拧取破碎灯泡等。总而言之，新、青年电工诵读记熟后，吸收同行前辈们的经验精华，有了这些丰富经验做基础，电工作业时，定能做到动手前胸有成竹，动起手来轻车熟路，从而快步跨进高级电工行列。大学生熟读后，不仅能领略传统文化的魅力，而且可轻松熟知众多实践经验、技巧和绝活，求职面试考核实际操作技能问题时便有了"过关宝典"；参加工作后有了工作实践指南。同时，能真正理解了"有经验而无学问胜于有学问而无经验"的含义。理论知识和实际经验就像人的两条腿，只有同样健全，才能走得扎实稳健。

本书特点：系统学习看全书，重点参考查目录。书前目录章节标题，便是该书内容提要，读者可随时方便地找到所急需学习或参考的内容。书中独立且完整的小短文，简明扼要、文图相辅而行的阐述某节具体成功经验或技巧，犹如成名高级电工技师现场讲授解读。书中选编的经典经验、技巧、窍门和绝活，均来之于老电工工作实践，并经再实践活动检验证明：科技含量高；实用价值高；行之有效效益高。读者诵读本书，可知其然并知其所以然，从而达到举一反三、触类旁通的效果。

在编写本书时，引用了众多电工师傅和电气技术人员所提供的成功经验和资料，谨在此表示诚挚的谢意。同时，由于本人水平有限，加之时间仓促，书中缺点错误之处在所难免，恳请读者批评指正。最后希望广大读者也来总结自己的成功经验，提炼出更多实用电工口诀。

商福恭

2020 年 12 月

# 目 录 ⚒

# 第1章
# 高效检测诊断术

## 1-1　电气设备诊断要诀

**口诀**

电气设备有故障，快准查找故障点，

经典经验诊断术：六诊九法三先后。　　　　　　　　　(1-1)

**说明**　　人总免不了要生病，电气设备也和人一样少不了发生故障，现在还没有永远不出故障的设备。人生了病有时还可以凭着本身的免疫力自愈，而各种电气设备出了故障却没有自行修复的能力，只有依靠维修人员来修理。维修人员若没有过硬的检修技术，往往无法迅速使设备正常运行，从而严重影响生产。有些关键设备如果不及时检修，甚至会造成重大损失，严重时还会造成事故。这时，诊断检修工作就像抢救危重病人一样，必须争分夺秒地进行。因此，维修工作是保证设备正常运行、减少停工损失的重要环节，绝不能忽视。

如果把有故障的电气设备比作病人，维修电工就好比医生。电气设备在使用中可能会发生故障，就像人有时也会生病一样。不过，电气设备不像人那样，部分组织或内脏坏了有时会成为"绝症"，而任何电器坏了，即使不能修理也还可以调换，因此电气设备只要查出故障所在，就没有不治之症。我国中医诊断学有经典的望闻问切四诊和八纲辨证。在检测诊断电气设备故障的实践活动中，有理论知识和实际经验的电气工作者参考中医诊断学经典做法，结合电气设备故障的特殊性和诊断电气故障的成功经验，总结归纳出电气设备诊断要诀：六诊九法三先后。

"六诊"是基本检查手段：口问眼看耳朵听；鼻闻手摸用表测。"九法"是常用的、事半功倍的检测疑难杂症故障的方法即分析、开路、短路法；切割、替代、对比法；菜单、扰动、再现法。"三先后"是经验之谈诊断技巧：先易后难省工时；先动后静查部位；先电源来后负载。简而言之，实践证明"六诊九法三先后"是一套行之有效的电气设备诊断的思想方法和工作方法。

电气设备出现的故障千奇百怪,电气设备检修人员常讲:"只有想不到的故障,没有发生不了的故障。""六诊""九法""三先后",只是一种思想方法和工作方法,切不可生搬硬套。同一种故障可能会有不同的表象,而同一种表象又可能是不同的故障,多种故障同时存在的情况则更加复杂。检修人员要善于透过现象看本质,善于抓住事物的主要矛盾。掌握"电气设备诊断要诀",一要有的放矢,二要机动灵活。"六诊"要有的放矢,"九法"要机动灵活,"三先后"也并非一成不变。"六诊""九法"可单用,也可合用,应根据不同的故障特点灵活掌握和运用。只有这样才能锻炼成为诊断电气设备故障的行家里手。

### 1-2 "六诊"是电气设备故障诊断的基本检查手段

🗨 **口诀**

> 诊断电气故障时,六诊是检查手段:
>
> 口问眼看耳朵听;鼻闻手摸用表测。
>
> 询问现场操作人,故障现象及经过,
>
> 了解设备诸情况,找抓故障众线索。
>
> 看设备外部状况,形色等有无异常;
>
> 看有关图纸资料,熟悉其控制原理。
>
> 听设备运行声响,寻噪声强度差异;
>
> 使用简单助听器,判准更上一层楼。
>
> 电气设备有故障,出现不同异气味,
>
> 鼻子挨近仔细闻,依靠嗅觉辨故障。
>
> 摸推拉有关部位,手感温度和振动,
>
> 以察觉异常变化,迅速判定故障点。
>
> 熟练巧用常用表,测量设备电参数,
>
> 与正常数据比较,确定故障的部位。 (1-2)

📖 **说明** "六诊"是电气设备故障诊断的基本检查手段。简单地讲就是通过"问、看、听、闻、摸、测"来发现电气设备的异常情况,从而找出故障原因和故障所在部位。前"五诊"是凭人的感官,通过口问、眼看、耳听、鼻闻和手摸(触)对电气设备故障进行有的放矢的诊断,故统称为感官诊断,又称直观检查法。感官诊断法在现场应用时十分方便、简捷,常常采取顺藤摸瓜式检查方法，找到故障原因及故障所在部位。"六诊"中的"表测"，即应用仪表仪器对电气设备进行检查。根据仪表测量某些电气参数的大小，经与正常的数据对比确定故障原因和部位，故称仪表测量诊断法。测量法确定故障原因和部位时，常采用优选法（黄金分割点、二分法）逐步缩小故障范围，直至快速准确地查到故障。

（1）口问。发生故障后，向设备操作人员了解故障发生的前后情况，以利于根据电气设备的工作原理来判断发生故障的部位，分析故障的原因。了解设备"病历"，应询问以往有无发生过同样或类似故障，曾做过如何处理；有无更改过接线或更换过零件等。如果故障是发生在有关操作期间或之后，还应询问当时操作内容以及方法步骤。总之，了解情况要尽可能详细和真实，这些往往是找出故障原因和部位的关键。

（2）眼看。一看现场，即仔细观察设备的外部状况或运行工况。如设备的外形、颜色有无异常，熔丝有无熔断；电气回路有无烧伤、烧焦、开路、短路，机械部分有无损坏，以及断路器、隔离开关、按钮、插接线所处位置是否正确，更改过的接线有无错误，更换过的零件是否相符等；另外，还应注意信号显示和表针指示等。二看图纸和有关资料。必须认真查阅与产生故障有关的电气原理图和安装接线图，看这两种图时，应先看懂弄清原理图，然后再看接线图，以"理论"指导"实践"。

（3）耳听。仔细听电气设备运行中的声响。电气设备在运行中会有一定噪声，但其噪声一般较均匀且有一定规律，噪声强度也较低。带病运行的电气设备其噪声通常也会发生变化，用耳细听往往可以区别它和正常设备运行时噪声之差异。利用听觉判断电气设备故障，可凭经验细心倾听，必要时可用耳朵紧贴着设备外壳倾听。

听诊器具可用旋凿、金属棍、细金属管等。用听诊器具触到测试点时，响声变大，以利诊断。用听诊器具直接触在发响声部位听诊，叫作"实听"，用耳朵隔开一段距离听诊，叫作"虚听"，两种方法要配合使用。

（4）鼻闻。利用人的嗅觉，根据电气设备的气味判断故障。如过热、短路、击穿故障，则有可能闻到烧焦味、焦油味和塑料、橡胶、油漆、润滑油等受热挥发的气味。对于注油设备，内部短路、过热，进水受潮后其油样的气味也会发生变化，如出现酸味、臭味等。

（5）手摸。用手触摸设备的有关部位，根据温度和振动判断故障。如设备

3

过载、则其整体温度就会上升；如局部短路或机械摩擦，则可能出现局部过热；如机械卡阻或平衡性不好，其振动幅度就会加大等。另外，个别零件、连接头以及接线桩头上的导线是否紧固，用手适当扳动也很容易发现问题。

（6）表测。用仪表仪器对电气设备进行检查。根据仪表测量某些电参数的大小，与正常的数据对比来确定故障原因和部位。利用仪表仪器检查要有一定目的性，要结合直观检查做出初步判断后进行。常用的测量方法有测量电压法、测量电流法、测量电阻法、测量绝缘电阻法等。

### 1-3　检测隐性故障的九方法

🗨 口诀

> 隐性故障难查找，常需应用九方法：
>
> 根据原理分析法，善用逻辑推理法；
>
> 采用断路开路法，甩开疑点后负载；
>
> 检查通路短路法，中间环节导线连；
>
> 切割分区切割法，可疑范围逐缩小；
>
> 省时简捷替代法，替换怀疑元器件；
>
> 表测时用对比法，与正常设备比较；
>
> 原因罗列菜单法，逐一查找和验证；
>
> 人为搅扰扰动法，故障发生现象捉；
>
> 实施故障再现法，以便找出故障点。
>
> (1-3)

📖 说明　电气设备故障可分为两类，一类是显性故障，即故障部位有明显的外表特征，容易被人发现。如继电器和接触器的线圈过热、冒烟、发出焦糊味。另一类是隐性故障，即故障没有外表特征，不易被人发现。如熔体中熔丝熔断、热继电器整定值调整不当、触头通断不同步等。隐性故障由于没有外表特征，常需花费较多的时间和精力去分析和查找。当大型电气设备较复杂的控制系统发生故障，初步感官诊断原因有两个以上且均属于隐性故障时，应在此基础上，熟悉故障设备的电路原理、结合自身诊断经验，选择科学的、行之有效的检查方法。隐性故障的常用检查方法有9个。

（1）分析法。根据电气设备的工作原理、控制原理和控制线路，结合初步诊断的故障现象和特征，弄清故障所属的范围、分析故障原因、确定故障部位。分析判断时，先从主电路入手，再依次分析各个控制回路，然后分析信号电路及其余辅助回路。分析时要善用逻辑推理法。

（2）开路法，也叫断路法。即甩开与故障疑点连接的后级负载（机械或电气负载），使其空载或临时接上假负载。对于多级连接的电路，可逐级甩开或有选择地甩开后级负载。甩开负载后可先检查本级，如电路工作正常，则故障可能出在后级；如电路工作仍不正常，则故障在开路点之前。

（3）短路法。把电气通道的某处短路或某一中间环节用导线跨接。检修中多用短路法检查电路中某一环节是否通路，此法还特别适用于检查高频电路自励或干扰。检查高频电路时可把某级输入端短接，看干扰是否消除，以判断故障在短路点之前还是之后。对于某中间环节是否通路，则可用短接线或旁路电容跨接，如短接后恢复正常，则故障就在该环节。

（4）切割法。把电气上相连接的有关部分进行切割分区，以逐步缩小可疑范围。如查找 10kV 中性点不接地系统的单相接地故障和直流系统接地故障，通常先采用逐条拉开馈线的拉路法，拉到某条馈线时接地故障信号消失，则接地点就在某条馈线内，除非整个系统出现普遍性绝缘下降，否则拉路法往往能较快地查找出故障线路。查找某条线路的具体接地点或故障设备的具体故障点，同样可以采用切割法。查找馈线的接地点，通常在装有分支开关或便于分割的分支点做进一步分割，或根据运行经验重点检查薄弱环节；查找电气设备内部的故障点，通常根据电气设备的结构特点，选便于分割处作为切割点。

（5）替代法，也就是替换法。即对可疑的电器元件或零部件用正常完好的电器元件或零部件替换，以确定故障原因和故障部位。对于容易拆装的零部件，如插件、嵌入式继电器等，要做详细检查往往比较麻烦，用替代法则简便易行。对于某些电子零件，如晶体管、晶闸管等，用普通的检查手段往往很难判断其性能好坏，用替代法同样简便易行。在修理电气设备内部的印刷电路板、元器件等时，采用替代法可大大缩短现场检修时间。若替换可疑的电器元件或零部件后设备即恢复正常，则故障就出在该电器元件或零部件上，如仍不正常，则可能是其他原因。采用此方法时，一定要注意用于替代的电器应与原电器规格、型号一致，导线连接要正确、牢固，以免发生新的故障。

（6）对比法。把故障设备的有关参数或运行工况和正常设备的进行比较。某些设备的有关参数未必能从技术资料中查到，设备中有些电器零部件的性能参数在现场也难以判断其好坏，有条件时（同类电气设备多台）可采用互相对比的办法，参照正常情况进行调整或更换。此法多在用仪表测量时运用，即用电气仪表测量某些参数，经与正常的数值对比来确定故障部位和故障原因。

（7）菜单法。根据故障现象和特征，将可能引起这种故障的各种原因顺序罗列出来，然后一个个地查找和验证，直到查找出真正的故障原因和故障部位。此方法最适合初学者使用。

（8）扰动法。对运行中的电气设备人为地加以扰动，观察设备运行工况的变化，捕捉故障发生的现象。电气设备的某些故障并不是永久性的，而是暂时偶然出现的随机性故障，要诊断此类故障比较困难。为了观察故障发生的瞬间现象，通常人为对运行中的电气设备加以扰动，如突然升压或降压、增加负荷或减少负荷、外加干扰信号等。

（9）再现法。接通电源，按下启动按钮，让故障现象再次出现，以找出故障点。再现故障时，主要观察有关继电器和接触器是否按控制顺序进行工作，若发现某一个电器的工作状态不对，则说明该电器所在回路或相关回路有故障，再对此回路做进一步检查，便可发现故障原因和故障点。要实施此法，必须先确认不会发生事故，或在做好安全措施情况下进行。

## 1-4  诊断技巧三先后

📠 口诀

> 诊断技巧三先后：先易后难省工时；
>
> 先动后静查部位；先电源来后负载。                （1-4）

📖 说明  经验之谈诊断技巧三先后，即先易后难、先动后静、先电源后负载。"六诊"的应用顺序是先感官诊断（前五诊）后表测。否则无目标、无规律地乱查乱拆，虽然最终也能找到故障原因和部位，但拖延了故障排除的时间，有时甚至还会损坏其他的零部件。电气设备诊断要诀中的"三先后"，是维修电工查找电气故障时的工作方法。

（1）先易后难，即根据客观条件，优先采用容易实施的手段，不易实施或较难实施的手段必要时才采用。也就是说：检修故障要先用简单易行、自己最拿手的方法去处理，再用复杂、精确的方法；排除故障时，先排除直观、显而易见的故障，后排除难度较高、没有处理过的疑难故障。通常是先做直观检查和了解（感官诊断），其次再考虑采用仪表检查（表测才能有的放矢）。例如熔丝熔断、过热、烧伤等，往往用直观检查就能发现，未必需要直接动用仪表检查。对于结构比较复杂的电气设备，通常先检查其外围零件和接线。如需解体检查，其核心部分和不易拆装部分更应慎重考虑。即首先排除外部部件引起的故障，再检测机内的故障，尽量避免不必要的拆卸。

（2）先动后静。即着手检查时首先考虑电设备的活动部分，其次才是静止部分。根据检修经验，电气设备的活动部分比静止部分在使用中的故障概率要高得多，所以诊断时首先要怀疑的是经常动作的零部件或可动部分，如断路器、隔离开关、接头、插接件、机械运动部分。

（3）先电源后负载。即检查的先后次序从电路的角度来说，是先检查电源部分，后检查负载部分。这是因为电源侧故障势必会影响到负载，而负载侧故障则未必会影响到电源。如电源电压过高、过低、波形畸变、三相不对称等，都可能会影响电气设备的正常工作。另外，电源部分的故障概率也往往较高，尤其是电流互感器和电压互感器的二次回路接线，往往是最容易搞错且又容易忽略的地方。对于用电设备，通常先检查电源的电压、电流，电路中的断路器、触点、熔丝、接头等，故障排除后再根据需要检查负载。

根据检修电气设备的经验，"先公用电路，后专用电路"，任何电气系统的公用电路出故障，其能量、信息就无法传送、分配到各具体电路，专用电路的功能就不起作用。如一个电气设备的电源部分出故障，整个系统就无法正常运转，向各种专用电路传递能量、信息就不可能实现。因此，只有遵循先公用电路、后专用电路的顺序，才能快速准确地排除电气设备的故障。

## 1-5 感官诊断法

🗨️ 口诀

> 运行设备有故障，凭五官直观检查。
>
> 通过问听视嗅觉，手感温度和振动，
>
> 有的放矢来诊断，找出故障所在点。　　　　　　　　　（1-5）

📖 说明　感官诊断法又称直观检查法，即通过口问、眼看、耳听、鼻闻、手触摸等对设备故障有的放矢地诊断，来判断电气设备的故障原因和部位所在。这种方法在现场应用时十分方便、简捷。人的大脑就像一套精密的仪器，它将输入的信息同脑子里固有的知识和经验做比较、进行筛选、做出判断、完成信息的输出程序。

除了对具体信号，如光、色（观察设备的外部状况或运行工况）、声（设备运行的声响）、气味（设备出现的气味）、温度（手触摸设备的有关部位，手感的温度和振动）等判断外，感官诊断还可以利用运行人员或用户反映的设备使用情况、设备的"病历"和故障发生的全过程等技术资料进行诊断。

## 1-6 看线径速判常用铜铝芯绝缘导线截面积

📝 **口诀**

> 导线截面积判定，先定股数和线径。
> 铜铝导线单股芯，一个多点一平方，
> 不足个半一点五，不足两个二点五，
> 两个多点四平方，不足三个六平方。
> 多股导线七股绞，再看单股径大小，
> 不足个半十平方，一个半多粗十六，
> 两个多粗二十五，两个半粗三十五。
> 多股导线十九股，须看单股径多粗，
> 一个半是三十五，不足两个是五十，
> 两个多点是七十，两个半粗九十五。
> 多股导线三十七，单股线径先估出，
> 两个粗的一百二，两个多的一百五。　　　　　　(1-6)

📖 **说明** （1）一般常用绝缘导线有橡皮绝缘导线和聚氯乙烯绝缘导线（俗称塑料线），不论哪种，看其成品外径，均不易判定导线截面积是多少。两三个相邻等级标称截面的导线，其外径相差很小，仅 1～2mm，特别是经过运行的绝缘导线、两相近规格标称截面积的导线，用肉眼几乎看不出差异。判定绝缘导线的截面积是电工，特别是维修电工应知应会的技能，也是电工经常遇到和需解决的工作。本口诀是帮助电工尽快学会快速判定铜铝芯绝缘导线截面积的经验口诀，也可以说是在现场判定导线截面积的有效可行方法。

（2）口诀（1-6）是根据绝缘导线的线芯结构，即股数和单股线直径来判定导线的截面积等级的。因此，须记住导线截面积为 $mm^2$ 等级，见表 1-1 所列 1～150$mm^2$ 常用的 14 个等级截面积数值。同时应清楚导线单股直径 $d$ 与截面积 $S$ 的关系：$S = \pi d^2/4 \approx 0.8d^2$；多股绞线的截面积是各单股截面积之和，即 $S_n = n\pi d^2/4 \approx 0.8nd^2$。口诀中的"个"则是单股线直径的单位 mm 的俗称（工矿企业中一直沿用这个俗称，即 1mm 就是 1 个。且电工必须具备肉眼识"个"的本领，如几个粗的线、几个的螺栓等）。口诀中的"多点"和"不足"，两者均是差 0.1mm 或 0.2mm 的意思。

8

表 1-1　　　　　　　　　　常用铜铝芯绝缘导线截面积及单股直径

| 导线标称截面积（mm²） | | 1 | 1.5 | 2.5 | 4 | 6 | 10 | 16 | 25 |
|---|---|---|---|---|---|---|---|---|---|
| 线芯结构 | 股数 | 1 | 1 | 1 | 1 | 1 | 7 | 7 | 7 |
| | 单股直径（mm） | 1.13 | 1.37 | 1.76 | 2.24 | 2.73 | 1.33 | 1.68 | 2.11 |
| 导线标称截面积（mm²） | | 35 | | 50 | 70 | 95 | 120 | 150 | |
| 线芯结构 | 股数 | 7 | 19 | 19 | 19 | 19 | 37 | 37 | |
| | 单股直径（mm） | 2.49 | 1.51 | 1.81 | 2.14 | 2.49 | 2.01 | 2.24 | |

（3）"一个多点一平方"是说单股芯线径是 1mm 多点的导线，该导线的截面积是 1mm²；"不足个半一点五"是说单股线径为 1.3mm 或 1.4mm 的导线，其截面积是 1.5mm²。每句口诀的前半句是单股线径，后半句是相对应的导线截面积。"多股导线七股绞，再看单股径大小，不足个半十平方，一个半多粗十六"说的是绝缘线的线芯结构由 7 股组成，单股线径不足 1.5mm 的绞线截面积是 10mm²；单股线径 1.5mm 多的绞线截面积是 16mm²。"两个多粗二十五""两个半粗三十五"均是说线芯结构由 7 股组成时，单股线径多少"个"，导出后面绞线截面积。总之，本判断口诀须熟记，不断锻炼目识"个"的本领，逐步做到准确判定截面积。

### 1-7　摇动接线柱短接的微安表判断其线圈是否断线

💬 **口诀**

> 微安表线圈通断，万用表不能测判。
>
> 微安表后接线柱，铜铝导线短接好。
>
> 然后摇动微安表，同时看表头指针。
>
> 缓慢摆动幅度小，表内线圈则完好。
>
> 较快大幅度摆动，表内线圈已断线。　　　　　　　　　（1-7）

📖 **说明**　（1）此口诀用于判定指针式微安表表内线圈是否断线。微安表是磁电系仪表，表内线圈用很细的导线绕成。其允许通过的电流值只有几十到几百微安，且过载能力很小。而万用表的欧姆挡在测量电阻时，可以输出几毫安到几十毫安的电流，要比微安表线圈允许通过的电流大得多。若用万用表的欧姆挡直接测量微安表线圈的内阻（即通断）时，由于较大的电流通过表内线圈，则可能将微安表烧坏。所以不允许用万用表的欧姆挡直接测量微安表内线圈通断。

（2）判断一块微安表内线圈是否断线的简便方法，是将微安表后面的两个接线柱用铜铝导线短接，然后摇动微安表，使线圈切割磁场。如果表内线圈完好，则能产生短路电流，起到阻尼作用，使表头指针缓慢而小幅度地摆动；反之，如表内线圈已断线，则线圈内无短路电流，不起阻尼作用，因此指针较快地大幅度摆动。

## 1-8 识读电气图基本方法五结合

📝 **口诀**

识别读懂电气图，基本方法五结合。

电工电子两技术，基本理论和常识。

元器件结构原理，规范性典型电路。

电气图绘制特点，其他专业技术图。 (1-8)

📖 **说明** 电气图是电气技术领域广泛应用的一种技术资料，是设计、生产和维修不可缺少的内容。电气图是电工进行技术交流和生产活动的"语言"，通过识读、分析电气图，能了解电气设备的工作过程及原理，从而更好地使用、维护这些设备，并在故障出现的时候能够迅速查找出故障的根源，进行维修。故有"电工会识电气图，安装检修心有数"的说法。现介绍识读电气图的基本方法五结合。

（1）结合电工、电子技术基本理论和常识识读图。在实际生产的各个领域，如变配电所、电力拖动系统、各种照明电路、各种电子电路、仪器仪表及家用电器等，都是建立在电工、电子技术理论知识基础上的。因此，要想看懂电气图，就必须具备一定的电工、电子技术理论知识。如三相感应电动机的正反转控制，就是利用电动机的旋转方向是由三相交流电的相序决定的原理，采用倒顺开关或两个接触器实现切换，从而改变接入电动机的三相交流电相序，实现电动机正反转。

（2）结合电气元器件的结构和工作原理识读图。电路是由各种电气设备、元器件组成的，如电力供配电系统中的变压器、各种开关、接触器、继电器、互感器等，电子电路中的电阻器、电容器、电感器、二极管、三极管、晶闸管及各种集成电路等。因此，只有熟悉这些电气设备、元器件的结构、工作原理、用途和它们与周围元器件的关系以及在整个电路中的地位和作用，才能正确识读电气图。例如，在图 1-1 所示三极管基本放大电路中，三极管 VT 是放大元件，了解它的结构，熟悉它

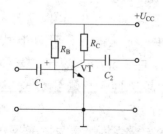

图 1-1 三极管基本放大电路

的工作原理，就能正确认识它的放大原理：$R_B$ 是基极偏置电阻，给放大电路提供合适的静态工作点：$R_C$ 是集电极负载电阻，起电压转换作用；$C_1$、$C_2$ 是耦合电容，负责进行信号传递。

（3）结合典型电路识读图。所谓典型电路，就是常用（见）的具有代表性的基本电路，是学习和应用中的基础电路。如三相感应电动机的启动、制动、正反转、过载保护、联锁电路等，电子电路中三极管放大电路、晶体管整流电路、振荡电路、脉冲与数字电路等，都是典型电路。

再复杂的电路图，细分起来都是由若干典型电路所组成的。因此，熟悉各种典型电路，对看懂复杂的电路图有很大帮助，不仅看图时能很快分清主次环节，抓住主要矛盾，而且不易搞错，从而达到正确识读图的目的。

（4）结合电气图的绘制特点识读图。电气图的绘制有一定的基本规则和要求，按照这些规则和要求画出的电气图，具有规范性、通用性和示意性等特点。如电气图的图形符号和文字符号的含义、图线的种类、主辅助电路的位置、表达形式和方法等，都是电气制图的基本规则和要求。掌握熟悉这些内容对识读图有很大的帮助。

（5）结合其他专业技术图识读图。为更好地利用图纸指导施工，凭借所学的有关制图、看图的知识，结合其他专业技术图，如土建图、管道图、机械图等看电气图。电气图与一些其他专业的技术图有着密切的关系，因此识读电气图时，应与其他专业的技术图相结合，一并仔细识读。

## 1-9　电力变压器异常声响的判断

**口诀**

运行正常变压器，清晰均匀嗡嗡响。

配变声响有异常，判断故障点原因。

嗡嗡声大音调高，过载或是过电压。

间歇猛烈咯咯声，单相负载急剧增。

叮叮当当锤击声，穿心螺杆已松动。

噼噼啪啪拍掌声，铁芯接地线开断。

间歇发出咪咪声，铁芯接地不良症。

绕组短路较轻微，发出阵阵噼啪声。

绕组短路较严重，发出巨大轰鸣声，

高压套管有裂痕，发出高频嗞嗞声。

高压引线壳闪络，噼噼啪啪炸裂声。

低压相线有接地，老远听到轰轰响。

跌落开关分接头，接触不良吱吱响。 (1-9)

📖 **说明** （1）电力变压器是配电网中最重要的构成部分，目前绝大部分采取户外架空安装（杆上式变压器台），其成本低、施工迅速、使用方便，但易受各种天气（如气温、雷、雨、雪、雾、环境污染等）的袭击。特别是设置在闹市区或居民聚集区的户外配电变压器，若发生异常现象（如放电、爆炸等）会影响人身安全。因此对户外架设的电力变压器，为了保证正常供电，除了应定期进行规定项目的测试检查外，在平常还可通过耳听（有时兼目测）变压器的声响变化初步判断其运行状况。变压器运行人员都应该掌握根据变压器发出的声响变化迅速判断故障的方法。

（2）实践证明，电力变压器运行时发出的异常声响是初步判断其故障的最有效也是最简便的诊断手段（耳听诊断可用木棒的一端放在变压器的油箱上，另一端则放在耳边仔细听声音。如果听惯正常时的声音，就能听出异常声音）。本诊断口诀给出的是一些常见的异常声响和产生这些声响的可能故障原因，具体参见表 1-2。

**表 1-2** 电力变压器运行时异常声响诊断表

| 故障源 | 故障情况 | | 故障声 |
|---|---|---|---|
| 负载与电压 | （1）过载 | | "嗡"声大，音调高 |
| | （2）负载急剧变化 | | "咯咯"声 |
| | （3）电网电压超过分接头额定电压 | | "嗡"声变得尖锐 |
| 铁芯 | （1）穿心螺杆松动 | | "叮当"锤击声与"呼呼"刮风声 |
| | （2）有异物落入铁芯上 | | |
| | （3）铁芯接地线断开 | | "噼啪"声 |
| | （4）铁芯接地不良 | | "哧哧"间歇声 |
| 绕组与线路 | （1）绕组短路 | 轻微 | "噼啪"声 |
| | | 严重 | 轰鸣声（"咕噜咕噜"水沸腾声） |
| | （2）高压套管脏污、表面有裂痕或釉质脱落 | | "哐哐"声 |
| | （3）高压引出线对外壳相互间闪络放电 | | 炸裂声 |
| | （4）低压侧电力线接地 | | "轰轰"声 |
| | （5）跌落熔断器或分接开关接触不良 | | "吱吱"声 |

配电变压器在正常运行时，由于铁芯是由许多薄硅钢片叠成的，交变的磁

通使硅钢片磁致伸缩而发生振动，并通过壳体传出均匀、清晰、有规律的"嗡嗡"响声。

变压器发出的嗡嗡声比平常加重，但无杂音，是由于变压器中性点不直接接地系统发生单相接地时，铁磁共振以及大型电动机启动、短时超负荷、穿越性短路等过电压或过电流引起的变压器响声。当过电压或单相负荷急剧增加时，由于高次谐波分量很大，还会使铁芯发生振荡而发出"咯咯"的猛烈间歇声音。

变压器内部发出惊人的"叮叮当当"锤击声，或"呼——呼——"似刮大风的声音，是由于夹紧铁芯的螺杆松动，导致松动的各部件在磁场的作用下相互撞击所致。"噼噼啪啪"的声音是由于铁芯接地线断开，铁芯与机壳之间放电而形成的。"咝咝、咝咝"的间歇声是铁芯接地点接触不良，因而在运行中静电压升高，向其周围低电位的夹件或外壳底部放电。有放电声时应及时处理，防止事故扩大，避免人身危险或火灾。

变压器内部发出"噼啪"的放电声，是由于绕组短路，绝缘击穿。如果绕组短路严重时，短路处严重过热，会出现变压器油局部沸腾而发出"咕噜咕噜"的轰鸣声，随后就冒烟着火。遇到这种情况应特别引起重视。

"吱吱"声，是变压器高压套管脏污、表面釉质脱落或有裂痕而产生电晕放电所致。此现象在大雾、大雨或阴天时极易发生，且发声时间短促、间断时间不一。或者由于高压引出线离地面距离不足，引起间隙放电。有时还伴有放电火花而发出噼啪炸裂声。

低压相线发生接地故障时，由于对地电流较大，会发出较大的"轰轰"声。当变压器投入运行时，发出较大的"吱吱"声，或是"啾啾"声，有时还造成高压跌落熔断器熔丝烧断。这是由于分接开关未到位，应马上停电处理。

另外，有时会听到较清脆的、连续的或间歇的"唰唰"声。这是变压器外壳与其他外物接触时，因振动相互摩擦撞击而发出的响声。

### 1-10　滴水检测电动机温升

📋 **口诀**

> 电机温升滴水测，机壳上洒几滴水。
>
> 只冒热气无声音，被测电机没过热。
>
> 冒热气时咝咝响，电机过热温升超。　　　　　(1-10)

📖 **说明**　电动机是将电能转换成机械能的一种电机，也是各行各业中应用最广泛的用电设备。电动机带负荷运行时由于损耗而发热，当电动机的发热量与散热量相等时，其温度就稳定在一定的数值。只要环境温度不超过规定，电动机满载运行的温升就不会超过所用绝缘材料的允许温升。电动机以任何方式长时间运行时，温度都不得超过所用绝缘材料规定的最高允许温度。电动机温度过高是电动机绕组和铁芯过热的外部表现，过热会损坏电动机绕组绝缘，甚至会烧毁电动机绕组，且降低其他方面性能。小型电动机一般很少装设电流表，所以监视这种电动机的温度就尤为重要。

温升是电动机异常运行和发生故障的重要信号。滴水检测电动机温升是简便可行的方法，即在机壳上洒几滴水，如果只看见冒热气而无声音，则说明被测电动机没有过热；如果冒热气时又听到"嗞嗞"声，则说明被测电动机已过热，温升已超过允许值。

## 1-11 三相电动机未装转子前判定转向的简便方法

**口诀**

电动机转向预测，转子未装判定法。

铜丝弯曲成桶形，定子内径定桶径。

定子竖放固定妥，棉线吊桶放其中。

桶停稳后瞬通电，桶即旋转定转向。 (1-11)

**说明** 三相交流电动机转向预测问题，本质上是在已知电源相序和规定电动机转向的条件下，对电动机三相绕组头、尾端已理清的定子绕组进行相序测定的问题。它对安装不宜反转的拖动装置，尤其是大容量的三相电动机，具有实际意义。有些交流电动机，如带反转制动的电动机、水泵电动机、冰箱电动机等是不允许反转的。这些电动机如果转向不对，不仅会造成设备不能正常工作（如水泵不能抽水，冰箱不制冷），而且电动机本身还可能损坏。

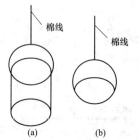

图 1-2　铜丝弯制的桶（筐）形示意图

（a）桶形；（b）筐形

交流电动机未装转子前判定转向时，用铜丝或铝丝（不能用铁丝）弯曲成桶形或筐形，如图 1-2 所示，其大小由被测电动机定子内径而定。测试时将被测电动机定子竖放，手提棉线将"桶"或"筐"吊在电动机定子中间，待其停稳后，给电动机定子绕组瞬间通电。这时"桶"或"筐"立即旋转起来，其转动方向就是被测电动机转子的转动方向。

实际工作中，用日光灯启辉器的铝外壳可代替上述"桶"或"筐"，即废旧日光灯启辉器铝壳就是很理想的"桶"或"筐"。在测试时，小功率、低电压电动机可直接接其额定电压电源；大功率、高电压电动机，采用低压供电以保安全。用此种方法测试电动机转向，既简单又安全，对被测电动机定子绕组也没有危害。

## 1-12　电动机绝缘机械强度四级判别标准

📑 **口诀**

> 电动机绝缘优劣，机械强度来衡量。
>
> 感官诊断手指按，四级标准判别法。
>
> 手指按压无裂纹，绝缘良好有弹性。
>
> 手指接压不开裂，绝缘合格手感硬。
>
> 按时发生小裂纹，绝缘处于脆弱状。
>
> 按时发生大变形，绝缘已坏停止用。　　　　　　(1-12)

📖 **说明**　电动机是由绕组和铁芯构成的，两者之间是由绝缘材料隔开的，所以绝缘结构就成为电机的重要组成部分，但也是电动机的一个薄弱环节。

绝缘机械强度可分为四级判别标准：

一级，用手指按压时无裂纹，有弹性，说明绝缘良好。

二级，感觉硬，但用手指按压时无裂纹，说明绝缘处于合格状态。

三级，用手指按压时发生微小的裂纹或变形，说明绝缘处于脆弱状态。

四级，用手指按压时发生较大变形和破坏，说明绝缘已坏。被测电动机必须停止使用。

电动机绝缘处理（即对绝缘材料进行清扫、清洗、浸漆等工作）的目的就在于提高机械强度，当然也包括提高耐潮性能、导热性能以及化学稳定性。另外，绕组在槽内的固定，端部的绑扎等都是为了使绕组具有良好的机械强度和整体性，并以此来保证良好的绝缘强度。

## 1-13　手触摸设备外壳的方法和技巧

📑 **口诀**

> 感官诊断手触摸，手感温度判故障。
>
> 触摸设备外壳时，掌握方法和技巧。

原则该摸的才摸，不该摸的不乱摸。

具体实施手触摸，用力一定要适当。

不要捏住要弹击，不用手心用手背。 (1-13)

📖 **说明** 用手触摸设备的有关部位，根据手感的温度判断故障。但在实际操作时应注意遵守有关安全规程和掌握设备的特点；掌握触摸的方法和技巧；该摸的才能摸，不该摸的切不要乱摸（如当发现低压熔断器熔丝熔断时，只能手摸熔管绝缘部位，不能触摸其两端金属部位）。具体实施"手摸"诊断时，用力要适当；不要用手指捏住、捏紧，而要用手指背弹法；要用手背而不用手心。

手心与手背相比，由于维修电工的手心经常使用而有较厚的角质层，因而手背比手心的触觉神经敏感性更好。从安全性讲，当用手心去触摸运行中的电气设备外壳时，如果设备外壳有漏电或静电，会因手的本能反应而抓住或抓紧带电设备；反之，当用手背去触摸电气设备外壳时，若有电，手的本能反应是握手，从而脱离带电设备。即手背比手心更容易自然地摆脱带电的设备外壳。

### 1-14 手感温法初步测电动机温升

💬 **口诀**

电动机运行温度，手感温法来检测。

手指弹试不觉烫，手背平放机壳上。

长久触及手变红，五十度左右稍热。

手可停留两三秒，六十五度为很热。

手触及后烫得很，七十五度达极热。

手刚触及难忍受，八十五度已过热。 (1-14)

📖 **说明** 温升是电动机运行异常和发生故障的重要信号。用手摸来检测温升是最简便的方法，即测量电动机的温度时，有经验的电工常用手摸的方法。用手摸试电动机温度时，应将手背朝向电动机，并应先采用弹试方法，切不可将手心按向电动机的外壳。在实际操作中应注意遵守有关安全规程和掌握设备的特点，掌握摸的方法和技巧，该摸的才摸，不该摸的切不要乱摸。

对于中小容量的电动机，用手背平放在电动机的外壳上，若能长时间停留，手背感到很暖和而变红，可以认为温度在 50℃ 左右；如果没有发烫到要缩手的感觉，说明被测电动机没有过热；如果烫得马上缩手，难以忍受（即手背刚触及电动机外壳便因条件反射瞬间缩回），则说明被测电动机的外壳温度已达 85℃以上，已超过了温升允许值。手感温法估计温度见表 1-3。

表 1-3 手感温法估计温度表

| 电动机外壳温度（℃） | 感觉 | 具体程度 |
|---|---|---|
| 30 | 稍冷 | 比人体温稍低，感到稍冷 |
| 40 | 稍暖和 | 比人体温稍高，感到稍暖和 |
| 45 | 暖和 | 手背触及时感到很暖和 |
| 50 | 稍热 | 手背可以长久触及，触及较长后手背变红 |
| 55 | 热 | 手背可以停留 5～7s |
| 60 | 较热 | 手背可以停留 3～4s |
| 65 | 很热 | 手背可以停留 2～3s，即使放开手后，热量还留在手背上很久 |
| 70 | 十分热 | 用手指可以停留约 3s |
| 75 | 极热 | 可用手指可以停留 1.5～2s，若用手背，则触及后立即放开，手背还感到烫 |
| 80 | 热得使人担心电动机是否烧坏 | 热得手背不能触碰，用手指勉强可以停留 1～1.5s。聚乙烯膜收缩 |
| 85～90 | 过热 | 手刚触及便因条件反射瞬间缩回 |

## 1-15 手摸低压熔断器熔管绝缘部位温度速判哪相熔断

**口诀**

> 低压配电屏盘上，排列多只熔断器。
>
> 手摸熔管绝缘部，烫手熔管熔体断。 (1-15)

**说明** （1）当发现三相电动机运行电流突然上升，发出异常声音时，要在停机后应立即检查其熔断器的温度状态。在一般情况下，刚刚熔断的熔体及熔体熔断之前所发热量必导致熔管发热。因此，当发现低压熔断器熔丝熔断或电动机有两相运行的可能时，应立即检查熔断器的发热情况，特别是在多只熔断器排列在一起的情况下，即使听到了熔丝爆裂声，也很难断定是哪只熔断，这时只要检查熔管绝缘部位的发热情况，便可迅速判断哪相（只）熔断。

（2）手摸熔断器外壳温度速判晶闸管整流器三相是否平衡。在三相桥式半控整流器工作时，要求各相的导通角基本相同，这样才能保证三相平衡。这时测量输入端电流应该是三相线电流相等。但是当移相脉冲发生器等环节的元件

17

损坏时，导致三相导通角不一致，甚至出现缺相的情形。这时三相线电流不相等，出现三相不平衡的工作状态。三相是否平衡，一般可用示波器或钳形电流表等仪器检查。若没有示波器且现场条件所限不能用钳形电流表等工器具检查时，可用手摸整流电路中的熔断器（见图 1-3 中螺旋式熔断器 FUd）外壳的温度来迅速判断，既简便又实用。

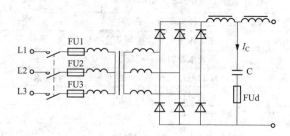

图 1-3　三相桥式半控整流电路示意图

在三相桥式半控整流器工作期，当三相导通角基本一致时，整流器输出的交流成分较小，则 FUd 外壳的温度微热（约 38～40℃）；当三相不平衡或缺相时，整流器输出电压的交流成分就要增加，这时通过滤波电容器 C 的交流电流的有效值也要增加。因此，FUd 熔断器外壳的温度较热（约 40～50℃，手不能长时间停留）甚至烫手（约 55～60℃）。

如果原来整流电路中没有熔断器 FUd，则选择 FUd 熔芯的原则是：当整流器缺相十几分钟后熔芯就应熔断。而在整流器正常工作时，熔断器外壳微热。实际选择时，只要断开整流器任意一相晶闸管的触发极（注意触发极切勿碰及机壳等，以免烧坏晶闸管），迅速测出通过滤波电容器 C 的电流 $I_C$，则熔断器熔芯的熔断电流 $I_{FU} \approx \dfrac{I_C}{1.9 \sim 2.2}$，然后可通过实验检查一下，整流器缺相工作 10min 左右后能否熔断。否则，熔芯的额定电流要变换。

### 1-16　手拉电线法查找软线中间断芯故障点

🗨 口诀

> 单芯橡套软电线，中间断芯查找法。
>
> 双手抓住线外皮，间隔二百多毫米。
>
> 同时用力往外拉，逐段检查仔细看。
>
> 线径突然变细处，便是断芯故障点。　　　　　　（1-16）

📖 说明　在施工或生产中经常使用各种携带式工具、移动式插座、照明灯具等，这些携带式电气设备的电源连接线，均采用橡套电缆或较软的电线。这类线缆由于经常移动、弯折，容易造成中间断芯故障。在诊断查找此类断路故障时，可实施手拉电线法查找故障点。

直径较小的单芯橡套电线、花线等，在使用中出现断芯故障时，可用手拉电线法查出故障点。具体操作为：用双手抓住电线的外皮，间隔 200mm 左右，两手同时适当用力往外拉，仔细观察被查电线外皮的直径。在芯线断开部位，较软的绝缘层在手拉时会变细。用该查找法逐段检查至电线的另一端，如果电线直径有突然变细的情况，该部位就是电线的断芯所在处。根据经验，一般情况下，断芯故障点多发生在软电线的两端约 1m 的范围内。

### 1-17    监护电动机"五经常"

📑 **口诀**

> 日常监护电动机，经典做法五经常；
>
> 撑个凉棚遮阳光，降温还能挡雨雪；
>
> 运用听音棒实听，诊是否带病运行；
>
> 看表针指示状况，及外壳颜色变化；
>
> 手摸外壳测温升，诊是否异常运行；
>
> 鼻子靠近仔细闻，通过嗅觉辨故障。                    (1-17)

📖 **说明**    电动机依靠电磁感应原理把电能转换成机械能，广泛应用于驱动机械设备。电工师傅日常监护电动机的"五经常"如下。

（1）经常撑把遮阳"伞"。电动机大多在露天运行，往往受强烈的阳光直射，使本来就产生热量的电动机温度更高。要想方设法给电动机撑个凉棚遮阳光（同时挡雨雪），降低环境温度，防止电动机"中暑"，影响电动机的输出功率。电动机的输出功率与其周围环境温度有很大关系，环境温度越大，电动机输出功率就越小。当环境温度低于 35℃时，电动机输出功率将大于额定输出功率。其提高的幅度为 $(35-t)\%$（$t$ 为实际的环境温度），但最多不超过 8%～10%；当环境温度高于 35℃时，电动机的输出功率比额定输出功率降低 $(t-35)\%$。

（2）经常听听。听响声判断故障，虽是一件比较复杂的工作，但只要有"实事求是"的科学态度，从客观实际出发，善于摸索其规律性，加以科学的研究与分析，是能够把这一工作做好的。电动机正常运行时应发出均匀的"嗡嗡"声。当听到沉重的"嗡嗡"声时，表示电动机过负载或三相电流不平衡；

当听到特别沉重的"嗡嗡"声或"吭吭"声，说明电动机缺相运行；若听到连续的"咕噜"声或"咯咯"声时，说明电动机的轴承有问题了。耳听诊断电动机的运转声时，可利用听音棒（一般用中、大旋凿），将棒的前端触及在电动机的机壳、轴承等位部，另一侧（旋凿木柄）触及在耳朵上（此做法叫实听）。如果听惯正常时的声音，就能听出异常声音。

（3）经常看看。看装置的电流表和电压表的指示值是否正常。看三相电流是否平衡；看三相电源电压是否对称；看电动机的基础是否牢固；看电动机外壳颜色是否有变等。

（4）经常摸摸。温升是电动机异常运行和发生故障的重要信号。用手背摸试电动机的外壳，检测温升是否过高。将手背平放在电动机的外壳上，若能长时间的停留，手背感到很暖和而变红，可以认为温度在 50℃ 左右，说明被测电动机没有过热；如果烫得马上缩手，难以忍受（即手背刚触及电动机外壳便因条件反射瞬间缩回），则说明被测电动机的外壳温度已达 85℃ 以上，已超过了温升允许值，即电动机已过热。

（5）经常闻闻。鼻子挨近电动机，闻闻是否有绝缘漆味或焦臭味。当电动机过负荷以及通风受阻而发生过热时，就会发出绝缘漆味；当电动机的绕组线圈短路时会有烧焦糊味等。

### 1-18　使用旋凿"实听"初判故障部位

📝 **口诀**

> 设备正常运转时，噪声均匀强度低，
> 并且有一定规律。若设备带病运行，
> 噪声会变化很大，且伴有异常响声。
> 耳隔段距离虚听，异常声音易听出，
> 及时发现有故障，但其易产生错觉。
> 旋凿刀头直接触，响声发自设备上。
> 耳朵靠木柄实听，响声变大利诊断。
> 仔细倾听两三处，准确找到响声处。
> 虚听实听相配合，初步定故障部位。　　　　　　(1-18)

📖 **说明**　电气设备在运行中会有一定噪声，但其噪声一般较均匀且有一定规律，噪声强度也较低。带病运行的电气设备，其噪声通常会发生大变化，用耳细听往往可以区别和设备正常运行噪声之差异。例如异步电动机正常运行时，噪声是很均匀的，像蜜蜂飞行时的声响；如果出了毛病，就会发出异常噪声。如听到有阵阵的"咕噜噜"声或"咯咯"声时，是因为轴承中钢珠损坏。轴承内套、外套随同转轴运转时，会有不同规律的"哗啦哗啦"声，等等。利用听觉判断电气设备故障，凭经验细心倾听，必要时可用耳朵紧贴着设备外壳倾听。用耳朵隔开一段距离听，叫作"虚听。"即电工日常巡视设备时，仔细倾听设备运行时的噪声，听惯正常时的声音，就能听出异常声音，则能及时发现电气设备带病运行，即有故障。虚听易产生错觉，如在电动机某侧听时，好像响声就在该侧，其实不然。电工用携带的中、大旋凿，将旋凿前端刀头直接触到发出异常声音的设备外壳上，将耳朵靠在旋凿木柄上听，叫作"实听"，如图1-4所示。"实听"时，响声被放大，有助于判断；仔细"实听"几处，则可较准确地找到响声部位。听声音判断故障，虽说是件比较复杂的工作，但只要有实事求是的科学态度，从客观实际情况出发，摸索它的规律，加以科学的研究与分析，是能够判断出电气设备故障的部位的。

图1-4 运用大旋凿"实听"示意图

## 1-19 串接负载通电查找橡套软线短路点

📋 口诀

橡套软线短路点，串接负载查找法：
视短路软线截面，算得安全载流量，
选负载工作电流，恰好等于载流量；
软线一端两线头，当作一导线两端，
串接负载电路中，做合闸通电试验；
短路点产生高热，断电摸到烫手处。　　　　　　(1-19)

📖 **说明** 临时活动照明灯、单相手电钻等单相用电设备,大多应用橡套软线,但软线绝缘往往因各种原因损坏而造成短路。这种短路故障点用肉眼及一般仪表不能准确查出,因此这些导线往往被弃置不用,造成浪费。对此可利用通电导线在接触不良处会发生高热的现象,对一些短路软线做串接负载通电试验,多数均能正确地查到软线的短路点。具体操作方法是:选择一负载,使其工作电流约等于短路软线截面积的安全载流量。将软线一端的两根线头当作一根导线的两端,串接在选用负载的电路中,合闸后,负荷电流就会使短路点产生高热。断电后,用手可摸出软线短路点(即烫手处)。

## 1-20 检查木杆杆身用敲击法

💬 **口诀**

> 巡视检查木电杆,杆身四周锤敲击。
>
> 啪啪清脆声良好,咚咚声响身中空。　　　　　　　　　(1-20)

📖 **说明** (1)木质电杆受了外力或导线不平衡张力的影响,会发生杆梢歪斜、杆身扭向的现象,使杆路变得畸形。如不及时整修,情况将会越来越坏。检查后,可采用扶正的方法整修。电杆埋设以后,由于风化、菌类或虫蚁繁殖等原因,会发生腐朽、开裂、中空等。使杆身机械强度降低,如不及时修理更换,将会发生倒杆断线的事故。检查后,分别采用加帮桩、更换等方法来整修。

(2)检查木电杆,要从地面起,由下而上地进行,直到梢部。检查木质电杆杆身是否中空,采用敲击法:用小铁锤沿杆身四周敲击,倾听发出的声音,如果发出"啪啪"的清脆声音,则表示木质良好;如果声音嘶哑,则表示被敲击的地方已腐朽或受风化;如果发出"咚咚"的声音,则表示木杆杆身中空。对于声音的判别,要经过多次实践,才能正确地掌握。被证实木质电杆身中空的电杆,应及时更换。

## 1-21 用剥头绝缘导线检验发电机组轴承绝缘状况

💬 **口诀**

> 发电机组运行时,轴承绝缘巧检验。
>
> 用根剥头绝缘线,导线一端先接地,
>
> 另端碰触旋转轴,多次轻触仔细看。
>
> 产生火花绝缘差,绝缘良好无火花。　　　　　　　　　(1-21)

📖 **说明** (1)发电机在运行中由于磁路不对称及漏磁等原因,在发电机转子轴上会出现称作轴电压的感应电压。轴电压产生的轴电流，将造成轴瓦电腐蚀，以致在轴瓦上出现坑坑洼洼的芝麻状小点，久而久之使轴瓦损坏。为此，除在轴承座底部加装绝缘隔板外，在轴承油管法兰及其螺栓处和轴承壳底脚螺栓处均采用绝缘材料隔开，以防产生轴电流。上述这些绝缘称为发电机组的轴承绝缘。为保证发电机组安全运行，测量发电机组轴承绝缘是一项必不可少的试验项目。每次大修后更必须测轴电压。

（2）如果用绝缘电阻表摇测轴承座对地绝缘电阻，因机座接地一般显示为"0"，所以无法判定轴承绝缘是否良好。如按常规的检验方法在额定负荷、1/2额定负荷及无载额定电压的三种情况下测量轴电压，不但需要三个人操作，还得使用高内阻、低量程的 0.5 级交直流电压表及电刷等工具；又由于轴电压数值很小，大约只有 1V，不易准确测量，因此也较难判定轴承的绝缘状况。

因此，现介绍一种鉴别发电机组轴承绝缘的检验方法，具体步骤如下：在发电机组运行状态下（发电机不运行时不会有感应轴电压，也就无法检验），一根剥头绝缘导线，一端接地，另一端在旋转的发电机转轴（在发电机与励磁机之间）上轻轻接触一下，如图 1-5 所示。如果不出现火花，说明绝缘良好；如果产生火花，则说明被测发电机组轴

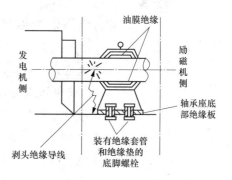

图 1-5　检验轴承绝缘状况示意图

承绝缘不良（用此法时需多次轻轻接触搭试，以免误判断）。此方法也适用于工矿企业对大型同步电动机的轴承进行绝缘检测。

## 1-22　判定起重用绕线型异步电动机运行中转子一相开路

**口诀**

> 中型吊车运行时，其主副钩电动机，
>
> 定子电流表指针，来回摆动幅度大，
>
> 周期性大小波动，转子一相已开路。　　　　　　　（1-22）

**说明**　起重用绕线型异步电动机（中型吊车上的主、副钩电动机）转子绕组串联电阻启动的电缆较长且经常移动时，易发生断线故障。绕线型异步电动机运行中发生转子一相开路时，定子电流以 $2sf$（$s$——转差率、$f$——定子电源频率）的频率而脉振，很容易从定子电流表（操作室均装设）指针的来

回摆动而判断出来。此时，定子电流与正常对称时的电流比大于$\sqrt{2}$倍，转子闭路相的电流与正常对称时电流比增大$\sqrt{3}$倍。由于转子断相的绕组没有感应电流，使对应于这一转子断相位置的定子绕组内的电流也比较小，随着转子旋转位置的改变，定子三相电流便出现周期性的大小波动，由此而影响定子中性点的电压偏移是很小的。如果转子断相前电动机是满载运行，定子电流将严重过负载。为了不使电动机被烧坏，应把电动机负载降低至额定值的$1/\sqrt{3}$或停运。

绕线型异步电动机转子一相开路时，其他两相则构成单相串联的电路。启动时，定子磁场在转子中将感应出频率为$sf$的单相电流，由这个电流产生的脉振转子磁动势与旋转定子磁动势相互作用产生转动力矩，但这个力矩与对称时产生的异步起动力矩相比较是不大的，此时如能克服阻力矩，转子会转动起来。但转速只能在达到一半的同步转速时就稳定下来了。

### 1-23　刮火法检查蓄电池单格电池是否短路

📣 口诀

> 蓄电池内部短路，多发生在一两格。
>
> 单格电池短路否，常用刮火法检查。
>
> 选根较粗铜导线，接单格电池一极，
>
> 手拿铜线另一端，迅速擦划另一极。
>
> 出现蓝白色火花，被检单格属良好。
>
> 红色火花是缺电，没有火花已短路。　　　　　　　　(1-23)

📖 说明　　蓄电池内部短路故障往往发生在一两个单格电池内，造成供电能力突然丧失。其现象是启动时因某单格电池短路，引起整个蓄电池电压突然下降，已短路的单格有时会在加液盖处喷出一股液柱或涌出电液；放置时已短路的单格电池电液比重合适，但电压很低或为零；充电时电液比重和电压增加不大，但温度升高很快。

检查蓄电池单格电池是否短路的简便方法之一是刮火法。用一根直径不小于1.5mm的铜线，一端接在某一单格电池的一个极上，手拿铜线另一端与该单格另一极迅速擦划，如出现蓝白色强火花，表明良好；如出现红色火花，表明缺电；如无火花或只有小火星，表明被检查单格电池已短路。

### 1-24　使用低压测电笔时的握法

📣 口诀

> 常用低压测电笔，掌握测试两握法。

钢笔式的测电笔，手掌触压金属夹。

拇指食指及中指，捏住电笔杆中部。

旋凿式的测电笔，食指按尾金属帽。

拇指中指无名指，捏紧塑料杆中部。

氖管小窗口背光，朝向自己便观察。 (1-24)

📖 **说明** 使用低压测电笔时，必须按照图 1-6 所示方式把笔身握妥。低压测电笔是一种验明需检修的设备或装置上有没有电源存在的器具。它简称电笔，并非写字的钢笔，故也不是拿钢笔写字的握法。钢笔式测电笔，应以手掌触及笔尾的金属体（金属夹），大拇指、食指以及中指捏住笔杆中部，并使氖管小窗口背光而朝向自己，以便测试时观察。要防止笔尖金属体触及人手，以避免触电。

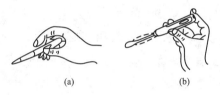

(a) (b)

图 1-6 使用低压测电笔时的正确握法

(a) 钢笔式测电笔；(b) 旋凿式测电笔

旋凿式测电笔握法：以食指按压笔属金属帽，大拇指、中指和无名指捏紧旋凿塑料杆中部，并使氖管小窗口背光而朝向自己，以便测试时观察。要注意手指不可触及旋凿金属杆部分（金属杆最好套上绝缘套管，仅留出刀口部分供测试需要），以免发生触电事故。

### 1-25 测电笔氖管处蔽光装置

💬 **口诀**

电笔测试要安全，氖管处注意蔽光：

截段深色塑料管，中间刻一小窗口，

多余部分需剪去，插入筒内则成功。

改造后的测电笔，不同环境均适应。 (1-25)

📖 **说明** 市场上出售的部分测电笔，在氖管处均没有蔽光装置，在阳光下或光线较强的地点使用时，往往不易看清氖管的辉光。氖管辉光指示不清晰，会给使用者带来不安全因素，也极易造成触电。故此时应注意避光、仔细测试和观察。

使用透明塑料杆的测电笔在强光下检查电源的带电状况，往往要用手遮住测电笔背面，方可看清其氖泡是否发光，这样给工作带来不便。解决这一问题的方法是：在测电笔笔杆的氖泡发光处套上一截深色的、长约15mm、粗细合适的塑料管；再在其中间用刀刻一小窗口，其大小以能清晰看到氖泡发光为宜。

### 1-26　测电笔测试直流电路载流体

📋 **口诀**

> 低压直流电电源，一般与大地绝缘。
>
> 直流电路载流体，运用测电笔测试，
>
> 须一手触摸大地，或电源另一极端。　　　　　　　（1-26）

📖 **说明**　一般低压直流电源和大地绝缘。用低压测电笔测试直流电路载流体时，直流电压虽高于测电笔氖管的起辉电压，但氖管不发光。因为直流电不能通过人体的对地电容流动，而人（穿绝缘鞋或干燥的鞋，站在干燥的水泥地上）对大地绝缘电阻又很高，这使通过测电笔氖管的电流太小。如果人体某些部位或手直接接触接地导体、或手直接触摸直流电源的另一极端，则人体的对地绝缘电阻和对地电容就被短接。这样，测电笔的氖管就亮了。所以，运用测电笔测试直流电路载流体时，必须一手握测电笔测试点，同时一手去触摸大地或与测试点极性相反的电源端。

### 1-27　双高阻式测电笔

📋 **口诀**

> 双高阻式测电笔：普通旋凿测电笔，
>
> 加个同规格电阻，尾端换上绝缘盖；
>
> 弹簧焊接软导线，绝缘盖中心穿出，
>
> 线端头接鳄鱼夹，刀夹头两测试笔；
>
> 跨触电路接线点，判定线路诸故障。　　　　　　　（1-27）

📖 **说明**　如图1-7所示，在普通测电笔内增加一个与测电笔内同型号规格的电阻，尾端换上一个绝缘盖（旋凿式测电笔将其塑料盖中间的金属圆环去掉则可），将一根软导线和弹簧焊好后从绝缘盖中心小孔穿出，焊上鳄鱼夹。这就可以比较方便、准确地测定380、220、110V等电气线路故障。下面以130kW绕线型异步电动机的控制动力箱电气线路（见图1-8）的部分故障为例，来说明改装后的双高阻式测电笔测定故障的方法和步骤。

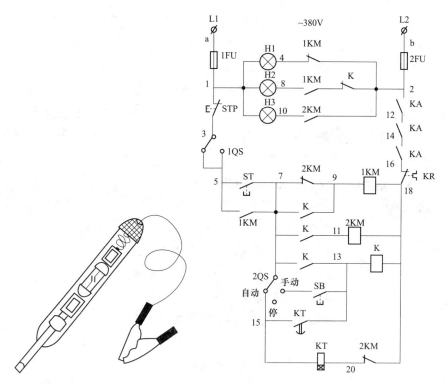

图 1-7　双高阻测电笔示意图　　图 1-8　绕线型异步电动机控制动力配电箱线路图

故障 1：将选择开关 2QS 放在"自动"位置，按下起动按钮 ST，电动机不起动。

检测步骤如下：

在测试前，应切断主电路，而使控制电路单独通电，以减少电动机和被控制设备的起动次数。鳄鱼夹头夹在 L1 相熔断器上侧 a 点，测电笔依次测试 2、12、14、16、18 各点；换过来，鳄鱼夹头夹在 L2 相熔断器上侧 b 点，按下起动按钮 SB，拿测电笔依次测试 1、3、5、7、9 各点。若测试某点时测电笔氖管不亮，则该测试点前级的触头接触不良或熔丝熔断。如夹头夹在 a 点，测电笔测试 18 点时氖管不亮，说明前级的热继电器 KR 动断触点断开或接线头松脱；若夹头夹在 b 点，测电笔测试 1 点时氖管不亮，说明前级熔断器 1FU 熔丝熔断；若所有测试点处测电笔的氖管均亮，说明接触器 1KM 的线圈断路。

故障 2：接触器 2KM 动作后，接触器 1KM 失压跳开，电动机停止运行。

检测步骤如下：鳄鱼夹头放在点 18 处，即夹头夹在接触器 1KM 线圈接线桩头与热继电器 KR 动断触点接线桩头连线上，用测电笔测试 9 点（边起动边测），当接触器 2KM 吸合时，如果测电笔氖管不亮，说明中间继电器 K 的 7 点到 9 点之间的动合触点在中间继电器吸合后不接触或接线头松脱。

这种测电笔在使用熟练后，就不必按次序进行测试，可采用优选法或有针对性的测试。例如故障 1 中，夹头夹在 a 点，可先测试点 18，如果测电笔氖管发亮，2、12、14、16 各点就可以不测；换过来，夹头夹在 b 点，按下起动按钮 SB，用测电笔直接测试点 9，测电笔氖管发亮，则 1、3、5、7 各点均可不测，就可以断定接触器 1KM 的线圈断路。

### 1-28　运用数显感应测电笔检测

💬 **口诀**

数显感应测电笔，正确握法测检法。

食指按笔尾顶端，拇指中指无名指，

捏塑料杆中上部，拇指兼顾按电极。

数值显示屏背光，朝向自己便观察。

拇指按直接测检，触及被测裸导体。

按感应断点测检，触及带外皮导线。

区别相线中性线，查找相线断芯点。　　　　　　　(1-28)

📖 **说明**　（1）数显感应测电笔外形如图 1-9 所示。数显感应测电笔一般有两个电极：直接测检（A 电极）和间接测检（B 电极）（有的标注为感应断点测检），位于测电笔后端手握部。中间有个显示屏，前端是旋凿式金属触头。数显感应测电笔测试范围：直接测检 12～250V 的交直流电压。其特点是：数字显示一目了然，突破传统测电笔界限。

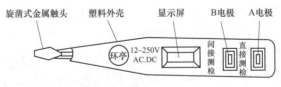

图 1-9　数显感应测电笔外形

（2）数显感应测电笔握法与旋凿式测电笔相似，如图 1-10 所示，食指按压测电笔尾部顶端，大拇指、中指和无名指捏测电笔塑料杆中上部，大拇指还需按压测检电极，并使显示屏背光而朝向自己，以便测试时观察。要注意手指不可触及旋凿式金属触头，以免发生触电伤人事故。

（3）直接测检。大拇指按直接测检 A 电极，旋凿式金属触头触及被测裸导体，眼看测电笔中部显示屏显示数值，如图 1-11 所示。①最后数字为所测电压值。②未到高段显示值 70％时同时显示低段值。③测量直流电压时，应用另一只手碰及直流电源另一极。④测量少于 12V 电压导体是否带电，可用感应断点测检电极。

 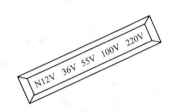

图 1-10　数显感应测电笔握法　　图 1-11　显示屏显示数值示意图

（4）间接测检。大拇指按感应断点测检 B 电极，旋凿式金属触头触及带绝缘外皮的导线。例如区别带绝缘外皮的相线和中性线，若并排数根绝缘导线时，应设法增大导线间距离，或用另一只手按稳被测绝缘导线。显示屏上显示"N"的为相线，如图 1-12 所示。

（5）断点测试。大拇指按感应断点测检 B 电极，旋凿式金属触头触及有绝缘外皮的相线，查找导线线芯断路点的方法如图 1-13 所示。沿相线纵向移动，显示屏上无显示时为导线线芯断裂点处。

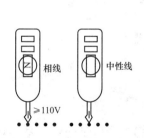 

图 1-12　间接测检示意图　　图 1-13　断点测检示意图

## 1-29　自作自用检验灯

💬 口诀

自作自用检验灯，未接挂线盒吊灯。

螺口白炽灯灯泡，宜配防水吊灯座。

插口白炽灯灯泡，恰好插口吊灯座。

所配接两根引线，绝缘单芯铜导线。

简捷检测和校验，结果真实无差错。 (1-29)

📖 **说明**　简易检验灯如图 1-14 所示。用螺口式白炽灯灯泡，配防水吊灯座最妥，并较安全，配螺口吊灯座也可以。但最好在灯头和灯座接合处用绝缘胶布缠包灯头外露的金属部分，以防触电或触碰带电体。用插口式白炽灯灯泡，配插口吊灯座，插口安全灯座最好。检验灯所用白炽灯灯泡，一般为小于 40W 的 220V 灯泡。所配接的两根引线，需用绝缘良好的 2.5mm² 橡皮绝缘单芯铜导线，单芯铜导线软而有韧性，两根线曲折后易拿不易脱落；或插挂在腰间工具袋、工具钳套上；线头剥皮部分短些且曲折回去，这样可增大导线头截面积；同时又能增大线头硬度，且光滑不刮衣服、不划手。

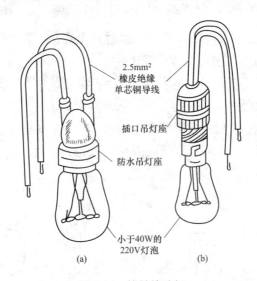

2.5mm²
橡皮绝缘
单芯铜导线

插口吊灯座

防水吊灯座

小于40W的
220V灯泡

(a) 　　　　　(b)

图 1-14　简易检验灯

(a) 防水吊灯座；(b) 插口吊灯座

简易检验灯就地取材、制作简易，但灯头、灯座接合后显得粗大，最主要的缺点是灯泡易因碰击等破碎。

## 1-30　两灯泡串联检验灯

💬 **口诀**

两灯泡串联验灯：两个二百二十伏，

小于四十瓦灯泡；橡皮绝缘单芯线，

两只吊灯座串联；灯座引出两线头。

跨接于电路检测，既安全来又实用。 (1-30)

📖 **说明** 如图 1-15 所示，用两个额定电压为交流 220V，额定功率小于
40W 的相同灯泡串联起来，制作成两灯泡串联
的检验灯。像使用万用表电压挡测量电气线路
两端点的电压那样，用各灯座引出的导线线头
跨接于被查的电气回路中。这样比较安全，也
极为简捷和实用。

用串联灯泡法查找电气线路故障，老一辈
电工积累了不少宝贵经验。如查 380V 的控制
电路时，能使灯泡亮度正常的电流一般都能使
回路中的线圈吸合。而万用表之所以起不到这
个作用，就是因通过表内高阻值线圈的电流太
小的缘故。又如两灯泡串联检验灯，跨接于被
查的电气回路中某一元器件两端，灯亮则有故
障点，等等。

在低压系统中，经常用白炽灯作静电电容

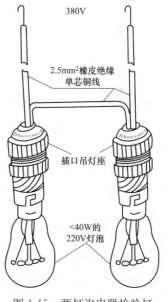

380V

2.5mm²橡皮绝缘
单芯铜线

插口吊灯座

<40W的
220V灯泡

图 1-15 两灯泡串联检验灯

器的放电电阻。电容器断开电源后，其端子上的电压等于断开电源时的电压瞬
时值，比值最大可达到 $220 \times \sqrt{2} = 311$（V）。因此，每相要用两只额定电压为
220V 的同功率白炽灯串联后接成星形作放电电阻，见图 1-16。如果每相只有
一只灯泡，则因电容器上的残压大大超过灯泡额定电压，会导致灯泡烧毁。同
理，检测较长距离的三芯电力电缆停电后是否有静电，也得用额定电压 220V，
同功率两灯泡串联起来的检验灯。

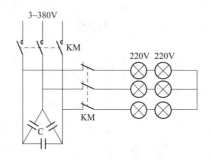

3~380V

KM

220V 220V

KM

C

图 1-16 白炽灯串联后接成星形作放电电阻

### 1-31 信号灯泡检验灯

💬 **口诀**

> 信号灯泡检验灯：一百一十伏八瓦，
>
> 两电阻千欧十瓦，外套红色塑料管，
>
> 两根铜芯软导线，不需停电就能测。
>
> 电压不同亮度差，常见三光日月星。
>
> 检修电气设备时，替代电笔仪表测。 (1-31)

📖 **说明** 　在检修电气设备时，往往要带上许多测试工具和仪表，既麻烦又不方便。特别在登高作业、狭窄的地方、单人工作时，更加不便。现介绍一种易制作、价格低、携带使用方便、指示迅速且准确、功能甚多的信号灯泡检验灯，又称"日、月、星"三光检验灯（以下简称验灯）。检测电气设备时，它能代替低压测电笔、万用表、绝缘电阻表以及钳形电流表测试。

（1）结构。由 110V8W 普通指示灯泡、电阻 $R_1$、$R_2$（1kΩ、10～15W）、两支检测笔和软绝缘铜导线组成，见图 1-17。制作时注意：检测笔可用用尽了油的圆珠笔芯塑料空杆护套软导线，目的为加强绝缘和提高刚度；去皮铜线头穿过塑料空杆，然后将线头和笔尖焊为一体。灯泡、电阻焊接牢固后外边加套红色塑料管，以增强绝缘、防止灯泡破碎，同时灯光呈红色。塑料管内空处填石蜡或沥青，以固定线头焊接处。

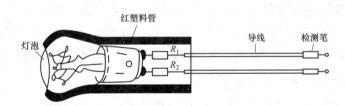

图 1-17 "日、月、星"三光检验灯

（2）工作原理和使用方法。因白炽灯系电阻性负荷（额定电流为 0.07A），灯泡串联 $R_1$、$R_2$ 后，接至不同电压的电源（见图 1-18），其灯泡的亮度不同。工矿企业电气设备常用额定电压有 380、220、110、60～70、36V。根据灯泡亮度的变化可判断电气设备接线端头或配电导线线头的电压。经计算和实际测试，检验灯

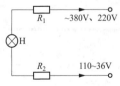

图 1-18 检验灯工作原理图

接至 380V 线路时，灯泡功率约 10W，灯泡很亮，定为"日光"。检验灯接至 220V 线路时，灯泡功率约 6W，灯泡亮度正常，定为"月光"。检验灯接至 110V～36V 电压等级线路时，灯泡功率为 1.5～0.2W，灯泡微亮，灯丝发红，称之为"星光"。根据上述工作原理，只要将检验灯的两笔直接接触所需测试的电气设备接线端头，不需停电就可以测试，且不必担心发生短路事故。

### 1-32 汽车拖拉机电工专用检验灯

📝 **口诀**

> 旋凿测电笔笔杆，内装六点三伏泡。
>
> 泡外套红塑料管，螺纹触点焊引线，
>
> 串接个硅二极管，再接上个鳄鱼夹。
>
> 小灯泡尾端触点，压接旋凿杆尾端。
>
> 灯泡泡头压弹簧，测电笔式检验灯。　　　　　(1-32)

📖 **说明** 我国汽车、拖拉机制造工业高速发展，维修汽车、拖拉机行业也蓬勃发展。为广大汽车、拖拉机电器修理工、驾驶员制作的汽车拖拉机电工专用检验灯，如图 1-19 所示。其结构简单，携带和使用方便。

汽车、拖拉机上用电设备所需的电能，由两个电源供应：发电机和蓄电池。蓄电池类型一般有 6、12V 的。汽车、拖拉机用的发电机有交流和直流两种。直流发电机规格：额定电压有 6、12、24V 三种；永磁转子交流发电机的电压有 6V 和 12V 两种；国产硅整流发电机、感应式交流发电机规格为

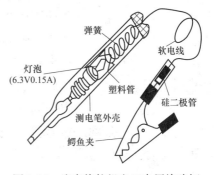

图 1-19　汽车拖拉机电工专用检验灯

额定电压为 14、28V 两种。为此汽车、拖拉机修理工制备三种电压的检验灯，驾驶员制备适用自己驾驶车辆电源电压等级的检验灯。具体制作如下。

用汽车用指示灯泡（6.3V0.15A）一个，其泡径约 6mm 左右，外套红色塑料管。灯泡螺纹触点上焊接根软导线，串接一个硅二极管（不串接二极管也可以，串二极管目的是多个功能，能区分正负极），外接一个鳄鱼夹。灯泡尾端触点直接压接在测电笔笔杆内金属旋凿杆尾端，灯泡泡头压接一弹簧，保证泡尾触点和金属杆尾端接触良好。使用时，将鳄鱼夹夹在汽车电器某一桩头上或电气线

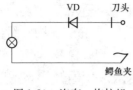

图 1-20　汽车、拖拉机
专用检验灯原理图

路某一接线卡上，然后用旋凿刀头去触及需测试的触点，根据灯泡亮与不亮去查找故障。

汽车、拖拉机电工专用检验灯工作原理见图 1-20。刀头与鳄鱼夹跨触被测电路两点，根据灯泡亮不亮、灯泡的亮度来判断被测电路正常与不正常。

## 1-33　检验灯校验照明安装工程

**口诀**

> 照明工程竣工后，常用检验灯校验。
>
> 断开所有灯开关，拔取相线熔体管。
>
> 熔断器上下桩头，跨接大功率验灯。
>
> 接通电源总开关，验灯串联电路里。
>
> 线路正常灯不亮，灯亮必有短路处。
>
> 排除故障再校验，直至线路无短路。
>
> 校验支路各盏灯，分别闭合灯开关。
>
> 支路短路验灯亮，断线故障灯不亮。
>
> 验灯发出暗淡光，被检灯亮则正常。
>
> 关灯校验第二盏，同理同法校各灯。　　　　　(1-33)

**说明**　凡新的照明工程安装完毕后，几乎不可能一次送电试验成功，或多或少地会由于安装错误造成一些故障。尤其是照明密度大，灯具多、线路上下密布、左右纵横的高层建筑，如科研大楼等。因此，照明安装工程正式送电前，必须进行校验。用检验灯（俗称校火灯或挑担灯）校验的方法步骤如下：

第一步：准备临时电源（三相四线），打开照明配电箱，关掉总开关，卸下装熔体的旋盖（或装熔丝的插盖），包括各分路熔断器的插盖（关断分路低压断路器），接装灯容量配好熔体或熔丝。

第二步：关掉全部照明开关。在配电箱总开关的上桩头上接上三相电源（相电压为 220V），中性线接上零线母排。用检验灯测试电源正常情况下，闭合总开关。

第三步：不要急于装上熔丝而试送电，因为新安装线路的短路现象（俗称碰线）是时常会发生的，尤其是螺旋式熔断器上的熔体，价格较贵，需避免不必要的损失。用100W的检验灯，对各分路的熔断器两端桩头进行逐个跨触测试，如图1-21所示。此时，检验灯灯泡会出现以下三种情况：①不亮或很暗、稍暗；②达到100W的正常亮度；③超越100W的正常亮度或非常亮。其中，第一种情况说明此分路正常；第二种情况说明此分路内有短路情况；第三路情况说明此分路的两根相线短路了（这种情况是被测分路的零线错接成另一相的相线，或中性线与其他相线短路而发生两异相相线同一分路）。这时根据检验灯灯泡亮的情况，逐一对应校验各分路。

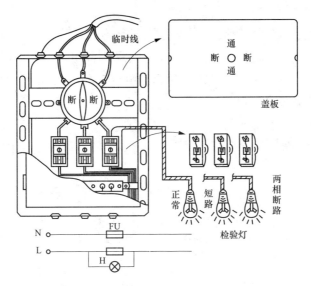

图 1-21　检验灯校验照明电路示意图

第四步：第三步中的第一种情况，即检验灯不亮，或很暗、稍暗，只说明是线路暂时无短路情况。还应继续把这一分路的开关逐一合上，同时观察检验灯的亮度变化，可能出现以下四种情况：

（1）分路内开关——合上时，检验灯逐渐增亮，这是回路连通的表现，仍属暂时正常。直至这一分路内的开关全部合上，检验灯仍未达到正常亮度，则说明这一分路正常。可放心地装上熔断器插盖（已安装灯容量配装熔丝）。

（2）当合上某一开关时，检验灯突然发出正常亮度，在重复几次之后都是如此，这说明所闭合的开关至所控制的灯之间的开关线（相线进开关后引向灯头的线）有故障。先查开关是否碰壳或错接；如果正常，则大多数是灯头内开关线和灯头线（中性线引至灯头的一根线）碰线，尤其是螺口灯头中的中心点

（小舌头）碰到了与螺口金属相连的部分（新灯头小舌头常贴在螺口金属上）。排除后，直至合上这一分路的全部开关均无异常，则可拆去检验灯，装上已装配好熔丝的熔断器插盖。

（3）当分路上所有开关都合上，检验灯也不闪亮，即无短路情况。这时拆去检验灯装上熔断器插盖送电，而分路内电灯都不亮，说明该分路内有断路故障。断路故障有两种：一是相线断路，表现为断线后的导线均无电；二是中性线断路，表现是断线后面的中性线均呈带电状况。处理方法是查找第一个不亮的灯位，查出后予以排除，直至正常。

（4）当分路所有开关都合上，检验灯灯泡逐渐增亮但未达到正常亮度。这时拆去检验灯装上熔断器插盖送电，分路内只有部分电灯亮，而有部分电灯不亮。说明线路无短路和断路故障，不亮电灯的故障在灯具中，按有关灯具的各类故障排除方法去逐一处理。

第五步：第三步中的第二种情况，即检验灯达到100W的正常亮度，被测分路内有短路故障。对此，要根据其线路布局的不同而采用以下两种校验处理方法。

（1）放射形布局线路，可将此分路放射叉路口部位暗式活装面板拆开，把各支路相线和电源相线分开；中性线不动仍连接在一起，如图1-22所示。此时用检验灯再跨触在该分路的熔断器上、下侧接线桩头上。检验灯不亮，说明配

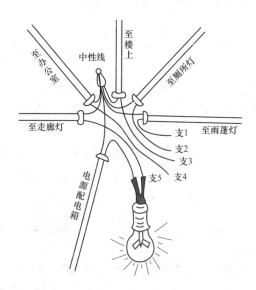

图1-22　放射叉路口放射形布局线路示意图

电箱至放射叉路口之间配电线路无短路。拆去检验灯装上配好熔丝的熔断器插盖，然后到叉路口，将检验灯的一端连接电源相线，用检验灯的另一端分别依次触及各支路相线线头。检验灯亮的则是有短路故障的分支路，将其相线仍与电源相线分离；检验灯不亮的分支路相线线头和电源相线头连接包扎绝缘好。再到配电箱处，拔去此分路熔断器上的插盖，将检验灯跨接在分路熔断器上、下侧接线桩头上，把线路中无短路的各支路按第四步校验方法处理妥当。剩下的有短路故障分支路，用下述树干形布局线路进行校验处理。

（2）树干形布局线路，可在该分支路的 1/2 或 2/3 处把相线断开，如图 1-23 所示。将检验灯两端引线头跨接在该分路的熔断器上、下侧接线桩头上。如果检验灯仍然达到正常亮度，说明该分支路相线断开分段处前半段有短路故障；如果检验灯不亮，则说明该分支路分段处后半段有短路故障。

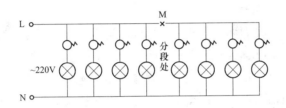

图 1-23　分支路树干形布局线路示意图

对于前半段线路有短路故障的分支路，可将其前半段的 1/2 处断开相线，再观察检验灯的亮度变化。如果检验灯仍达到正常亮度，则短路故障在靠电源侧的那一小段内。如此这般分一两次后，各小段内就只有几个灯具了。通过观察分析就很容易找到短路故障的所在之处，即检查所怀疑的暗开关、暗插座是否碰壳；接线盒、过路箱内相线和中性线是否相连接等。解决了前半段线路，因后半段线路无短路故障，可重新连接好相线，然后按第四步所述方法进行校验。对后半段有短路故障的分支路，可在分路熔断器上装上配好熔丝的插盖，在分段处用检验灯两引线头跨接相线断口两线头。仍用上述分段方法校验，查找出短路故障所在处。

第六步：第三步中的第三种情况，即熔断器上、下侧跨接的检验灯超越正常亮度，说明被测分路内有不同相的两根相线接在此分路上，多数是多回路导线共穿在一根管子中，而在叉口分路时错把相线当作中性线连接。此种情况较明显，在分叉口处拆开就能发现。排除后将检验灯跨接到分路熔断器上、下侧接线桩头上，按第四步所述方法进行校验。

运用检验灯校验照明安装工程，既方便省时，又安全准确，不易遗漏故障。成功地达到避免经济损失、防止故障扩大的目的，实用性很强。

### 1-34　百瓦检验灯校验单相电能表

**📢 口诀**

测校单相电能表，百瓦灯泡走一圈。

常数去除三万六，理论时间单位秒。

实测理论时间差，误差百分之二好。

实多理少走字少，实少理多走字多。　　　　　　　(1-34)

**📖 说明**　我国实行一户一表制，家用单相电能表数量相当大。电工在抄表和日常维护工作中，经常会碰到用户（或电工）怀疑电能表准确性的情况。对此可利用实际测试时间和理论计算时间的比较来初步断定所用电能表的准确性。

每块单相电能表的铭牌上都标注有标定电流、额定电压、额定频率、每千瓦时多少转盘转数（常数 $C$）等数值。现以 DD862 型产品为例，标定电流 5(20)A、1200r/(kWh) 等。测试时用秒表或有秒针的手表、闹钟计时；用 100W 白炽灯泡作负荷（也可用其他容量的白炽灯泡）。如图 1-24 所示，将电能表所带负荷全部断开，相线、中性线间只跨接一盏 220V、100W 的白炽灯。当电能表转盘边缘上的标记（一般涂上红色或黑色）出现时按下秒表，开始计时，当转盘转一圈再度出现记号时按下秒表，停止计时，即可得到转盘转一圈的实际时间 $t$（如果用手表或钟表，则可用两次读数的平均值作为实际时间 $t$；如果每千瓦时转盘转数较大，可看读 10 圈，总秒数去个零，即除以 10，便为实际时间 $t$）。

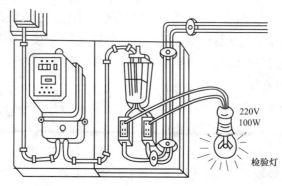

220V
100W

检验灯

图 1-24　检验单相电能表接线示意图

理论时间 $t$ 的计算值可按下式求得

$$t = \frac{1000 \times 3600N}{PC}(\text{s})$$

式中  $P$——测试时的负荷功率，W；

$N$——测试时的转数；

$C$——单相电能表常数，r/(k·Wh)。

将 $C = 1200\text{r}/(\text{kWh})$，$P = 100\text{W}$，$N = 1$ 代入，即可得 $t = 30\text{s}$。若只将 $P = 100\text{W}$ 和 $N = 1$ 代入公式，即得到 $t = 3.6 \times 10^4 /C(\text{s})$。

将 $t_1$（实测时间）与 $t$（理论计算时间）作比较：若 $t_1 > t$，说明被测电能表慢了；若 $t_1 < t$，说明被测电能表快了；如果 $t$ 与 $t_1$ 的差值在 $t$ 的 $\pm 2\%$ 范围内，则可认为被测电能表大体上是准确的。因测试时电网电压不一定为额定电压，所选用的白炽灯功率瓦数会有误差，计时也会有误差。但上述方法一般来说已能粗略地说明被测电能表的准确性。

## 1-35  灯泡核相法检查三相四线电能表接线

🗨 口诀

> 三相四线电能表，接线检查核相法。
>
> 两盏检验灯串联，两引出线跨触点。
>
> 某元件电压端子，该相电流电源线。
>
> 灯亮说明接错线，电压电流不同相。
>
> 接线正确灯不亮，电压电流是同相。 　　　　　　　(1-35)

📖 说明  做好电能计量工作不仅要求电能表本身的检修、检验符合国家有关标准规定，更重要的是要求计量方式合理、接线正确。一块不合标准的电能表最多造成百分之几的误差，但接线或计量方式错了，误差就可能达到百分之几十，甚至可能出现表计本身停走或者倒走，给电能计量带来很大的损失。三相四线制的计量方式是低压供电系统的主要计量方式，用电炉丝检查三相四线电能表接线是一种简单而实用的办法，故农村电工普遍采用。而大部分电工在用电炉丝检查电能表接线时，忽视了电能表同一元件上的电压和电流是否同相的问题，看电能表正转即认为接线对了。这样容易将试验是正转而实际是错误接线误认为是正确接线，使计量装置在错误接线下运行，造成计量不准确。

如图 1-25 所示，三相四线三元件电能表的两边相电流互感器极性接反，且两元件的电压线接错，即元件电压和电流不同相，就会出现用电炉丝检查是正转而误认为是正确接线的现象（理论上当各元件电压和电流之间的夹角小于90°时都会出现正转的现象）。这种错接线时电能表虽正转，但结果上少计量1/3。所以，核相检查是必需的程序，绝不可忽视。而用灯泡核相法既简单又方便。用两个220V同功率的灯泡串联起来，然后一端接电能表某一元件的电压端子，另一端接该相电流电源。如灯泡不亮，则说明电压电流是同相，接线正确；若灯泡亮，则说明电压电流不同相，接线错了。

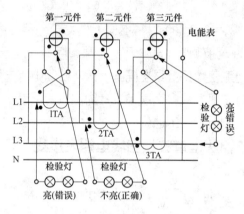

图1-25　检查三相四线电能表接线的灯泡核相法示意图

　　经用灯泡核相法纠正了错相以后，再用电炉丝检查三相四线电能表接线，就不会将错接线误认为是正确接线了。

## 1-36　检验灯检测单相电能表相线与中性线颠倒

📮 **口诀**

> 国产单相电能表，一进一出式接线。
>
> 验灯两条引出线，一个线头先接地，
>
> 另头触及表端子，右边进线和出线。
>
> 接线正确灯不亮，灯亮相零线颠倒。　　　　　　（1-36）

📖 **说明**　　单相电能表是计量电能不可缺少的装置，接线是否符合电气规程、规范的规定，直接影响到计量收费和用电管理、安全等问题。单相电能表的接线比较简单，且每块电能表的接线桩头盖子上均印有接线图。但单相电能表用量多（我国实行一户一表制），在集装电能表箱施工时，表计数量多，进表线相互并联；当安装导线颜色一样时，如装表工疏忽大意，则易发生接线错误，常见的错误接线就是将相线（火线）与中性线（零线）颠倒，如图 1-26（a）所示。

　　单相电能表正确接线如图 1-26（b）所示，电能表有四个接线端子。根据接线盒上的排列，国产单相电能表的进线、出线从左到右相间排列，即所谓一进一出电能表。即相线从电能表左边两个线孔进出（电源相线接①号桩头，并连②号桩头；负荷相线接③号桩头出），中性线从电能表右边两个线孔进出（电源中性线进线接④号桩头，负荷中性线接⑤号桩头出）。而相线、中线颠倒错误接线恰相反，相线从电能表右边两个线孔进出；中性线从电能表左边两个线孔进出。因此，用检验灯的两引出线跨触电能表右边进线（或出线）与地，灯泡两次均发亮且达正常，便可判定被测电能表接线是相线、中性线颠倒。一旦发现单相电能表接线是相线、中性线颠倒，需立刻纠正。

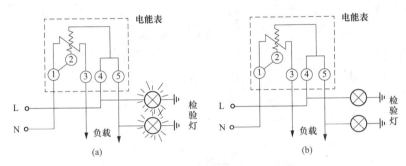

图 1-26　检验灯检测电能表接线示意图

（a）相线与中性线颠倒；（b）正确接线

　　单相电能表有一个电流线圈和一个电压线圈，电流线圈与电路串联，电压线圈与电路并联。电能表的电源进线相线、中性线颠倒，一般情况下因电能表转动力矩与正确接线时一致，故表计能够正确计量用量。但是，如果负荷线路中性线上有重复接地现象（我国大部分地区配电变压器的中性点是直接接地运行的），负荷电流的一部分便可不经电能表的电流线圈，致使电能表少计电量。更有甚者，因中性线上有接地，中性线干线上的工作电流有一部分经过此电能表及其后中性线上的接地构成回路。因为这个电流的方向与该电能表负荷电流方向相反，所以该电能表会反转。另外，单相电能表的电源进线相线与中性线颠倒，给窃电者以可乘之机。即窃电者可以在室内插座等处将中性线单独引出，接至自来水管或隐蔽处接地的金属管道上，将负载跨接在相线与地线之间。

## 1-37    运用万用表检测

正确使用万用表，用前须熟悉表盘。

两个零位调节器，轻轻旋动调零位。

正确选择接线柱，红黑表笔插对孔。

转换开关旋拨挡，挡位选择要正确。

合理选择量程挡，测量读数才精确。

看准量程刻度线，垂视表面读数准。

测量完毕拔表笔，开关旋于高压挡。

表内电池常检查，变质会漏电解液。

用存仪表环境好，无振不潮磁场弱。                    (1-37)

**说明**    万用表是电气工程中常用的多功能、多量程的电工仪表。它虽不适用于精密测量，但可进行各种电量的测量，在检查电路的故障等场合，它是最方便的仪表。电工型指针式万用表是采用磁电系测量机构作表头，配合一个或两个转换开关和测量线路以实现不同功能和不同量限的选择。万用表可以测量交直流电流、交直流电压和电阻。有的万用表还有许多特殊用途，如测量电容、电感、音频电平和晶体管参数等。由于使用方便，特别适用于供电线路和电气设备的检修，是电工的"眼睛"。因为万用表的测量项目多、量程多，使用次数频繁，所以稍有疏忽，轻则损坏元件，重则烧毁表头，造成不应有的损失。因此必须注意正确的使用方法。

（1）万用表使用之前，必须详读使用说明书，熟悉盘面上每个转换开关、旋钮、按钮、插孔和接线柱的作用和使用方法，了解分清表盘上各条刻度线所对应的测量值。图 1-27 为常用的 MF-30 型万用表盘面图，最上面第一条刻度线的右边标有 "$\Omega$"，表示这是电阻刻度线。但需注意刻度线上读取的数值，要乘上所选量程的挡数，才是被测电阻的阻值。如用 $R \times 100$ 挡测得某电阻刻度尺上读数为 4，则实际阻值为 $4 \times 100 = 400\Omega$。再如第二条是电压和电流的共同刻度线。有时从刻度线上找不到相对应的转换开关量程，如交流电压挡开关量程最高可达 500，而刻度尺最大指示为 250。测量时，应将刻度线上的读数乘以量程转换开关挡数与刻度尺最大量程之比的倍数。例如用 500-1 型万用表交流 500V 电压挡位测电压，在 250V 标尺上读数为 190V，则实际电压应为 $190 \times (500 \div 250) = 380V$。

（2）万用表在使用时应水平放置。用前还要观察表头指针在静止时是否对准零位，若发现表针不指在机械零点，须用小螺钉旋具调节表头上的调整螺钉，使表针回零。调整时视线应正对着表针；如果表盘上有反射镜，眼睛看到的表针应与镜里的影子重合。

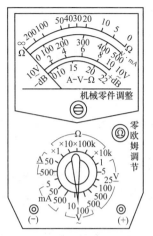

图 1-27　常用的 MF-30 型万用表盘面图

万用表有两个指针零位调节器，一个是机械零位调节器，另一个是测量电阻时用的电阻零位调节器。在使用时应轻轻旋动，慢慢调节，切忌过分用力，以免旋转角度过大。

（3）万用表在使用时，红表笔应接在标有"＋"号的接线柱上，作为表的正极性测量端；黑表笔应接在标有"－"或"＊"号的接线柱上，作为表的负极性测量端。尤其在测量直流电压或电流时，切记要认真复查一次，同时应将红表笔接被测电路的正极，黑表笔接被测电路的负极。否则极性接反会撞坏指针或烧毁仪表。有些万用表另有交、直流 2500V 的高压测量端钮，若测量高压时，可将红表笔插在此接线柱上，黑表笔不动（测量高压时，应使用专用测量线）。

（4）使用万用表测量前，必须明确要测什么和怎样测，根据测量对象将转换开关拨到所需挡位上。如测量直流电压时，将开关指示尖头对准有"V̲"符号的部位；测量交流电压时，应将转换开关放在相应的"V̰"挡上。其他测量也按上述要求操作，尤其是进行不同项目的测量时，一定要根据测量项目选择相应的测量挡位。如果用电流挡去测量电压或用电阻挡测量电压，就会烧坏仪表。

（5）用万用表测量前，首先对被测量的范围做个估计，然后将量程转换开关拨到该测量挡适当量程上。如无法估计被测量的大小范围，应先拨到最大量程挡上测量，再逐渐减小量程到适当的位置。即待被测量的数值使仪表指针指示在满刻度的 1/2 以上、2/3 附近时即可，这样可使读数比较精确。

（6）万用表上有多种刻度线，它们分别适用于不同的测量对象。读取测量读数时，要看准所选量程的刻度线，特别是测量 10V 以下小量程电压挡。既应在对应的刻度线上读数，同时也要注意刻度线上的读数和量程挡相配合。看读数时目光应当和表面垂直，不要偏左偏右，否则读数将有误差。精密度较高

43

的万用表，在表面的刻度线下有一条弧形镜子，读数时表针与镜子中的影子应重合才能准确。

（7）每次测量工作完毕，应将万用表表笔从插孔内拨出，并将选择开关旋至交流电压最高挡或空挡上（500型万用表有空挡）。这样可以防止转换开关放在欧姆挡时表笔短路，长期消耗电池；更重要的是防止在下次测量或别人使用时，因粗心忘记拨挡就去测量电压，而使万用表烧坏。

（8）万用表最好应用防漏型电池。如使用一般干电池，必须常检查，避免电池耗尽或存放过久而变质，漏出电解液腐蚀电池夹和电路板。长期不使用时，可将电池取出。无电池时也可测量电压和电流。

（9）应在干燥无振动、无强磁场、环境温度适宜的条件下使用和保存万用表，防止表内元件受潮变质。机械振动能使表头磁钢退磁，灵敏度下降；在强磁场（如发电机、电动机、母线）附近使用，测量误差会增大；环境温度过高或过低，均可使整流元件的正反向电阻发生变化，改变整流系数，引起温度误差。在进行高电压测量时，要注意人身和仪表的安全。

### 1-38　运用万用表的欧姆挡测量

📢 **口诀**

> 正确运用欧姆挡，应知应会有八项。
>
> 电池电压要富足，被测电路无电压。
>
> 选择合适倍率挡，针指刻度尺中段。
>
> 每次更换倍率挡，须重调节电阻零。
>
> 笔尖测点接触良，测物笔端手不碰。
>
> 测量电路线通断，千欧以上量程挡。
>
> 判测二极管元件，倍率不同阻不同。
>
> 测试变压器绕组，手若碰触感麻电。　　　　　　(1-38)

📖 **说明**　万用表测量直流电压挡的误差最小，是因为其测量线路最简单，如图1-28所示。测量交流电压的线路虽基本上与测量直流电压的相同，但却多一非线性元件整流二极管，所以误差比前者大。在测量电阻时，必须用电池作电源，电池的电压会随时间而变化，即使采用调节电阻$R$，也会产生误差，因为仪表刻度的电阻（$R_A+R$）与使用时不同。因此，三项测量中欧姆挡误差最大。所以在使用万用表时应正确运用欧姆挡，其应知、应注意事项如下：

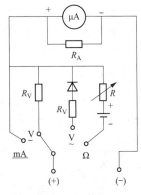

图 1-28　万用表原理示意图

（1）用欧姆挡测量电阻前，要检查一下表内电池电压是否足够。检查的方法是将种类挡转换开关置于欧姆挡，倍率转换开关置于 $R \times 1$ 挡（测 1.5V 电池）或 $R \times 10k$ 挡（测量较高电压电池）。将表笔相碰看指针是否指在零位，若调整调零旋钮后，指针仍不能指在零位，说明表内的电池失效，需要更换新电池后再使用。

（2）严禁在被测电路带电的情况下测量电阻（包括电池的内阻）。因为这相当于接入一个外加电压，会使测量结果不准确，而且极易损坏万用表。

（3）测量电阻时，要选择合适的电阻倍率挡，使仪表的指针尽量指在刻度尺的中心位置或接近 $0\Omega$ 位置（此段位置分度精细），一般在 $0.1R_0 \sim 10R_0$（$R_0$ 为欧姆挡中心值）的刻度范围内，读数较准。

（4）每次更换电阻倍率挡时应重新检查零点，尤其是使用 1.5V 五号电池时。因为电池的容量有限，工作时间稍长，电动势下降，内阻会增大，使欧姆零点改变。在测量的间歇，勿使两支表笔短路，以免空耗电池。

（5）在测量电阻时，要把两端的接线或其他元件的线头用小刀或砂布刮净，露出光泽，以免影响读数准确。在测量时，人的两手不要碰触两支表笔的金属部分或被测物的两端（正常情况下，人的两只手之间的电阻在几十到几百千欧之间，当两只手同时接触被测电阻的两端时，等于在被测电阻的两端并联了一个电阻），以免产生误差。

（6）测量电路或导线是否导通时，使用 $k\Omega$ 挡或 $10k\Omega$ 挡，能延长表内电池寿命（电阻倍率挡越大，内部电阻就越大），并且指示也清楚。

（7）采用不同倍率的欧姆挡，测量二极管的正向电阻时，测出的电阻值不同。二极管是非线性元件，其阻值随着加在它上面的电压不同而不同。用万用表欧姆挡测二极管的正向电阻时，虽然不同的欧姆挡（除 $R \times 10k$ 挡外）所采用的电池电压是相同的，但所对应的内阻不同（其中，$R \times 1$ 挡的内阻最小，随着欧姆挡倍率的增加，其内阻也相应递增），加至被测二极管两端的电压就不同，结果使被测二极管反映出不同的阻值。

（8）用欧姆挡测量未接电源的变压器二次绕组电阻时（断电电动机两根相线的电阻时），有麻电感觉。磁场和电场一样是具有能量的。变压器在一次侧开路、二次侧无负载时，相当于一只有铁芯的电感线圈。当人的两手分别握住万用表两支表笔去接触变压器二次绕组的接线柱时，万用表电源（1.5V）向绕组线圈充电，并在线圈中转换成磁场能量储存起来。如人手握表笔与接线柱接触良好时，因线圈的电阻和万用表表头的内阻较小，流过线圈的电流约为11mA（×1Ω挡）或6.5mA（×10Ω挡）。如接触不良或两手中任何一手离开接线柱的瞬间，由于万用表电源被断开，线圈中储存的磁场能量就要通过人体放出。因放电回路的电阻远大于充电回路的电阻，为了阻止线圈中的电流突然变小，在线圈中产生一个自感反电动势（约为70～100V），使人有麻电的感觉。但由于磁场的能量不大，放电电流很小，所以对人体没有伤害。若正确使用万用表，这类麻电现象是完全可以避免的。

## 1-39  运用万用表测量电压

📋 口诀

用万用表测电压，注意事项有八项。

清楚表内阻大小，一定要有人监护。

被测电路表并联，带电不能换量程。

测量直流电压时，搞清电路正负极。

测感抗电路电压，期间不能断电源。

测试千伏高电压，须用专用表笔线。

感应电对地电压，量程不同值差大。　　　　　　　　　　（1-39）

📖 说明　使用万用表测量电压是带电作业，应注意安全问题。除应特别注意检查仪表的表笔是否有破损开裂、引接线是否有破损露铜等现象外，在具体操作时还应注意如下事项。

（1）用万用表测量电压时，要特别注意其内阻的大小，即 Ω/V 是多大。这个值越大，对被测电路工作状态的影响就越小，这一点对测量高阻抗的电路具有重要意义。因此，在测高内阻电源的电压时，应尽量选较大的电压量程。因为量程越大，内阻也越高，这样表针的偏转角度虽然减小了，但是读数却更真实些。

（2）用万用表测量电压时，要有人监护，监护人的技术水平要高于测量操作人。监护人的作用有两条：一是使测量人与带电体保持规定的安全距离；二是监护测量人正确使用仪表和正确测量，不要用手触摸表笔的金属部分。

（3）万用表测量电压的接线方式，应将万用表并联在被测电路或被测元器件的两端。测直流电压时（直流为 $\underline{V}$ 挡），应注意正负极性。如果误用直流电压挡去测交流电压，表针就不动或略微抖动；如果误用交流电压挡（$\overset{\sim}{V}$）去测直流电压，读数可能偏高一倍，也可能为零（和万用表的接法有关）。选取的电压量程尽量使表针偏转到满刻度的 1/2 或 1/3 处。

（4）测量较高电压（如 220V）时，严禁拨动量程选择开关，以免产生电弧，烧坏转换开关触点。

（5）测量直流电压时要与被测元件并联，并且表的两个表笔不可随意地与被测元件的一端相连。而是黑表笔（插座处标出"—"号）与被测元件的负极端相接、红表笔（插座处标出"＋"号）与被测元件的正极端相接。这样表针才会向有读数的方向（向右）摆动，否则表针将反转。在测量较高的电压时，表针反向摆动的力也会较大，有可能将表针打断。

在测量直流电压时，如不知道被测部分的正负极，可选用最高的一挡测量范围，然后将两支笔快接快离，注意表针的偏转方向以辨别正负极。

（6）测量有感抗的电路中的电压时，必须在切断电源之前先把万用表断开，防止由于自感现象产生的高压损坏万用表。

（7）被测电压高于安全电压时须注意安全。应当养成单手操作的习惯，预先把一支笔固定在被测电路的公共端，再拿着另一支笔去碰触测试点，以保持精神集中。

测量 1000V 以上的高电压，必须使用专用绝缘表笔和引线。先将接地表笔接在低电位上（一般是负极），然后一只手拿住另一支表笔接在高压测量点上。最好另有一个人看表，以免只顾看表导致手触电。千万不要两只手同时拿着表笔，空闲的一只手也不要握在金属类接地元件上。表笔、手指、鞋底应保持干燥，必要时应戴橡皮手套或站在橡皮垫上，以免发生意外。

（8）用万用表不同的电压量程挡测量感应电对地电压时，测量结果相差很大。感应电实质上是电气设备通电线圈与铁芯间存在分布电容所造成的。例如一台铁芯不接地的控制变压器，如图 1-29 所示，其一次线圈与铁芯间分布电容可用等效电容 $C$ 来代替，当用万用表电压挡来测量感应电对地电压时，就相当于电源电压 $U$ 加在 $C$ 和万用表电压挡的内阻 $R_0$ 所组成的串联电路上，万用表所指示的电压就是 $R_0$ 所取

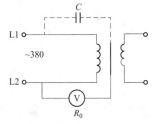

图 1-29　测量感应电对地电压示意图

得的分压 $U_{R0}$，即 $U_{R0}=IR_0=\dfrac{U}{\sqrt{R_0^2+X_C^2}}R_0=\dfrac{U}{\sqrt{1+(X_C/R_0)^2}}$。

由于 $U$ 和 $C$ 是定值，即等效容抗 $X_C$ 也是定值，但电压挡量程越小，$R_0$ 越小，则所测得的电压也越小，所以测得的结果大不相同。

### 1-40  运用万用表测量直流电流的方法

📢 **口诀**

> 用万用表测电流，开关拨至毫安挡。
>
> 确定电路正负极，表计串联电路中。
>
> 选择较大量程挡，减小对电路影响。　　　　　　　　(1-40)

📖 **说明**　使用万用表测量直流电流，将转换开关拨至"mA"挡适当位置上。在测量之前要将被测电路断开，然后把万用表串联到被测电路中。绝对不能将两表笔直接跨接在电源上，否则，万用表会因通过短路电流而立刻烧毁。同时应注意正负极性，若表笔接反了，表针会反转，容易使表针碰弯。

测量低电阻电路中的电流时，仪表量程的内阻与电路串联连接，会使电阻部分的电流减少。电路的电阻越小，其影响越大。因此，应尽量选择较大的电流量程，以降低万用表内阻，减小其对被测电路工作状态的影响。

### 1-41  数字万用表蜂鸣器挡检测电解电容器质量

📢 **口诀**

> 电解电容器质量，数字万用表检测。
>
> 开关拨到蜂鸣器，红黑笔触正负极。
>
> 一阵短促蜂鸣声，声停溢出符号显。
>
> 蜂鸣器响时间长，电容器容量越大。
>
> 若蜂鸣器一直响，被测电容器短路。
>
> 若蜂鸣器不发声，电容器内部断路。　　　　　　(1-41)

📖 **说明**　大多数字万用表都设置有蜂鸣器挡，用于检查线路的通断。通常将 $20\Omega$ 规定为蜂鸣器发声的阈值电阻（不同型号的数字万用表的阈值电阻略有差异），当被测线路的电阻小于阈值电阻（即 $R_x$，$<20\Omega$）时。蜂鸣器发出约 $2\mathrm{kHz}$ 的音频振荡声。利用数字万用表的蜂鸣器挡，可以快速检查电解电容器的质量好坏，其线路连接如图 1-30 所示。首先将数字万用表量程转换开关拨到蜂鸣器挡，然后用红表笔触接被测电解电容器的正极，黑表笔触接被测电解电容器的负极。测量时应能听到一阵短促的蜂鸣声，随即停止发声，同

时显示溢出符号"1"。这是因为开始充电时电容器充电电流较大，相当于通路（严格地讲相当于电解电容器的串联等效内阻 $R_c$，一般情况下 $R_c$ 为零点几至几欧姆，明显小于阈值电阻），所以蜂鸣器报警。随着电容器两端电压不断升高，充电电流迅速减小，蜂鸣器停止报警。电解电容器的容量越大，蜂鸣器响的时间就越长。一般

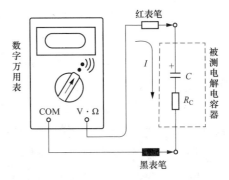

图 1-30　检测电解电容器的质量接线图

测量 100～4700μF 电解电容器时，蜂鸣声持续时间为零点几秒至几秒，而对于 10μF 以下的小容量电容器就听不到响声了（受阈值电阻的影响，不同型号的数字万用表可能略有差异）。具体测判如下：

（1）测量时若蜂鸣器一直发声，说明被测电容器击穿短路。

（2）测量 100μF 以下的电解电容器时蜂鸣器不发声，且数字万用表始终显示"1"，说明被测电解电容器电解液干涸或断路（如果被测电容器原先已经被充电，则测量时听不到蜂鸣器声响。为了避免误判，应先将被测电解电容器短接放电后再进行测检）。

（3）如果被测电解电容器的串联等效内阻 $R_c$ 大于数字万用表蜂鸣器挡的阈值电阻，则无论电容器的容量有多大，测量时也不可能听到蜂鸣声。对于 100μF 以上的大容量电解电容器，在测量时听不到蜂鸣器发声（电容量基本正常），则说明其内阻 $R_c$ 大于阈值电阻（一般为 20Ω），即可判定该电解电容器的损耗内阻过大，质量不好。

## 1-42　数字万用表检测电缆电线中间断头

🗨 口诀

电缆线芯有断线，数字万用表检测：

线芯一端接相线，另端离地悬空着；

万用表拨电压挡，量程拨到两伏上；

一手捏住黑表笔，红笔沿线向前移，

正常电压点五伏，电压突降差十倍，

测点退后约半寸，即为电缆断线点。　　　　　　　　　(1-42)

📖 说明　数字万用表的特点：灵敏度高。数字万用表的分辨力（导致

标示值发生可观察到的被测量或供给量的最小变化称为分辨力。分辨力是仪表显示对被测量值最小变化的能力，它反映仪表灵敏度的高低）：三位半仪表可达 0.1mV，即 $100\mu V$；四位半仪表达 $10\mu V$；八位半仪表则高达 10nV。故可用数字万用表检测电缆电线中间断头。具体方法：将被测的电缆电线从电路中断开，把断芯导线一端接在单相交流电源（220V）相线上，另一端悬空。将数字万用表拨至交流电压挡的最小量程 2V 挡上，这时一手捏住黑表笔（悬空），一手拿着红表笔从接电源端沿导线外皮开始移动。开始数字万用表感应电压显示为零点几伏（如 DT890D 型表显示的电压值大约为 0.445V），当测量的红表笔移动到某处时电压突然显示为零点零几伏（明显减小，约相差 8~10 倍）。此处向后（导线接电源方向）约 15cm 处就是被测电缆电线断芯点。

用同样的方法可以准确检测室内暗线敷设的位置。即用红表笔在墙内布有暗线的地方移动，凡有电压显示的位置，墙内定有暗敷电线，当测量的红表笔离开电线时，电压显示数字将明显减小。

### 1-43  数字万用表可作为测电笔用

口诀

> 手拿数字万用表，区别相线中性线：
> 表拨交流电压挡，表笔触及导线皮，
> 显示数字是相线；没有读数中性线。
> 检测设备漏电否，表笔触设备外壳，
> 根据显示值情况，还可知漏电大小。　　　　　　　　　(1-43)

说明　在野外现场有两根导线，不知道哪一根是相线，通常的方法是用测电笔测试。若手中拿着数字万用表，将万用表拨到交流电压挡，只要用红黑两表笔中的任一支表笔即可测出相线和中性线；即有读数的是相线；没有读数（或数字很小）的为中性线。如果是三相四线制供电，只用数字万用表的一支表笔，将各导线触及一下，即可找到相线和中性线。如果要检测电气设备的漏电情况，只要用数字万用表的一支表笔触及一下设备的外壳金属部分，即可知道设备的漏电情况，而且可以根据检测经验大概知道设备漏电的大小。

在工作中若怀疑某物体带有高电压，但既没有高压测电笔又不敢用手去摸，又怕影响工作。此时，可用数字万用表来检测。将数字万用表拨到交流电压挡，只需用红黑两表笔中的一支表笔的笔杆或测量导线，而不是笔尖去逐渐接近带电体，这时万用表就会显示出电压数值，根据显示值的大小和靠近的程度，即可估计出所带电压的高低。

### 1-44　运用钳形电流表检测

💬 **口诀**

> 运用钳形电流表，型号规格选适当。
>
> 最大量程上粗测，合理选择量程挡。
>
> 钳口中央置导线，动静铁芯吻合好。
>
> 钳口套入导线后，带电不能换量程。
>
> 钳形电流电压表，电流电压分别测。
>
> 照明线路两根线，不宜同时入钳口。
>
> 钳表每次测试完，量程拨至最大挡。　　　　　　　　(1-44)

📖 **说明**　钳形电流表由电流互感器和磁电系电流表组合而成，电流互感器做得像把钳子，捏紧扳手即可将活动铁芯张开，将待测载流导线夹入铁芯窗口（即钳口）中。被测导线构成电流互感器的一次绕组（相当于穿心式电流互感器），固定绕在仪表内铁芯上的线圈则为二次绕组。当被测导线有交流电流流过时，互感器二次绕组的感应电流通过电流表显示读数。一次电流的大小与二次电流成正比，显示的读数即为载流导线（一次绕组）的电流。钳形电流表使用方便，只需将被测导线夹于钳口中即可，故适用于在不便拆线或不能切断电源的情况下进行电流测量，但准确度较低。正确使用方法如下：

（1）钳形电流表的种类很多，有测量交流电流的 T-30 型钳形电流表，测量交流电流和电压的 MG24 型钳形电流表，还有交、直流两用的钳形电流表等。要根据使用场所、测量电流的性质和大小，合理选择相应型号规格的钳形电流表。

（2）钳形电流表通过转换开关来调整量程。选量程时，应先估计被测电流的大小，以钳形电流表的指针指向中间位置为宜。对被测电流的大小无法估计时，先将转换开关置于最大量程挡进行粗测。然后根据读数大小，减小量程，切换到较合适量程，使读数在刻度线的 1/2~2/3 左右。

（3）钳形电流表钳口套入被测导线后，被测导线必须位于钳口中央位置；并使钳口动、静铁芯紧闭，且保持良好的接触、对齐吻合。否则会因漏磁严重而使所测量数值不准确，所测电流偏小，误差增大。测量时如有振动噪声，可将钳形电流表手柄转动几下，或重新开合一次。如果仍有杂声，应把钳口中的被测导线退出，检查钳口面是否有油污。若有，可用汽油擦干净。在钳形电流表钳口接触面上黏有异物的情况下进行测量，因磁阻增大故指示的电流比实际小。

（4）钳形电流表在测量的过程中不能切换量程挡。因为钳形电流表是由电流互感器和磁电系电流表组成的，如果在测量的过程中切换量程挡位，将造成电流互感器二次线圈瞬时开路。在测量较大电流的情况下，就会出现高电压，严重时会损坏仪表。另外，操作人员是在不停电的情况下手持钳形电流表进行测量的，如果在测量的过程中切换量程挡位，很难保证操作人员对带电导线的安全距离，易发生触电危险。因此，当套入导线后发现量程选择不合适时，应先把钳口中导线退出，然后才可调节量程挡位。

（5）使用带有电压测量挡的钳形电流表，如 T-302 型和 MG24 型钳形电流表，测量电压与测量电流应分别进行，切记不可同时测量。钳形电流表测量电压时，其两根引线应插在电压测量插孔内，而且预先估计被测设备的电压大小选择适当的量程挡，把转换开关指向电压挡，切勿指向电流挡。然后将两测试笔跨接于电路上，即可测得读数。

（6）钳形电流表测量照明线路、家电插头引线、单相电焊机供电电源线路时，橡胶绝缘良好的钳口不可同时套入同一电路中的两根导线（如双芯电缆）。因两根导线所产生的磁通势要相互抵消，致使所测数据失去意义。

（7）每次测量完毕后，要把钳形电流表的量程转换开关拨至最大挡上。以防下次使用时未选量程就测量，造成钳形电流表的意外损坏。

### 1-45　钳形电流表测量三相三线电流的技巧

🗨 **口诀**

运用钳形电流表，测三相三线电流。

基尔霍夫一定律，得出测量一技巧。

钳口套入一根线，读数该相电流值。

钳口套入两根线，读数第三相电流。

钳口套入三根线，负荷平衡读数零。　　　　　　　　　　　（1-45）

📖 **说明**　钳形电流表在测量三相三线交流电流时，钳口中放进任意一相导线时，仪表的读数是该相的电流；钳口套入两根相线时，仪表的读数是被放进钳口的两相电流的相量和，则是第三相的电流；钳口套入三根相线时，读数为零（表示三相负荷平衡。如果读数不是零，则说明三相负荷不平衡，读数值是中性线的电流）。在实际工作中，电工需知此测量技巧。例如低压配电柜内断路器或隔离开关下侧三根相线，可移动长度短，常遇其中一相线穿入电流互感器中。若遇导线截面较大时很难移动，即不易套入钳形电流表的钳口，有时是根本不能套入钳口，此时则需运用上述测量技巧。

三相三线制中，根据基尔霍夫电流定律，通过 O 点（同一节点）的三相电流的相量和为零，即 $\dot{I}_1+\dot{I}_2+\dot{I}_3=0$，所以，$\dot{I}_2+\dot{I}_3=-\dot{I}_1$，两相电流的相量和等于第三相电流，且方向相反，如图 1-31 所示。因此，钳形电流表的钳口套入 L2 和 L3 两根相线时，读数是 L1 相线的电流；钳口套入三根相线时，读数应是零。

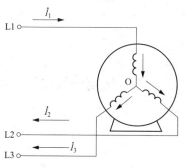

图 1-31　三相三线电流示意图

在三相四线制网络中，负载平衡时，中性线电流的相量等于零。当使用了三相晶闸管调压器后，在不同的相位触发导通时（全导通除外），中性点的电流相量和都不为零。如果在某一相中使用单相晶闸管调压器而其余两相未使用时，由于其中一相在不同相位触发，产生的电流波形是断续载波而非连续的正弦波，所以中性线的电流相量和也不可能是零。

## 1-46　钳形电流表测量交流小电流技巧

📋 **口诀**

运用钳形电流表，测量交流小电流。

被测负载绝缘线，钳口铁芯上绕圈。

读数除以匝加一，则得真正电流值。　　　　　　　(1-46)

📖 **说明**　日常测量照明线路和家用电器时，电流一般为 5A 左右。检查小型三相电动机的三相电流（＜5A）是否平衡时，若用钳形电流表测量，其表头最小是 1～10A，同时有的表计第一格就是 2A。2A 以下或零点几安就更无法测量了。另外，钳形电流表通常在低量程时误差较大，指针偏转小时读数困难。这时为了测得较准确的电流，可把负载绝缘线在钳形电流表的钳口铁芯上绕 1～2 匝，甚至更多匝。应用电流互感器原理来增强磁场，使二次侧感应出较大电流，从而读得较大些的电流，如图 1-32 所示。这样取得的读数是扩大了的，但真正的电流必须减去扩大部分。即加绕一匝时，需将读数除以 2；绕两匝时除以 3；绕三匝时除以 4。反过来说，绕一匝的电流被扩大了 2

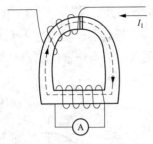

图 1-32 测小电流示意图

倍，绕两匝的扩大了 3 倍，绕三匝的扩大了 4 倍。其规律是匝数是 $N$ 匝，电流被扩大了 $N+1$ 倍，真正的电流值＝表计读数 /($N+1$)。

另外，为了消除钳形电流表铁芯中剩磁对测量结果的影响，在测量较大的电流之后，如果要立即测量较小的电流，应把钳形电流表的铁芯开、合数次，以消除铁芯中的剩磁。

## 1-47 运用绝缘电阻表检测

🗨️ 口诀

使用绝缘电阻表，电压等级选适当。

测前设备全停电，并进行充分放电。

被测设备擦干净，表面清洁无污垢。

放表位置选适当，远离电场和磁场。

水平放置不倾斜，开路短路两试验。

两色单芯软引线，互不缠绕绝缘好。

接线端钮识别清，测试接线接正确。

摇把摇动顺时针，转速逐渐达恒定。

摇测时间没定数，指针稳定记读数。　　　　(1-47)

📖 说明　在电动机、变压器等电气设备和供电线路中，绝缘材料的优劣对电力生产的正常运行和安全供电有着重大的影响。而绝缘材料性能好坏的重要标志是其绝缘电阻的大小。因此，必须定期对电气设备的绝缘电阻进行测定，这就需要用绝缘电阻表来测量。绝缘电阻表大多数采用磁电式机构，它由一台手摇发电机和一个磁电式比率表组成，原理线路图如图 1-33 所示。图 1-33 中 G 为手摇直流发电机（或由交流发电机与整流电路组成）。正确使用绝缘电阻表测量电气设备绝缘电阻的方法如下：

（1）绝缘电阻表是绝缘电阻测试的工具仪表。绝缘电阻测试不同于一般的

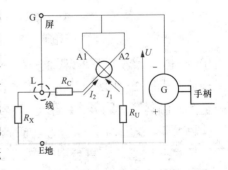

图 1-33　绝缘电阻表的原理线路图

A1—电压线圈，A2—电流线圈；

$R_C$、$R_U$—附加电阻；$R_x$—被测电阻

直流电阻测试，它是在对被测物体施加其正常工作电压一倍的直流电压情况下进行的。这是因为施加的电压不同时测得的电阻会有差异。为测准绝缘电阻指标且安全用电，需要施加一个合理的电压等级，即需合理选择绝缘电阻表额定电压等级。例如对使用于市电 220V 的电器设备和照明布线进行绝缘测试，应用 500V 直流电压等级的绝缘电阻表；对工作于 380V 交流电压下的电动机、电气设备等进行测试，应用 1000V 电压等级的绝缘电阻表（绝缘电阻表通常以发电机发出的额定电压来分类，有 50、100、250、500、1000、2500、5000、10000V 等。绝缘电阻表的额定电压及其测量范围应与被测试物绝缘电阻相适应，见表 1-4。经过施加一倍于工作电压的试验电压测得的绝缘电阻，才能在正常持续或电源出现可能突变的情况下达到安全用电，由此也可在确定测试电压等级的前提下获得合理经济的绝缘成本。

表 1-4 　　　　　　　　　　绝缘电阻表的正确选择

| 被测对象 | 被测设备额定电压（V） | 所选绝缘电阻表的电压（V） |
|---|---|---|
| 弱电设备、线路的绝缘电阻 | 100 以下 | 50 或 100 |
| 绕组的绝缘电阻 | 500 以下 | 500 |
| 绕组的绝缘电阻 | 500 以上 | 1000 |
| 发电机绕组的绝缘电阻 | 380 以下 | 1000 |
| 电力变压器、发电机、电动机绕组的绝缘电阻 | 500 以上 | 1000～2500 |
| 电气设备的地缘电阻 | 500 以下 | 500～1000 |
| 电气设备的地缘电阻 | 500 以上 | 2500 |
| 绝缘子、母线、隔离开关的绝缘电阻 | | 2500 以上 |

（2）测量前务必将被测设备的电源全部切断，并进行接地充分放电，特别是电容性的电气设备。绝不允许用绝缘电阻表去测量带电设备的绝缘电阻，以防止触电事故的发生。即使加在设备上的电压很低，对人身没有危险，也测不出正确的测量结果，达不到测量的目的。

（3）测量前，应用清洁干燥的软布擦净待测设备绝缘表面污垢，以免漏电影响测量的准确度。否则将有可能使被测的绝缘电阻值虚假减小。

（4）测量前应选择适当放表位置。绝缘电阻表安放位置要确保引线之间和引线与地之间有一定距离，同时要尽量远离通有大电流的导体，以免由于外磁场的影响而增大测量误差。特别是在带电设备附近测量时，测量人员和绝缘电阻表的位置必须选择适当，保持足够的安全距离，以免绝缘电阻表引线或测量人员触碰带电部分。

（5）绝缘电阻表应水平放置。绝缘电阻表向任何方向倾斜，均会增大绝缘电阻表的基本误差。绝缘电阻表放在水平位置，在未接线之前，应先对绝缘电阻表分别在开路和短路情况下做一次试验，检查本身是否良好（先在接线端开路时摇动发电机手柄至额定转速，指针应指在"∞"处；然后将线路和接地两接线端钮短路，缓慢摇动发电机手柄，指针应指在"0"处）。

（6）绝缘电阻表的引线必须用绝缘良好的两根单芯多股软线，最好使用表计专用测量线。不能用双芯绝缘线，更不能将两根引线相互缠绕在一起或靠在一起使用；引线不宜过长，也不能与电气设备或地面接触。否则，会严重影响测量结果。当线路端"L"引线必须经其他支撑才能和被测设备连接时，必须使用绝缘良好的支持物，并通过试验，保证未接入被测设备前绝缘电阻表指针指示"∞"位置，否则其测出的绝缘电阻将虚假变小。

绝缘电阻表的两根引线可采用不同颜色，以便于识别和使用。若两根引线缠绕在一起或靠在一起进行测量，当引线绝缘不好时，就相当于使被测的电气设备并联了一只低电阻，使测量不准确；同时还改变了被测回路的电容，做吸收比试验时就不准确了。

（7）使用绝缘电阻表之前，应先了解它的三个接线端钮的作用与代表符号。如图 1-33 所示，L 是线路端钮，测试时接被测设备；E 是地线端钮，测试时接被测设备的金属外壳；G 是屏蔽端钮（即保护环），测试时接被测设备的保护遮蔽部分或其他不参加测量的部分。

做一般测量时，只用线路 L 和接地 E 两个接线端钮。L 端与被测试物相接，E 端与被测试物的金属外壳相接。当被测试物表面泄漏电流严重时，若要判明是内部绝缘不好还是表面漏电影响，则需要将表面和内部的绝缘电阻分开，此时应使用第三根导线，一端连接表的屏蔽 G 端钮，另一端连接在漏电的表面上，使漏电电流不流过绝缘电阻表内的电流线圈 A2。

（8）测量时，顺时针摇动绝缘电阻表摇把（手柄），要均匀用力，切忌忽快忽慢，以免损坏齿轮组。逐渐使转速达到基本恒定转速 120r/min（以听到表内"嗒嗒"声为准）。待调速器发生滑动后，即可得到稳定的读数。

一般来讲，绝缘电阻表转速的快慢不影响对绝缘电阻的测量。因为绝缘电阻表上的读数反映发电机电压与电流的比值，在电压有变化时，通过绝缘电阻表电流线圈的电流也同时按比例变化，所以电阻读数不变。但如果绝缘电阻表发电机的转速太慢，由于此时电压过低，则会引起较大的测量误差。

绝缘电阻表的指针位于中央刻度时，其输出电压为额定电压的 90％以上，如果指示值低于中央刻度，则测试电压会降低很多。例如，1000V 绝缘电阻表测量 10MΩ 绝缘电阻时，电压为 760V，测量 5MΩ 绝缘电阻时，会降到560V。因此，在使用绝缘电阻表时，应按规定的转速摇动。一般规定为120r/min（有的绝缘电阻表规定为 150r/min），可以有±20％的变化，但最多不应超过±25％。

（9）绝缘电阻随着测试时间的长短而有差异，一般以绝缘电阻表摇动1min 后的读数为准。测量电容器、电缆、大容量变压器和大型电机时，要有一定的充电时间。电容量越大，充电时间越长，要等到指针稳定不变时记取读数，否则将使所测出的绝缘电阻值虚假、减小。

### 1-48　串接二极管阻止被测设备对绝缘电阻表放电

🗨 **口诀**

> 绝缘电阻表端钮，串接晶体二极管。
>
> 摇测容性大设备，阻止设备放电流。
>
> 消除表针左右摆，确保读数看准确。
>
> 测量完毕停摇转，仪表也不会损坏。　　　　　　　　(1-48)

📖 **说明**　绝缘电阻表测电容器、电力电缆、大容量变压器等电容性设备的绝缘电阻时，表针会左右摆动影响读数；而且在测量完毕时，不能停止转动，需等测量引线从被测设备上取下后方可停止转动。这是由于被测电容性设备对绝缘电阻表放电的缘故。

如图 1-34 所示，在绝缘电阻表的线路端钮 L 与被测电容性设备（电力电缆）间串入一只耐压与绝缘电阻表相当的晶体二极管，用以阻止被测电容性设备对绝缘电阻表的放电，既可消除表针的摆动，又不影响测量准确度。在测量完毕停止摇动时，由于二极管处于反偏截止状态下不导通，从而防止了绝缘电阻表被损坏的可能。在此说明：绝缘电阻表测试工作完成后，被测电容性设备还是要进行对地放电工作的。

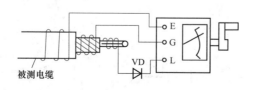

图 1-34　串接二极管摇测电缆接线示意图

### 1-49 提高绝缘电阻表端电压的方法

📣 **口诀**

低压绝缘电阻表，串联起来测绝缘。

串联电压级叠加，绝缘电阻读数和。　　　　　　(1-49)

📖 **说明**　绝缘电阻表是检测电气设备绝缘强度的一种常用工具。但在农村或边远小型工矿企业。一般只有500V或100V绝缘电阻表，当测量高压电气设备绝缘时，经常会因绝缘电阻表的输出电压不足、灵敏度很低，导致达不到查出局部性绝缘缺陷的目的。有时用500V绝缘电阻表测的绝缘电阻还较高，而用2500V绝缘电阻表测得试品的绝缘电阻已低到不能使用的地步。例如某台有缺陷的设备，在同一天、同一环境温度下，使用不同电压等级的绝缘电阻表摇测该台有缺陷的设备，摇测结果相差很大，见表1-5。从表1-5中可以看出，被测设备的绝缘电阻是随着所使用绝缘电阻表电压等级的增高而降低的。这种情况很容易使工作人员造成误判断。为此，对于绝缘电阻可疑的设备，尤其对高压电气设备应用相应高输出电压的绝缘电阻表进行测量，以利于绝缘缺陷的暴露。

表1-5　　　　　　　不同电压等级的绝缘电阻表摇测同台设备绝缘

| 绝缘电阻表电压（V） | 500 | 1000 | 2500 |
|---|---|---|---|
| 测量读数（MΩ） | 500 | 140 | 90 |

为了解决绝缘电阻表端电压不足的问题，可把两只1000V或500V的绝缘电阻表串联起来使用。这时测量的等值电路如图1-35所示。其中 $R_1$ 及 $R_2$ 分别为绝缘电阻表 MΩ1 与 MΩ2 的固有内阻，$E_1$ 及 $E_2$ 则分别为绝缘电阻表 MΩ1 与 MΩ2 的直流电动势，$R_x$ 为被测设备的绝缘电阻，$I$ 为流过被测设备 $R_x$ 的电流。

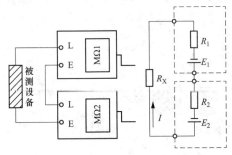

图1-35　绝缘电阻表串联测量的等值电路

由全电路欧姆定律可知 $I=\dfrac{E_1+E_2}{R_1+R_2+R_x}$。由于 $R_1$、$R_2$ 较小，可以忽略不

计。为便于分析，上式可近似写为 $I=\dfrac{E_1+E_2}{R_x}$。故 $R_x=\dfrac{E_1+E_2}{I}=\dfrac{E_1}{I}+\dfrac{E_2}{I}=$

$R_{MΩ1}+R_{MΩ2}$，即为两只绝缘电阻表指示值读数和。

因此根据串联电压叠加原理，用两只 1000V 及一只 500V 的绝缘电阻表串联，就可以在被测设备上得到 2500V 的直流电压。但在具体使用时应注意：第一只绝缘电阻表的对地电位已被抬高，故应将绝缘电阻表外壳对地绝缘；操作人员应采取穿戴绝缘手套等安全措施。

### 1-50　电力变压器的绝缘吸收比

📢 **口诀**

> 变压器绝缘优劣，绝缘电阻表测判。
>
> 常温二十度左右，由测量时开始计：
>
> 十五秒时看读数，六十秒时稳定值。
>
> 两绝缘电阻比值，称为绝缘吸收比。
>
> 大于一点三良好，小于一点三受潮。　　　　　　　　　(1-50)

📖 **说明**　电力变压器的绝缘吸收比是判断变压器的绝缘介质优劣的重要参数，故在检修和维护变压器时需要测定变压器的绝缘吸收比。

通常人们在用绝缘电阻表测量电机、变压器的绝缘电阻（以 120r/min 的摇速测量/min）时会发现：初时阻值较低，随着摇测时间的增加阻值也逐渐增大，最后稳定在一个数值上。这种绝缘电阻随时间而变化的现象，在技术上被称为绝缘吸收现象。绝缘吸收比，就是由测量时开始计算，经 15s 时的绝缘电阻 $R_{15''}$（MΩ）与经 60s 时的绝缘电阻 $R_{60''}$（MΩ）的比值，即 $R_{60''}/R_{15''}$。

当绝缘介质受潮或变质时，其 $R_{60''}/R_{15''}$ 的数值，必小于绝缘良好的 $R_{60''}/R_{15''}$ 的数值。由于它是一个相对值，所以很难明确标准。通常规定：在温度 10～30℃ 时，$R_{60''}/R_{15''}\geq1.3$ 为绝缘良好，绝缘很好的变压器，其吸收比可达到 2；若比值低于 1.3，则认为绝缘有受潮现象，应进行干燥或其他技术处理。对变压器的吸收比应分别进行测量，即不同电压等级的绕组对地以及各电压等级的绕组相互间，均应进行测量，这样可立即判断出受潮部位。

### 1-51　快速测判低压电动机好坏

📢 **口诀**

> 低压电动机好坏，打开接线盒检测。

　　　　　　绝缘电阻表摇测，绝缘最小兆欧值。

　　　　　　三十五度基准八，每升十度除以二。

　　　　　　每低十度便乘二，读数超过才为好。

　　　　　　万用表拨毫安挡，电机星形连接法。

　　　　　　表笔任接两相头，手盘转轴慢慢转。

　　　　　　表针明显左右摆，三次测试结果同。

　　　　　　被测电机是好的，否则电机不能用。　　　　　　　　　　(1-51)

　📖 **说明**　用一只 500V 绝缘电阻表和一块万用表就能很快判断出某台低压三相电动机是否可用。首先，用绝缘电阻表摇测电动机定子绕组绝缘电阻，其读数必须大于低压电动机的最低绝缘电阻（电机绕组在热态 75℃ 时为 0.5MΩ）。在任意温度下，低压电动机绝缘电阻的最小允许值为："三十五度基准八，每升十度除以二，每低十度便乘二"。也就是说绝缘电阻表摇测电动机绕组绝缘读数大于最小允许值，则是绝缘尚好，并且读数越大越好。然后将万用表拨至直流电流最低量程 mA 挡（μA 挡更好）。电动机为星形连接时，用万用表红黑两表笔接触电动机接线盒内任意两相接线桩头，同时用手盘动电动机转轴，使电动机空转。在这种情况下，万用表指针左右摆动，且三相绕组均这样两两测试，结果相同，则被测电动机就是好的，可以使用。用上述方法检测低压电动机好坏，既方便又迅速准确。

### 1-52　绝缘电阻表测电容值较大设备绝缘，引线在额定转速下接离

　💬 **口诀**

　　　　　　测高压电缆芯间、电容器极间绝缘，

　　　　　　摇表至额定转速，等待指针稳定后，

　　　　　　表不停转情况下，引线接至被测物；

　　　　　　此时指针会下降，然后又重新上升，

　　　　　　待稳定值读完后，表不停转拆引线。

　　　　　　否则表针会损伤，有时甚至烧损表。　　　　　　　　　　(1-52)

　📖 **说明**　运用绝缘电阻表摇测高压电缆芯间绝缘、电容器极间绝缘时，因极间电容较大，应将绝缘电阻表摇至额定转速状态下，待指针稳定后，再将绝缘电阻表引线接到被测电容器的两极上（被测高压电缆的两芯线上），注意此时不得停转绝缘电阻表。由于对电容器充电，指针开始下降，然后重新上升，待稳定后，指针所示的读数即为被测的电容器绝缘电阻。读完表针指示值

后，在接至被测电容器的引线未撤离以前，不准停转绝缘电阻表，而要保持继续额定转速转动。因为在测量电容器绝缘电阻要结束时，电容器已储备了足够的电能。若在这时突然将绝缘电阻表停止运转，则电容器势必对绝缘电阻表放电。此电流方向与绝缘电阻表输出电流方向相反，所以使指针朝反方向偏转。电压愈高、容量愈大的设备，常会使表针过度偏转而损伤，有的甚至烧损绝缘电阻表。等到绝缘电阻表的引线从电容器上取下后再停止转动。拆除引线时必须注意安全，以免触电。

绝缘电阻表是由手摇直流发电机和磁电系流比计组成的。测量时，输出电压会随摇动速度的变化而变化。输出电压的微小变动对测量纯电阻性设备影响不大，但对于电容性设备，当转速高时，输出电压也高，该电压对被测设备充电；当转速低时，被测设备向表头放电。这样就导致表针摆动，影响读数。

## 1-53　绝缘电阻表的引线六不能

🗩 口诀

> 绝缘电阻表引线，两色单芯多股线。
> 两线不能靠一起、相互缠绕在一起，
> 不能与设备接触，不能拖在地面上，
> 引线不能太过长，不能用双股绞线。　　　　　(1-53)

📖 说明　绝缘电阻表的引线，必须使用绝缘良好的两根单芯多股软线，最好使用表计专用测量线。绝缘电阻表从端钮"L"的引线和从接地端钮"E"的引线可采用不同颜色，以便于识别和使用。运用绝缘电阻表测量时，不能将两根引线相互缠绕在一起或靠在一起使用。若将两根引线缠绕在一起或靠在一起进行测量，当引线绝缘不好时，就相当于被测的电气设备并联了一只低电阻，使测量不准确；同时还改变了被测回路的电容，做吸收比试验时就不准确了。绝缘电阻表的引线不能与电气设备或地面接触。当"L"端引线必须经其他支撑才能和被测设备接触时，必须使用绝缘良好的支持物，并通过试验，保证未接入被测设备前表指针指示"∞"位置，否则其测出的绝缘电阻将虚假减小。此外，绝缘电阻表的引线不能用双股绞线。双股绞线绞在一起时，两导线之间就形成一个绝缘电阻。如果用双股绞线作绝缘电阻表引线去测量绝缘电阻时，引线的绝缘电阻就与被测绝缘电阻并联了，从而引起测量误差。特别是双股绞线间的绝缘较差时，引起的测量误差更大。

## 1-54  绝缘电阻表测判自镇流高压水银灯好坏

📋 **口诀**

高压水银灯好坏。千伏绝缘电阻表。

线路接地两引线，连接灯头两极上。

汞灯置于较暗处，由慢渐快地摇测。

读数不足半兆欧，泡内发出光晕好。

灯不发光读数零，汞灯内部有短路。

表针指示无穷大，灯内有开路故障。 (1-54)

📖 **说明**　自镇流高压水银灯（高压汞灯）与外镇流高压水银灯的不同之处在于自镇流高压水银灯在灯泡的外泡壳内接有一根钨丝，串联在回路内，起到电阻镇流的作用。所以其不需要外接电感式镇流器，故称自镇流高压水银灯。因具有发光强、省电、耐用等优点，工矿企业、广场、车站、路灯等照明已普及使用自镇流高压水银灯。但是在使用过程中，会有一些灯泡接上电源后不能发光工作。检测高压水银灯好坏的接线示意图如图 1-36 所示。选用 1000V 的绝缘电阻表，将万用表拨至直流电压 500V 挡。两只仪表并联时极性要一致。绝缘电阻表接线端钮 L 和 E 分别接到高压水银灯的灯头螺纹极点和灯头尾极点上。

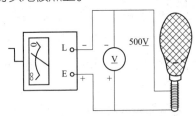

图 1-36　检测高压水银灯好坏的接线示意图

检测时将高压水银灯置于较暗处，再用手慢慢摇动绝缘电阻表手柄，由慢渐快地摇测。若高压水银灯中间部分发出淡蓝色光晕（近于刚燃点时的颜色），万用表读数是 150V 左右，绝缘电阻表读数是 $0.2\sim0.5M\Omega$，则说明被测高压水银灯是良好的；如果看不到光晕，则高压水银灯有故障。当绝缘电阻表指示为零时，说明水银灯内部有短路故障；当绝缘电阻表指示为无穷大时，说明水银灯内部有开路故障：当绝缘电阻表指示为几兆欧至几十兆欧时，说明被测高压水银灯已老化失效。

简易检测高压水银灯好坏，可只用绝缘电阻表，两个接线端钮的两根引线分别接到灯泡的灯头两个极点上，置水银灯在较暗处，然后摇动绝缘电阻表手柄。若泡内的发光管两电极间产生较弱的放电光晕，则说明灯泡内管没有漏气，灯泡内部电路畅通，连接良好；如果不发光，则说明灯泡已损坏。

## 1-55　绝缘电阻表测判测电笔的氖管好坏

📮 **口诀**

> 怀疑氖管有问题，可用兆欧表确定；
>
> 如果氖管性能好，轻摇几转则起辉；
>
> 表摇至额定转速，仍不起辉则损坏；
>
> 表指针指示为零，氖管两极已黏合。　　　(1-55)

📖 **说明**　　测电笔中氖管的性能有差异，检测氖管是否损坏，可用500V绝缘电阻表（即兆欧表）摇测。如果氖管性能完好，轻摇几转后即能起辉；如果绝缘电阻表摇至近额定转速时，氖管仍不起辉，则是氖管已损坏，需要更换新氖管。如果绝缘电阻表的指针指示为零，则是氖管两极黏合，此时可用手指轻弹，往往可恢复原状。

# 第2章
# 传统正宗操作法

## 2-1 钢丝钳的握法

📣 口诀

> 钢丝钳俗称手钳，钳柄套绝缘套管，
> 必须完好无破损，交流耐压五百伏。
> 钳头刀口朝内侧，便于控制钳切位。
> 小指伸钳柄中间，抵住钳柄开钳头。 (2-1)

📖 **说明** 钢丝钳，俗称卡丝钳、手钳，又称电工钳，是电工使用的基本工具之一。它是钳夹和剪切的工具，其结构如图 2-1 (a) 所示，由钳头和钳柄组成。钳头有四口：钳口、齿口、刀口和铡口；钳柄套有绝缘套管，电工使用的钢丝钳必须有完好的、交流耐压不低于 500V 的绝缘套管，以保证人身安全。为防止钳柄绝缘套管磨损、碰裂，可加套适当的电缆护套胶管，加强其绝缘强度。

钢丝钳的握法如图 2-1 (b) 所示。使用钢丝钳，要使钳头的刀口朝内侧，即朝向自己，便于控制钳切部位；用小指伸在两钳柄中间，用以抵住钳柄，张开钳头。如果不用小指而用食指伸在两个钳柄中间，这样用不出力。另外，在使用中还需注意切勿用刀口去钳断钢丝，以免刀口损伤。常用的钢丝钳规格有

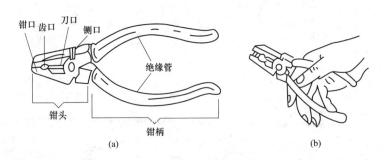

图 2-1 钢丝钳的构造与握法

(a) 钢丝钳的构造；(b) 钢丝钳的握法

150mm（6in）、175mm（7in）、200mm（8in）三种。

## 2-2　钢丝钳切剥线头

🗨 **口诀**

> 钢丝钳切剥线头：根据线头所需长，
>
> 刀口轻切塑料层，切记不切着线芯；
>
> 右手握钳头用力，向外勒去塑料层；
>
> 此时左手把紧线，反向用力配合扯。　　　　　　　　　（2-2）

📖 **说明**　钢丝钳的功能很多，可用钳口或齿口弯绞电线；用刀口切断电线；用铡口来铡切钢丝或铁线；以及在扳手旋转不开的场合用钳口或齿口来扳旋小螺母；铜、铝芯多股电线与设备的针孔式接线桩头连接时，用钢丝钳钳口或齿口把削去绝缘层的线头再绞紧些。钢丝钳还可用来代替剥线钳剥去塑料线的绝缘层。用钢丝钳剥离的方法，适用于线芯截面积为 2.5mm$^2$ 及以下的塑料线。具体操作方法：根据线头所需长度，用钳头刀口轻切塑料层，但刀口不能切着线芯，否则损伤芯线，会使导线在继续施工中折断；然后右手握住钳子头部用力向外勒去塑料层；与此同时，左手把紧电线反向用力配合动作，如图 2-2 所示。如果遇到导线截面积较大，双手的力量不足时，可借助脚的力量。即左脚略抬起内侧，脚底压住钳头齿口部位，握电线的左手用力拉扯拽，剥制导线线头便成了。

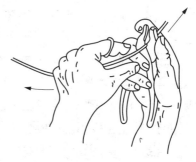

图 2-2　用钢丝钳剥离绝缘层方法

## 2-3　更换电吹风电热丝的操作法

🗨 **口诀**

> 运用两把钢丝钳，夹住电热丝两端，
>
> 稍用力拉长一点，匝间不相碰为宜。
>
> 然后电热丝通电，让自身发热伸长，
>
> 等待几分钟时间，定型后断电冷却。
>
> 如此重复两次后，才将冷态电热丝，
>
> 拉到所需的长度，绕在三棱支架上。
>
> 垫好绝缘云母片，通电发红后整形。　　　　　　　　（2-3）

📖 **说明**　一般电吹风的电热丝是直接缠绕在用耐热材料制成的三棱形

支架上的，每一圈有三个固定点，其余部分是悬空的。因每圈间距较小，所以很容易相碰烧断。因此在更换电热丝时，应特别小心。更换时绝不能将新电热丝在冷态时就拉长装上，如此安装通电后因电热丝热胀伸长，必引起相碰短路，再次造成电热丝损坏。因此应将电热丝两端用电工用绝缘钢丝钳夹住，稍拉开一点（使匝间不相碰为宜），然后通上电，让其自己发热伸长，约几分钟定型后断电冷却。如此重复两次，再将电热丝拉到所需长度均匀绕在三棱形支架上，待电热丝通电发红后略加整形即可。同时注意电热丝周围的绝缘云母片必须垫好，以防碰壳发生事故。

## 2-4　单股导线压接圈弯曲法

💬 **口诀**

> 单股导线压接圈，运用钢丝钳制作：
>
> 切剥妥电线线头；在离绝缘层根部，
>
> 三毫米处夹芯线，向外侧折一大角；
>
> 按略大螺栓直径，弯曲芯线成圆弧；
>
> 剪去线头多余段，修正达到压接圈。　　　　　　　　　(2-4)

📖 **说明**　钢丝钳，俗称卡丝钳、手钳，又称电工钳，是电工使用的基本工具之一。它是钳夹和剪切的工具，其功能很多，可用钳口或齿口弯铰电线；用刀口切断电线；用铡口来铡切钢丝或铅线（铁线）；以及在扳手施展不开的场合用钳口或齿口来扳旋小螺母。铜、铝芯多股电线与设备的针孔式接线桩头连接时，用钢丝钳钳口或齿口来把削去绝缘层的线头再绞紧些。

　　单股导线压接圈的弯法，如图 2-3 所示，首先用钢丝钳切剥妥电线线头，

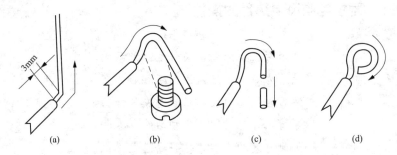

图 2-3　单股线芯压接圈的弯法

(a) 离绝缘层根部约 3mm 处向外侧折角；(b) 按略大于螺钉直径弯曲圆弧；

(c) 剪去线芯余端；(d) 修正圆圈到圆

在离电线绝缘层根部约 3mm 处用钢丝钳钳口夹住芯线向外侧折角；按略大于螺栓直径弯曲圆弧；目视预测剪去芯线端多余部分；修正圆圈达到压接圈（俗称羊眼圈）。压接圈圆圈大小应适当，最好略比螺丝大些；圆圈的根部长短应适当；圆圈应弯得很圆；圆圈弯成后，余下的芯线应剪去，但不可多剪；把圆圈套在螺丝上时，圆圈弯曲的方向应跟螺丝旋紧的方向一致。

## 2-5  旋凿使用法

📝 口诀

大旋凿旋大螺丝，拇食中指夹把柄，

把柄末端手掌顶，捻旋出较大力气。

小旋凿旋木螺丝，拇指中指夹把柄，

把柄末端食指顶，捻旋之力比较小。

旋凿金属杆部分，应该套段绝缘管。

电工带电作业时，可防短路与触电。

勿把旋凿当凿子，以免凿头形状损。 (2-5)

📖 说明  旋凿，标准名称为螺钉旋具，又称螺丝刀、改锥、起子等。是一种旋紧或起松带槽螺丝（螺钉、木螺丝）的工具。旋凿有木柄和塑料柄两种。其尺寸规格很多，按旋凿的头部形状分为两种：刀型（一字型）和十字型，如图 2-4（a）、（b）所示。电工必备刀型和十字型旋凿大（长 150mm）、小（长 50mm）各两把，分别用来捻旋不同种类和大小的螺丝。使用中需注意：大旋凿用来捻旋较大的螺丝，使用时，除大拇指、食指和中指要夹住把柄外，手掌还要顶住把柄的末端，这样就可旋出较大的力气，如图 2-4（c）所示；小旋凿一般用来捻旋电气装置接线桩头上的小螺丝及较小的木螺丝，使用时，可用大拇指和中指夹着旋凿把柄，用食指顶住把柄的末端捻旋，如图 2-4（d）所示；旋凿使用场合不同，使用手法也大不相同。如果用小刀型旋凿去捻旋大螺丝，一是不容易旋紧，二是螺丝尾槽容易拧豁。

旋凿杆金属部分应套绝缘管（塑料线或橡皮线的绝缘护套截去一段则可），这样在带电作业时，可防止短路及触电，保障工作人员的安全。切记勿把旋凿当凿子（錾子）用，以免旋凿头部形状损坏。电工禁止使用穿心旋凿（俗称通芯螺丝刀），即旋凿杆一直通至手柄尾部的旋凿，如图 2-4（e）所示。因为它的钢杆直通柄顶，使用时很容易造成触电事故。

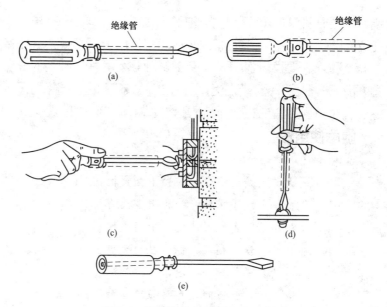

图 2-4　旋凿结构、使用方法示意图

（a）刀型（一字型）旋凿；（b）十字型旋凿；（c）大旋凿的用法；

（d）小旋凿的用法；（e）穿心旋凿（电工禁用）

## 2-6　电烙铁加热旋凿杆拧取塑料壳洞中螺钉

📢 口诀

电器装置塑料壳，固定螺钉深洞中。

拧得太紧旋不动，无法开壳搞检修。

旋凿刃顶螺钉沟，烙铁加热金属杆。

螺钉传热塑料软，旋凿顺利松螺钉。 　　　　　　　　　（2-6）

📖 说明　有的电器塑料外壳上有些深圆洞，螺钉在其深处拧紧，用以固定外壳。如果螺钉拧得太紧而无法将其松动拧出，其他工器具又因螺钉在洞内够不着。则可将旋凿刃顶在螺钉顶端沟上，另一只手持电烙铁加热旋凿金属杆。过一会儿，热量通过旋凿金属杆传递给洞中螺钉，螺钉受热传递使塑料变软。这时旋凿便可顺利地将螺钉拧出。由于加热时间短，热量不大，塑料外壳不会变形损坏。

采用电烙铁加热旋凿金属杆拧取塑料壳深洞中螺钉时要注意：要选用柄部不怕烫的旋凿；当小功率电烙铁热量不够时，改用更大功率的电烙铁；采取措施使旋凿尽可能与螺钉充分接触，增大传热面积，缩短加热时间。

## 2-7  小块磁铁吸附于旋凿杆上取装螺钉

📝 口诀

深洞隙缝处螺钉，装置拆取较艰苦。

旋凿杆上附磁铁，刃头吸稳小螺钉。

安然装置正准位，拆取中途不掉落。                (2-7)

📖 说明　在修理或安装电器时，常会遇到有些小螺钉因安装位置不佳（如在元器件隙缝、深洞处），而不易将其旋入或拆取时掉落丢失的情况。此时，取一小块磁铁吸附于旋凿金属杆上端（磁性越大越好）。这时旋凿金属杆的磁性大大加强，再用此旋凿去拆取或装置螺钉时，螺钉就不会中途掉落，故能准确地安置和轻松地拆取，从而快速拆装、提高工作效率。

## 2-8  瓷夹配线的方法

📝 口诀

室内布线瓷夹板，导线最大四平方。

直线配线电路上，夹距最长点六米。

均匀分布不能差，横平竖直不松弛。

定好位置装瓷夹，不将螺丝旋太紧。

一副瓷夹夹两线，手拿电线另一端，

皮线用力甩几下，便可使电线挺直；

若是采用塑料线，用布来回勒几下，

如果电线没挺直，旋凿线下来回勒。

每隔三四副瓷夹，把线嵌入两槽里，

左手抽紧线挺直，右手捻旋紧螺丝。

整个电路上电线，嵌入槽里紧螺丝。              (2-8)

📖 说明　瓷夹是瓷夹板的简称。用瓷夹明敷配线，适用于干燥、无机械损伤、不易触及的场所，主要用于木结构建筑的室内及简陋建筑物中的屋顶和墙壁上。瓷夹用木螺丝固定，也有的用胶粘（主要用于不易打孔的水泥建筑上）。瓷夹明敷用的导线为绝缘线，其截面积最大应不超过 $4mm^2$、最小应不小于 $1mm^2$（铜导线）或 $1.5mm^2$（铝导线）。直线布线时，两线夹之间的距离不应大于 $0.6m$。瓷夹配线的方法步骤：①在准备装瓷夹的地方先依次装上瓷夹。瓷夹不可用旋凿捻旋夹得太紧，要留下嵌入电线的空隙。②直线配线时，要先用一副瓷夹夹住两根电线的一端，用手拿住两根电线的另一端，如果是皮线可用力甩几下，使电线挺直。如果是塑料线，则要用布或手套来回勒几下，使电线挺直。如果电线还没有挺直，可把旋凿插在两根电线下面来回勒几下，如图 2-5 所示。③电线挺直以后，每隔三副或四副瓷夹，把两根电线分别嵌入瓷夹的两条槽里；并用左手抽紧电线，右手用旋凿把瓷夹上的螺丝——旋紧。④把整个电路上的电线都嵌入瓷夹的两条槽里，并随即旋紧这些瓷夹上的螺丝。在直线电路上，两瓷夹间的距离一般不得超过 0.6m。并应均匀分布，要做到"横平竖直"，以求美观。转角、丁字、十字等线路中，瓷夹的安放位置各自按规定进行。

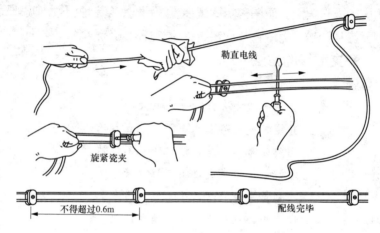

图 2-5　直线电路上瓷夹配线旋凿使用示意图

## 2-9　单芯铝线瓷接头连接法

口诀

単芯铝导线接头，用瓷接头连接法。

单芯绝缘铝导线，表面涂有一层锡。

直线连接时做法，四线头两两相对，

插入两只瓷接头，四个接线桩头中。

分路连接时做法，支路电线两线头，

分别插入瓷接头，连接相中两桩头。

然后运用螺丝刀，拧紧桩头上螺丝。

瓷接头上罩盒盖，并用螺丝钉固定。　　　　　　　　　　　(2-9)

说明　瓷接头，又叫瓷接线桥。瓷接头分为单线的、双线的和三线

70

的多种，除单线的以外，其他类型在连接时线头两端均不可更换位置，以免搞错相位。连接完毕后，需用黑绝缘胶布把瓷接头的螺钉端面绑扎封住，以防瓷接头螺钉松散后滑出，或因瓷接头破碎而使接头松脱。

单芯绝缘铝导线的线芯表面上都涂有一层锡，涂有一层锡的单芯绝缘铝线用瓷接头连接的方法如图 2-6 所示。做直线连接时，要把四个线头两两相对地插入两只瓷接头（常用二路四眼式）的四个接线桩头。做分路连接时，要把支路电线的两个线头分别插入瓷接头上连接相线和中性线的两个接线桩头。然后，用旋凿旋紧接线桩头上的螺丝，压紧铝芯线头，尽量不留缝隙，以避免空气留存，这样就不易生成氧化铝膜，使接触电阻处于最小状态。在瓷接头上加罩铁皮盒盖，用螺丝固定。

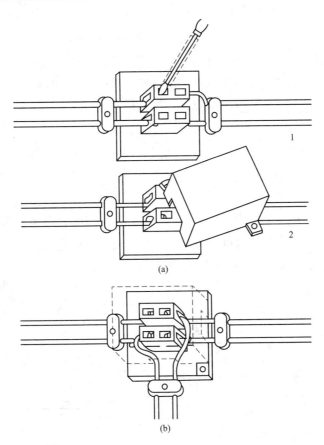

图 2-6　单芯铝线的直线和分支瓷接头连接示意图

（a）在瓷接头上做直线连接；（b）在瓷接头上做分路连接

如果碰到没有涂过锡的铝芯绝缘线，在用瓷接头连接前，必须先刮去待插线头上的氧化铝膜，并涂上凡士林锌膏粉或中性凡士林（如条件许可，线头表面可涂上导电膏），然后再插入瓷接头的接线桩头内进行连接。

## 2-10  铜导线与电器针孔式接线桩头的连接法

💬 **口诀**

> 针孔式接线桩头，孔顶部设置螺钉。
>
> 旋紧螺钉压线头，完成线器电连接。
>
> 孔较线芯直径大，端头略折翘向上。
>
> 线径较小孔径大，线折双股并列插。
>
> 容量较大需求高，两枚螺钉旋紧法。
>
> 先紧近端口螺钉，后旋拧紧第二枚。
>
> 然后同次序加拧，反复加拧需两次。　　　　　(2-10)

📖 **说明**　铜芯多（单）股导线与电器的针孔式接线桩头（柱型端子）的连接方法，是依靠置于孔顶部的压紧螺钉压住线头（线芯端）来完成电连接的。为了能有效地防止线头在压紧螺钉稍有松动时从孔中脱出，故须采用如下接线工艺。

单芯绝缘导线线头与电器的针孔式接线桩头连接时，接线桩头孔较线芯直径大些，则应在单芯芯线插入孔前把线芯端头略折一下，折转的端头翘折向孔上部，如图 2-7（b）所示。

单芯绝缘导线线头与电器的针孔式接线桩头连接时，在通常情况下，线芯直径都小于孔径，且多数都可插入两股线芯，所以必须把线头的线芯折成双股并列后插入孔内，并应使压紧螺钉顶住在双股线芯的中间，如图 2-7（c）所示。

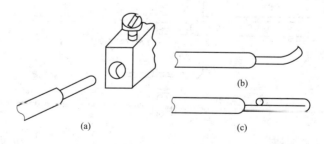

图 2-7　线头与孔轻大小匹配示意图

(a) 孔线径大小较适宜时连接；(b) 孔径略大线芯端头略折翘起；(c) 孔径大线芯折成双股并列

电流容量较大的，或连接要求较高的，针孔式接线桩头孔顶部遇常有两个压紧螺钉。连接时应先拧紧第一枚压紧螺钉（近端口的一枚），后拧紧第二枚，然后再加拧第一枚及第二枚，要反复加拧两次（见图 2-8）。但不可拧得太紧，以免损伤芯线。

此外，多股线芯铜导线线头与电器的针孔式接线桩头连接时，必须把多股线芯按原拧绞方向，用钢丝钳进一步绞缠紧密，要保证多股线芯受压紧螺钉顶压时不松散。

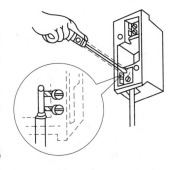

图 2-8　导线与熔断器的针孔式接线桩头的连接示意图

## 2-11　塑料膨胀管安装施工法

📋 口诀

安装塑料膨胀管，固定对象定位置，

依据定位孔划线，须做到横平竖直。

选标准型膨胀管，同规格冲击钻头。

钻孔深度掌握好，比管长深十毫米。

将胀管塞至孔底，装镀锌自攻螺钉。　　　　　　　　　　(2-11)

📖 说明　塑料膨胀管，简称为塑料胀管；又叫塑料榫、尼龙塞，如图 2-9 所示。在建筑安装中经常用塑料膨胀管固定荧光灯等电气设备。安装时为了使固定对象的位置正确，必须根据被固定的对象定位孔位置划线，做到横平竖直。使用时，应选择标准型的塑料膨胀管，然后按该塑料膨胀管规格尺寸选配相同的冲击钻头（冲击钻冲打的圆孔精度和光洁度均很好，特别适于和塑料膨胀管配合使用，并且不会损坏已经粉刷的墙面。冲击钻在混凝土、砖瓦建筑材料上

垫圈　　　　　塑料膨胀管

图 2-9　塑料膨胀管示意图

冲打孔时需用镶有硬质合金的麻花钻头）。钻孔深度应比膨胀管长度深 10mm（因钻孔时，孔口易被损伤，影响膨胀管整体固定强度），然后将膨胀管塞至孔底。螺钉宜采用镀锌自攻螺钉，因镀锌自攻螺钉的刚性、耐腐蚀性、胀力比木螺钉好。如用来固定荧光灯吊链，可采用 $\phi8$ 的塑料膨胀管和 8 号灯钩。把塑料膨胀管在楼板混凝土的孔中塞到底后旋上灯钩，灯钩必须旋到塑料膨胀管的

73

顶端部。

## 2-12　圆珠笔在聚氯乙烯套管上编写导线标记码

📋 口诀

电机电器引出线，管路导线标记码。

聚氯乙烯白套管，粗细合适擦干净。

圆珠笔管上写码，放置火炉上烤烤。

标码清晰不模糊，遇到汽油不褪色。　　　　　　　　　(2-12)

📖 说明　工矿企业自制电气设备装置时，电动机、电器绕组的引出线、管路两端的绝缘导线均需标有明显的标记码，以便使用时的正确连接与日常维护检修。不少单位采用在白胶布上书写号码粘于导线上的方法，或采用在白布带上写号码捆扎在导线上的方法。这些方法不美观，字迹也易污损。

采用在粗细合适的聚氯乙烯套管上标记的，既美观又简便。选取一段（可分为几段）粗细合适的白色聚氯乙烯套管，用布或棉纱将套管擦干净，然后用圆珠笔直接在套管上书写导线标记码，待自然干燥后放置火炉上烤一烤（使聚氯乙烯套管表面软化与圆珠笔芯液发生化学反应），即可使用。效果很好，所写标记码清晰不模糊，遇到汽油时字迹也不会褪掉。

## 2-13　电工刀刀口磨制

📋 口诀

电工工具电工刀，刀口磨制很讲究。

磨得太尖伤线芯，磨得钝了无法削。

刀刃底部平磨好，尚须再磨点倒角。

面部比较难磨制，刀背抬高六毫米，

倾斜四十五度角，磨出圆弧状刃口。　　　　　　　　　(2-13)

📖 说明　电工刀是用来剖削和切割电工器材的常用工具，结构如图 2-10 所示。电工刀常用来剖削电线线头，切割木台缺口，削制木榫。使用时刀口应朝外进行操作；完毕，应随即把刀身折入刀柄内。

电工刀的刀口应在单面上磨出呈圆弧状的刃口。电工刀的刀口磨制很有讲究，刀刃部分要磨得锋利一些，但不能太尖，太尖容易削伤线芯；磨得太钝，无法剖削。磨制刀刃时，底部平磨，而面部要把刀背抬高 5～7mm，使刀倾斜 45°左右；

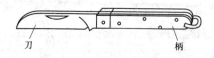

图 2-10　电工刀结构示意图

刀

柄

磨好后再把底部磨点倒角。在剖削绝缘导线的绝缘层时，可把刀略微翘起一些，用刀刃的圆角抵住线芯，这样不易损伤线芯。切忌把刀刃垂直对着导线切割绝缘，这样容易割伤芯线，造成下道工序施工时芯线断裂。若所需剥去的绝缘较短，可放在手上剖削；如果所需剥去的绝缘较长，可放在大腿上剖削。刀刃磨得得当，手法姿势正确，一次能剖削 1m 长的线头，而且剖下的绝缘条中间不断。剖好导线的上边，把线芯剥出，下边再削一刀，但不能垂直削割。

## 2-14　塑料线线头剖削法

📒 口诀

剖削塑料线线头，一般采用斜削法：

电工刀刀口向外，四十五度角倾斜，

切入塑料绝缘层，切记不切着线芯；

刀面塑料线线芯，保持十五度左右，

像削铅笔似推削，用力削出条缺口；

剩余部分塑料层，可动手剥离线芯，

反方向扳转翻下，并在切入口切除；

线头塑料层全削，则露出所需芯线。　　　　　　　　(2-14)

📖 说明　　剖削线头，就是做接头前应把导线上绝缘层削去。线头剖削的长度，应根据连接时的需要而定，太长则浪费电线，太短则影响连接质量。用剥线钳剥离电线的绝缘层固然方便，但电工必须学会用电工刀来剥离绝缘层。

对于截面积大于 $2.5mm^2$ 的单芯塑料线，用电工刀来剖削绝缘层，一般采用斜削法，如图 2-11 所示。①应使电工刀刀口向外，以 45°角倾斜切入塑料层，不可切着线芯。更不可垂直切入，以免损伤芯线。②刀面与线芯保持 15°左右的角度，像削铅笔似的向线端推削。③用力向外削出一条缺口。④把另一部分塑料层剥离线芯，反方向扳转翻下。⑤用电工刀切去这部分塑料层。⑥线头的塑料层全部削去，露出了所需芯线。

橡皮线线头的剖削方法，如图 2-12 所示。①根据需要，在皮线棉纱织物层上指定的地方用电工刀划破一圈。②削去一长条棉纱织物层。③把余下的棉纱织物层剥去。④露出了橡胶层。⑤在距离棉纱织物层约 10mm 处，用电工刀以 45°角倾斜切入橡胶层。橡皮线橡胶层的剖削方法同图 2-11 所示塑料线线头的剖削方法。

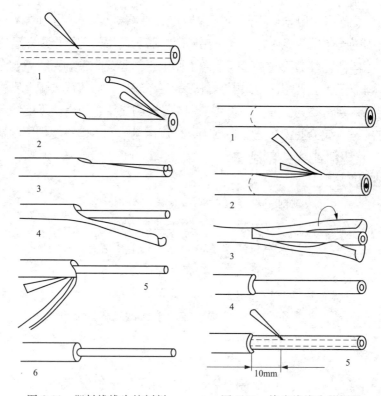

图 2-11　塑料线线头的剖削　　图 2-12　橡皮线线头的剖削

## 2-15　护套线线头剖削法

💬✅ 口诀

剖削护套线线头，采用有级段剥法。

保护层上指定点，用刀划一圈深痕。

芯线中间骑缝处，用刀划破保护层。

动手剥去保护层，露出线芯绝缘层。

绝缘层用斜削法，距保护层十毫米，

刀倾斜四十五度，切入芯线绝缘层。

电工刀刀面芯线，保持十五度角度，

像削铅笔似推削，用力削出条缺口。

剩余部分绝缘层，动手剥离开芯线，

反方向扳转翻下，并在切入口切除。

绝缘层全部削去，露出所需要芯线。　　　　　　(2-15)

📖 **说明** 剖削线头，就是做接头前应把导线上绝缘层削去。护套线线头的剖削，其步骤方法如图2-13所示。①根据需要，在保护层上指定的地方用电工刀划一圈深痕，不可切破。②塑料护套线或橡胶护套线，要对准芯线中间的骑缝用电工刀把保护层划破。③动手剥去塑料护套线或橡胶护套线线头的保护层。④露出了线芯的绝缘层。⑤在距离保护层约10mm处，用电工刀以45°角倾斜切入绝缘层。即护套线绝缘层用斜削法剖削，其步骤和方法如图2-14

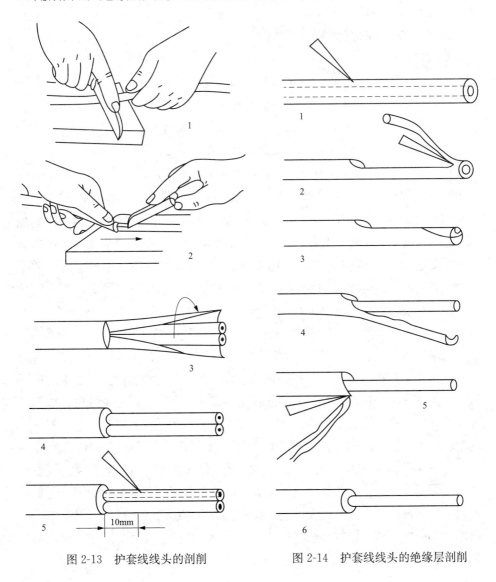

图2-13　护套线线头的剖削　　　　图2-14　护套线线头的绝缘层剖削

所示。①电工刀以 45°角倾斜切入绝缘层。②刀面与线芯保持着 15°左右的角度，像削铅笔似的向线端推削。③用力向外削出一条缺口。④把另一部分绝缘层剥离线芯，反方向扳转翻下。⑤用电工刀切去这部分绝缘层。⑥线头的绝缘层全部削去，露出了所需要的芯线。

护套线线头的切剥方法属有级段剥法。当绝缘层切剥以后，应把导线上残余绝缘皮用电工刀刀背轻轻刮除，使之光滑清洁。但导线上所镀的锡不能刮掉，以便在焊锡时容易焊牢。

## 2-16 方柱木榫削制法

📋 口诀

> 选用干燥洋松木，削制成四方柱体。
>
> 榫体须略带斜度，榫头稍削点倒角。
>
> 榫长比孔深短些，约木螺丝长两倍。
>
> 依榫孔口径尺寸，榫头孔径打九折，
>
> 榫尾为一点三倍，榫长则是两三倍。　　　　　　(2-16)

📖 说明　木榫取材方便，榫孔较浅，施工方法简单，砖结构和混凝土结构中都可采用。木榫的材料通常选用干燥的洋松木，因它的木纹直、质地疏密相当，木螺钉易旋进。如果没洋松木，则可取其他的干燥松木。取用木材时一定要选用干燥的木材，有些随手拈来的木材外表看来是干燥的，但内部不一定干燥干透，这种木材削制的榫刚打入时是紧的，但时间长了，木榫干缩后就会发生松动。这就是有些木榫日后掉下来的原因之一。

打榫时，不管所打榫孔是圆是方，木榫最好都削制成四方柱体（略带斜度）。这样的木榫紧固时四只角有弹性变形的余地，容易榫紧；圆锥体木榫与榫孔配合不易控制，榫小了会发生转动，榫大了榫不进去，甚至会发生木榫开裂、榫尾膨开的情况。木榫先入墙的部分（榫头）可以稍微削点倒角，榫体斜度不能太大（太大了，易在旋木螺钉时把木榫拉出榫孔）。如尺寸为 $b$ 的一个四方和圆形榫孔所配的方柱木榫，可削制成如图 2-15 所示尺寸，这样容易榫紧。总的说来，削制的木榫应细长一些，粗短的木榫更不易榫牢；榫的长度应比榫孔深度短一些，以便让榫紧时掉落下来的建筑碎屑有堆聚的空间，否则碎屑会妨碍木榫的榫紧；并且要注意木榫的长短与木螺钉的配合，一般木螺钉旋进木榫的长度不宜超过木榫长度的一半，切不可旋穿；削制木榫时，应顺着木材的纹路。

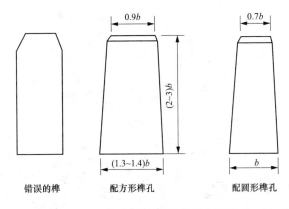

错误的榫　　　　　配方形榫孔　　　　　　　配圆形榫孔

图 2-15　四方和圆形榫孔所配木榫尺寸

## 2-17　活扳手两握法

活扳手旋动螺母，规格选用要适当。

扳动大螺母握法，满手握在手柄上。

手的位置越往后，扳动起来越省力。

扳动小螺母握法，手应握在近头部。

拇指按压着涡轮，随时方便调扳口。

扳唇恰夹住螺母，否则扳口会打滑。

扳时活扳唇一侧，放在靠近身一边。

扳手反过来使用，扳唇极易受损伤。　　　　　　　　　(2-17)

📖 说明　　活扳手又叫活络扳手，是一种旋紧或起松有角螺母的工具。它的结构如图 2-16（a）所示，主要由呆扳唇、活扳唇、涡轮、轴销和手柄等构成。转动涡轮就可以调节扳口的大小。活扳手的规格很多，它以全长和最大开口表示，一般都标在扳手手柄上。电工常用的活扳手有 200mm、250mm 和 300mm 的三种。使用时要根据螺母的大小，选用适当规格的活扳手，以免扳手过大损伤螺母或螺母过大损伤扳手。使用活扳手的两种握法如下。

在扳动大螺母时，手应该握在扳手手柄上，手的位置越后，扳动起来就越省力；扳动小螺母时，由于所需用的力小，并要不断地调节扳口的大小，手应握在近头部的地方，并用大拇指按压在涡轮上，以便随时调节扳口，如图 2-16（b）所示。在使用活扳手时，扳口的调节应该适当，务必使扳唇正好夹紧螺母，否则扳时扳口就会打滑，如图 2-16（c）所示。活扳手扳口打滑，既会损伤螺母，又可能碰伤手指；高处作业时还会因此而闪脱跌伤。

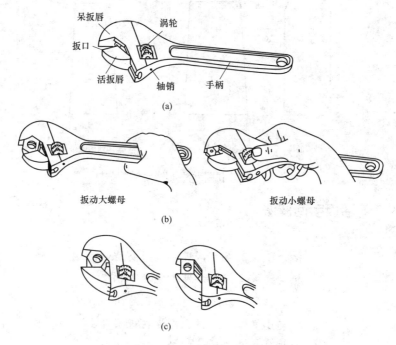

图 2-16 活扳手结构、握法示意图
（a）活扳手的结构；（b）活扳手的握法；（c）活扳手的扳口调节

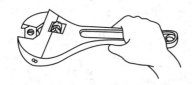
图 2-17 活扳手错误用法示意图

在使用活扳手旋紧螺母时，活扳唇侧应放在靠近身体的一边，这样有利于保护涡轮和轴销不受损伤；活扳唇侧向外是错误的，即活扳手不可反过来使用，以免损坏活板唇，如图 2-17 所示。

## 2-18 锤子三挥法

口诀

手握锤子木柄尾，虎口对准铁锤头。

拇指食指始终握，锤击凿錾子瞬间。

中指无名指小指。一个接一个握紧。

挥动锤子时相反，三指反次序放松。

挥锤三法好记名，腕挥肘挥和臂挥。

腕挥只是手腕动，击力最小始尾用。

肘挥前臂带腕动，击力较大应用广。

臂挥整条胳膊动，击力最大较少用。　　　　　　　　(2-18)

📖 **说明**　锤子又称手锤或榔头，由铁锤头和木柄两部分组成。它是一种敲打工具，式样和规格很多，电工常用的是 0.25、0.5、0.75kg 重的圆头锤子。使用中，在需要用力敲打的场合，手应握在木柄尾部（木柄的尾部露出约 15～30mm），如图 2-18 所示。锤子的握持方法有技巧：用右手大拇指和食指始终握持住锤子的木柄，虎口对准锤头的方位；击锤时（锤头冲向凿子或錾子的瞬间），中指、无名指、小指一个接一个地握紧锤子的木柄；挥动锤子的时候，以相反的次序放松。此技巧使用熟练后比用全手握紧锤子木柄更能增加锤头锤击力，而且手部振麻的感觉可减少很多。

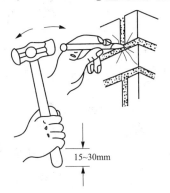

图 2-18　挥锤子凿打砖墙上木枕孔示意图

挥锤三法：①腕挥——只有手腕的运动，锤击力最小。此法仅用于凿打水泥墙上木枕孔、錾削铁件开始与结尾以及錾油槽等场台。②肘挥——以肘部为支点，前臂带动手腕一起运动，锤击力大。此法应用最广。③臂挥——整条胳膊都一起运动，锤击力最大。此法应用比较小，用于需要大力的工作场合。

### 2-19　朝天打榫孔方法

💬 **口诀**

手工朝天打榫孔，满手反握锤柄梢。

圆头靠近肘前臂，上臂身体间夹紧。

前臂运动向上甩，带动锤头击墙冲。

无需抬头和侧身，锤击力大易施力。　　　　　　　　(2-19)

📖 **说明**　电气照明中的明线工程，常在墙、柱、楼板建造好后通过打榫的办法来施工。榫的施工方法比较简单，但由于施工不当，榫和工器具脱落造成事故的现象也屡见不鲜，故不能马虎。一般是先根据需要，选择一定种类和规格的榫（木、竹、塑料榫以及金属胀管），然后打榫孔，并把榫打入。

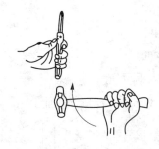

图 2-19　打朝天榫孔的
方法示意图

用墙冲（又称麻线凿，用于凿打混凝土建筑结构中榫孔）和锤子手工打朝天榫孔比较困难。若仍照打水平榫孔的握持墙冲和锤子的方法，则费劲，而且建筑碎屑易掉进眼里。应采用如图 2-19 所示的方法：右手满把反握锤子木柄梢，锤子圆头侧靠近时前臂（也称小臂），上臂（大臂）与身体夹紧基本不动，肌肉放松；前臂用力运动向上甩，带动锤头击打麻线凿（墙冲），这样无需抬头和侧身，而且锤击冲力大，用得上力。

## 2-20　瓷砖上打榫孔

📣 **口诀**

瓷砖墙壁打榫孔，所用麻线錾口头，

磨成等边三角形，三条韧边带快口，

小锤头耐心敲打，瓷砖上不断加水。

锤头每敲打一次，錾子要转动一下。

沿着所定榫孔位，四周轻轻地錾打，

錾去这部分瓷砖，再錾打内墙榫孔。　　　　　　　　　(2-20)

📖 **说明**　錾子，雕凿金石用的工具；也称凿子，錾孔和打洞用的工具，即电工手工开凿墙孔的简易工具。圆榫錾，俗称麻线錾、麻线凿、或叫鼻冲、墙冲。常用来錾打混凝土结构建筑物的木榫孔，其规格有直径 6、8、10mm 的三种。錾孔时，要左手握住圆榫錾，并要不断地转动錾身、并经常拔离建筑面，这样錾下的碎屑就能及时排出，以免錾身胀塞在建筑物内。

在一些建筑要求较高、较特殊的大楼建筑中，居民住房的卫生间等，会遇到需要在瓷砖上打榫孔的情况。由于瓷砖较脆、硬，打榫孔时不注意就会把瓷砖打碎，所以要掌握一些施工方法和要领：①錾子应用圆榫錾，錾子口头磨成等边三角形，三条韧边均带快口，头要尖；②要用较小（<0.5kg）锤头轻轻地敲打；③锤头敲打一次，錾子转动錾身一次；④敲打过程中，瓷砖上要不断加水；⑤先沿着所确定的榫孔位置四周轻轻錾打，等这部分瓷砖錾去后再錾打内墙榫孔；敲打錾子时要有耐心。瓷砖结构一般用于潮湿及腐蚀性较强的地方，所以最好使用铅榫。打入的榫还要力求把榫孔填满，榫尾要与瓷砖平面平（或在把榫打入后，用水泥填平），以免水或腐蚀性物质渗透到墙内而使瓷砖脱落。

## 2-21　裸母线的平直矫正法

**口诀**

　　　选根平直宽槽钢，表面光洁无凹凸。

　　　母线放在槽钢上，木锤直接敲击法。

　　　用铜铝或硬木条，制成平直方垫块，

　　　垫在母线弯曲处，铁锤敲打垫块法。

　　　平锤放在母线上，铁锤重击平锤法。　　　　　　　　(2-21)

**说明**　原材料的条料、棒料、板料以及某些零件由于加工、热处理等原因，往往会产生弯曲、翘曲等缺陷，消除这些缺陷的操作叫矫正。矫正可以在机器上进行，也可以用手工矫正。

　　安装前对不平直的母线要矫正。矫正工具有：①木锤。把母线放在表面光洁而平直的大型槽钢、工字钢或道木上，用硬质木锤直接敲击母线。此法简便，但木锤易损坏。②垫块。用铜、铝或硬木条制成垫块，垫在弯曲处，用铁锤敲打垫块。③平锤。将平锤放在母线上，再用 6～8 磅铁锤敲击平锤。需注意的是铁锤不可直接打在母线上，以免锤出凹坑。用力要适当，防止把母线打扁。以上手工矫正方法如图 2-20 所示。

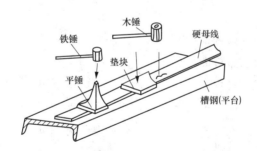

图 2-20　几种手工矫正方法示意图

## 2-22　薄板锤击矫平法

**口诀**

　　　中间凸起薄板料，木锤敲击矫平法：

　　　板料边缘先锤击，而且轻敲要快击；

　　　越靠近凸起部位，越要击得快而准；

　　　平坦部分慢延展，凸起部分渐消失。　　　　　　　　(2-22)

**说明**　板料的矫平是一种较复杂的操作。在板料矫平时，若是直接锤击凸起部位，不但不能矫平，反而会增加翘曲度。因此，对于中间凸起的板料，应首先锤击板料的边缘，逐渐向凸起部分锤击，而且要快击轻敲，越靠近凸起部位，越锤得快而准。这样使平坦部分慢慢延展，凸起部分逐渐消失，如图 2-21 所示。如果表面上有几处凸起，则应先锤击凸起之间的地方，使所有分散的凸起部分，聚成一个总的凸起，然后再用延展法使总凸起逐渐变平。如果板料四周呈波浪形，中间平整，这说明材料四边延伸了，矫平时应由四角向中间锤击。

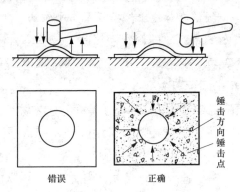

错误　　　　　　　　　正确

图 2-21　板料矫平方法示意图

## 2-23　直角形工件弯曲法

📋 **口诀**

> 板料条料弯直角，先在料上划好线。
> 然后夹在虎钳上，划线钳口要平齐。
> 钳口宽比工件短，可用角铁做夹具。
> 视看虎钳上工件，钳口的上端较长，
> 左手压在工件上，锤击靠近弯曲处；
> 钳口的上端较短，硬木作垫再锤击。　　　　　　　　　(2-23)

📖 **说明**　将板料、棒料、条料、钢丝、管子等弯成一定的曲线形状或一定的角度，这种操作叫弯曲。直角形工件的弯曲方法如下。

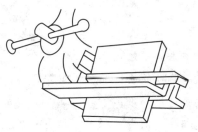

图 2-22　用角铁夹持工件

先划好线，然后夹在虎钳上，使划线和钳口平齐，两边要与钳口相垂直。如果钳口的宽度比工件短或深度不够时，可用角铁做夹持工具，如图 2-22 所示。如果弯曲的工件在钳口的上部较长，应用左手压在工件上，锤击靠近弯曲部位，而不应锤击板料的上部，如图 2-23 所示。如果工件在钳口的上端较短，可用硬木垫在弯曲处，再锤击，如图 2-24 所示。而不能用手锤直接敲打，否则会造成工件不平整。

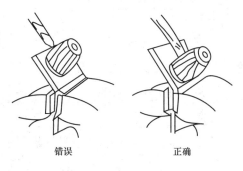

错误　　　　　　正确

图 2-23　弯上端较长的工件

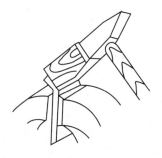

图 2-24　弯上端较短的工件

## 2-24　钻床上钻孔操作法

**口诀**

> 在钻床上打钻孔，基本操作应掌握。
> 安装钻头及工件，对准需钻孔中心。
> 钻床速度调整好，试钻一个小浅坑。
> 发现钻坑有偏心，可用錾槽法校正，
> 或推移夹座找正。钻头刚要钻穿时，
> 立即减少进刀量。退出钻头后停机。
> 在工件上钻半孔，须先用同种材料，
> 嵌入工件合钻孔，去掉这块料则成。
> 若在斜面上钻孔，先錾出定中心坑，
> 然后才正式钻孔，否则会跑边严重。　　　　(2-24)

**说明**　钻孔是电工应掌握的钳工基本操作之一。在零件加工和装配过程中，往往需要钻孔，钻孔用的多半是麻花钻头（很少用扁钻头），钻头的工作头部具有一定的前角、后角、顶角及横刃角。钻头的顶角有很大的作用，因为钻头的工作正确与否和它的生产效率都决定于顶角。切削各种材料所用的顶角不是固定的，如切削钢和铁，顶角的角度应磨成 116°～118°；切削紫铜应为 125°；切削铝应磨成 140°；切削大理石或电木应磨成为 80°。前角大，切削阻力小，但刀刃强度较差，故在不影响刃口强度的条件下前角越大越好。后角大，可以减少摩擦，提高刀刃的寿命，如果太大，使钻头强度削弱，反而缩短

85

刀尖寿命；钻坚硬的工件时，在不影响刀尖硬度下，后角可以增加，但不能超过12°。横刃角小，横刃长度随着增加，将严重增加进刀阻力。横刃角太大使中心附近的后角变成负值，钻头便不能钻孔。横刃角一般在50°～55°范围内。

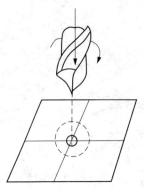

图 2-25　钻头多准孔
中心示意图

在钻床上钻孔的工作方法：①安装工件及钻头，使钻头对准需钻孔的中心，如图 2-25 所示；②调整钻床速度；③试钻直径为 $\frac{1}{2}$ 钻头直径的浅坑，如果发现钻坑有偏心（跑边），可用錾槽法校正，或推移夹座来找正；④在浅坑位置没有偏心的情况下，做正式钻孔；⑤当钻头刚要钻穿时，应立即减少进刀量；⑥退出钻头后再停机。

钻半孔及斜面钻孔：为了在工件上钻出半孔，应事先用同种材料嵌入工件内与工件合钻一个孔，去掉这块材料后，在工件上就留下了半孔；在斜面上钻孔，事先应錾出一个定中心坑，否则就会严重地跑边，既无法钻孔，又会折断钻头。此外，钻孔过程中所产生的热量会使钻头温度升高，从而使钻头磨损加速或使钻头退火。为此，必须用冷却水不断地注入钻头部分。同时要注意使工件夹持牢固，否则工件可能飞出伤人。

### 2-25　钢锯锯条跑边及换锯条后锯割法

📝 **口诀**

钢锯锯割工器件，有时锯条会跑边，

不能原锯缝纠偏，工件反过来锯割。

旧的锯条折断后，立即换用新锯条，

锯割工作须翻转，并从反方向锯割。

锯条锯割时间长，须涂油脂来润滑。　　　　　　　　　　(2-25)

📖 **说明**　钢锯锯割工件的时候，有时锯条会跑边，不按预定锯缝锯割。这时应将工件反过来锯割。如在原锯缝继续纠正斜切，结果会导致锯条折断。锯条"跑边"的原因是锯条安装得过松或不会使用钢锯所致。

钢锯无论锯割任何工件，当旧的锯条折断而换用新锯条时，必须翻转工件，从反方向锯割。因为旧锯条锯缝比新锯条窄，如果仍旧从原锯缝锯入，就会因卡住而折断。如果被锯割的工件不可翻转时，就必须用新锯条小心翼翼地锯宽原先的锯槽。锯割时，为减少锯条与锯缝的摩擦，可涂油脂来润滑。

钢锯锯条折断的原因：锯条安装得松动；被锯工件抖动；锯割时压力太大；锯割时锯条不成直线运动；锯条被咬住；锯条折断后，新锯条从原锯缝锯入；锯条"跑边"，而还在原锯缝继续纠正斜切等。

## 2-26　钢锯锯割金属材料法

💬 **口诀**

> 钢锯锯条安装法，锯齿尖端朝前方。
>
> 锯条合适松紧度，蝶形螺母手旋紧。
>
> 被割金属工器件，夹在台虎钳固定。
>
> 右手满握住手柄，左手扶稳锯架头。
>
> 起锯角度取适合，来回推拉一直线。
>
> 前推锯条全用到，锯条回拉不加压。
>
> 锯割速度施压力，金属软硬来决定。　　　　　(2-26)

📖 **说明**　钢锯也称手锯，是一种锯割（用锯条把工件割断）工具，主要由锯架（或锯弓）和锯条组合。钢锯锯割钢管等金属材料的方法如下。

（1）锯条的安装（见图 2-26）。锯条和锉削一样，都是在刀具向前推进时进行切削工作的，所以锯条安装时，要使锯齿尖端朝正前方；锯条的拉紧程度要控制得当，一般用两个手指拧紧蝶形螺母为好（锯条拉得太紧，锯割时会因极小的倾斜受阻而崩断，同时也会影响锯架夹头和蝶形螺母的使用寿命；锯条太松容易弯曲，影响锯割的平直程度，甚至因扭曲或弯曲而折断）。

（2）锯割方法。被锯割的金属工器件夹在台虎钳上固定（工器件在台虎钳上应夹在左侧，以免台虎钳碰手）。锯割时，右

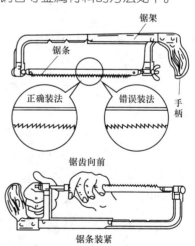

图 2-26　安装锯条示意图

手满握住锯架手柄，左手扶持把稳锯架头部，使钢锯保持水平，如图 2-27 所示。对工器件进行锯割的开始工作称为起锯。不论采取近起锯还是远起锯，都要使锯条与被割件的夹角取适合（一般取 15°左右。角度太小，锯条容易滑到旁边，将工件表面拉伤；角度太大，起锯费力），接着来回推拉钢锯。钢锯往

前推时要用力，要使锯条全长（2/3 以上锯条参与锯割）都用到，因推锯前进时发生锯割作用。锯条拉回时不发生锯割作用，所以锯条往后拉时不加压力，且稍加抬起，趁势收回，不可用过大的力气，否则锯条很容易折断。锯割硬质金属时，速度应慢些，压力要大些；锯割软质金属时，速度可快些，压力要小些。锯割的速度以每分钟来回锯 20～60 次为宜。

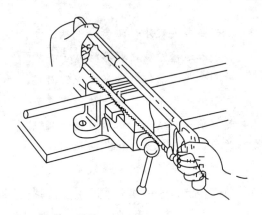

图 2-27　锯割钢管示意图

## 2-27　新电烙铁使用法

💬 口诀

新的一把电烙铁，铜头需镀层焊锡。

先把铜头锉干净，接上电源温度升。

松香涂在铜头上，等待松香冒烟时，

铜头能够熔焊锡，小量松香和焊锡，

混合放在砂纸上，铜头在上面研磨。

各面都要研磨到，铜头镀了层焊锡。

以后使用过程中，铜头要常沾松香，

及时清除氧化物，焊锡层能长保留。　　　　　　　　　　　　（2-27）

📖 说明　一把新的电烙铁，不能拿来就使用，需要先给烙铁铜头镀上一层焊锡。用锉刀把烙铁铜头锉干净；接上电源，在其温度渐渐升高的时候，用一些松香涂在烙铁铜头上；等到松香冒烟，烙铁铜头开始能够熔化焊锡的时候，把烙铁铜头放在有小量松香和焊锡的砂纸上研磨，各个面都研磨到。这样就能使烙铁铜头镀上一层焊锡。镀上焊锡，不但能够保护烙铁铜头不被氧化，而且使烙铁铜头传热快。在使用的过程中，还要经常沾一些松香，以便及时清除烙铁铜头上的氧化物，使镀上的焊锡能长期保留在烙铁铜头上。电烙铁使用日久，烙铁铜头总是要氧化的，这时候，就需锉去氧化物，重新镀上焊锡。烙铁铜头"烧死"（不吃锡）时，用锉刀锉去氧化层，沾上焊剂后重新镀上锡使用，不可用烧死的烙铁铜头去焊接，以免烧毁焊件。

## 2-28 电烙铁钎焊

💬 **口诀**

> 备齐几把电烙铁，依焊接对象而用。
> 焊接密度较大时，用较小尖头烙铁。
> 焊接中大型元件，则用较大电烙铁。
> 手持电烙铁施焊，铜头斜面向自己。
> 置在待焊点上方，焊锡丝充分熔化，
> 顺着元件脚表面，流到焊接处收缩。
> 当焊锡量合适时，焊锡丝烙铁撤离。　　　　　(2-28)

📖 **说明**　　电工应用电烙铁进行钎焊加工的较多，故必须掌握正确的电烙铁钎焊操作工艺，以保证焊接质量。首先要有几把好用的电烙铁，根据焊接的对象进行适当的调整。当焊接密度较大时，宜使用较小的尖头烙铁；焊接中大型元件，宜使用较大的烙铁。其次要掌握好焊接的时间，对于大型元件及电路板，可以用较长的时间，而对于小型元件，特别是半导体器件，则宜用较短的时间，这是基本的原则。

　　使用电烙铁施焊，要有一套适合自己的焊接方式，大多数操作者是让电烙铁铜头的斜面对向自己，如图 2-28 所示，以便于观察。放置在待焊点的上方，将松香焊锡丝熔化，使已熔的焊锡顺着元件脚表面自然地流到电路板上，并自然收缩成半圆粒状。当流下的焊锡量合适时，迅速撤离电烙铁和焊锡丝。这样，就会留下一个光滑发亮的焊点。这个

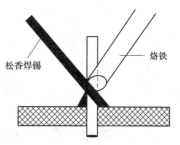

图 2-28　焊接方式示意图

撤离的时机十分重要，若太早，敷铜板上的温度较低，焊锡附着不牢，容易产生虚焊（虚焊指的是焊件表面没有充分镀上锡层，焊件之间没有被锡所固住）或形成的焊点太小；若撤离太晚，则容易产生较大的焊点，以致与邻近的焊点

相连，还可能由于加温时间太久，引起电路板上的铜箔脱落。另外，初使用电烙铁钎焊的人，可能认为在焊接过程中使用的焊锡越多越可靠，其实较多的焊锡可能掩盖了不良的焊接。当然，焊锡也不能太少，正常的焊接如图 2-29（b）所示。

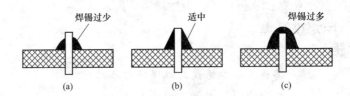

图 2-29　焊锡量多少示意图

（a）焊锡过少；（b）焊锡适中；（c）焊锡过多

## 2-29　快速处理电烙铁不粘锡办法

**口诀**

使用久了电烙铁，铜头氧化不粘锡。

快速高效处理法：手握电烙铁木柄，

将通电加热铜头，浸入酒精两分钟。　　　　　　　　（2-29）

**说明**　电烙铁用久了烙铁铜头常常不粘锡。这是由于电烙铁使用时间长久了，电烙铁铜头表面就会氧化，生成一层氧化铜，妨碍粘上焊锡。一般惯用的处理办法是用小刀刮去氧化铜薄膜，透出里面没有被氧化的铜。然后放进松香盒里蘸一下，再粘上锡，就可以正常使用了。但这种方法清除得很慢而且不彻底，同时，长期刮下去，铜头会变细而影响传热，导致温度下降，甚至损坏铜头。快速高效的处理办法是：手握电烙铁木柄，把氧化了的铜头（已经通电加热）浸入盛有酒精的容器中，经 1～2min 取出，氧化铜就彻底、干净地除掉了，铜头焕然一新。这是因为氧化铜（CuO）和酒精（$C_2H_5OH$）加热产生化学反应后，又还原出了铜，对电烙铁铜头没有腐蚀作用。

## 2-30　给小熔管加装操作手柄

**口诀**

废弃塑料打包带，剪成六十毫米段。

围绕熔管曲回来，烙铁烫粘两带头。

制成一个操作柄，操作方便又安全。　　　　　　　　（2-30）

**说明**　在电力系统和一些工矿企业的配电装置中，使用 R1-6 型 10A

控制管式熔断器作为配电设备二次回路中过载和短路保护，经常要进行操作。由于熔断器熔管两端箍紧铜帽带有电压，且安装在端子排中，位置狭窄。为防止触电，操作人员必须戴绝缘手套拿取，且很难顺利取出。有时只好用钢丝钳或尖嘴钳去夹取，如果操作者用力不当，不是夹破瓷（玻璃）管，就是滑落地上摔坏。对此，可以把废弃的塑料打包带（1～1.5mm 厚的）剪成 60～80mm 长小段，围绕熔断器熔管后曲回来，再将两带头用电烙铁烫粘在一起，这样就形成一个操作柄，操作起来既方便又安全可靠。

## 2-31 喷灯使用法

📝 **口诀**

> 喷灯用较好汽油，必须清洁无杂质。
> 铜丝网漏斗加注，四分之三储油罐。
> 注油口螺丝拧紧，并且拧紧节油阀。
> 点火碗内注汽油，达三分之二点火，
> 待碗内汽油烧尽，这时拧开节油阀，
> 少量汽油会喷出，汽油蒸汽点燃烧。
> 再等片刻再打气，节油阀开足使用。
> 使用过程中熄火，先将节油阀拧紧，
> 然后再稍开一点，待点燃后再全开。
> 喷灯使用完毕后，拧紧节油阀熄火。
> 随即拧开节油阀，查证是否火熄灭，
> 火未熄灭须吹熄，松开注油口螺丝，
> 放气至喷嘴冷却，再将两者都拧紧。　　　　　　(2-31)

📖 **说明**　喷灯是火焰钎焊的热源，其结构如图 2-30 所示。电工常用来焊接铅包电缆的外皮，大截面铜导线连接处的加固搪锡，以及其他电连接表面的防氧化镀锡等；喷灯还用于车辆发动机加温和机械零件热处理等。

喷灯的工作过程如下：油筒内灌好汽油后，用气筒打气使油筒内油面压力升高，而整个油筒除油管通向大气外，余者紧闭，故汽油自吸油管下端在压力下上升，经过汽化管路、节油阀，而至喷气孔喷出。此外，喷灯使用时间不宜过长，筒体发烫时应停止使用。

喷灯使用前，先要将喷嘴加热，其目的是加热汽化管，使汽油经过高温而曲折的汽化管，变成蒸汽，经过节油阀自针形喷气孔内射出与空气汇合在燃烧腔内燃烧放出高热。如果喷嘴不经过加热，则喷出的不是气体，而是液态的汽油，须等汽油蒸汽燃着后，再等片刻，才可把气打足，把节油阀开足后使用。如果喷嘴加热后立即打气，拧开节油阀后即有大量汽油蒸汽喷出，点燃时将有危险。

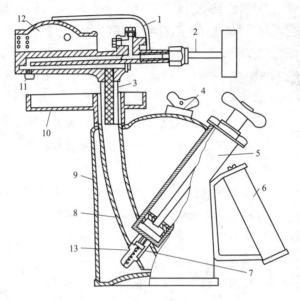

图 2-30　喷灯结构示意图

1—挡火罩；2—节油阀杆；3—铜辫子；4—加油口；5—打气筒；6—气筒手把；7—逆止阀；
8—吸油管；9—油筒；10—点火碗；11—疏通口螺丝；12—燃烧嘴；13—出气口

喷灯的使用。喷灯使用前应先加油，油量为储油罐的 3/4。喷灯用的汽油，应该用质量较好的汽油，必须清洁无杂质，注油时应用有铜丝网的漏斗加注，加油后将注油口元宝螺丝拧紧，并检查喷嘴节油阀是否拧紧，点火前不要打气。使用时先在点火碗内注入 2/3 汽油，不要太满而使汽油外溢。点火后待碗内汽油将要烧尽时，即可认为喷嘴已达到使汽油汽化的温度，这时将节油阀拧开，少量汽油就会喷出燃烧，稍待一会儿即可打气使用。如果在使用过程中熄火重点时，应先将节油阀拧紧后稍开一点，待点燃后再行全部拧开节油阀。使用完毕后先将节油阀拧紧使火熄灭，并随即将节油阀拧开检查是否真已使火熄灭。如果尚未熄灭，应将火吹熄。经检查证实已熄灭后，并将注油口元宝螺丝松开放气，至喷嘴冷却后再行全部拧紧。否则下次使用时节油阀由于热胀冷缩关系，将很难拧开。喷灯的使用过程中，喷油嘴堵塞时，用专用的通针疏通，并根据需要调节火焰到适当程度，过大或过小都会影响焊接质量。要防止火焰烧坏工件，对于离焊接处较近的绝缘结构件，要采取有效的隔热措施，如垫石棉纸或裹以耐火泥等。此外，喷灯借出时，应把其使用方法详细地告诉借用人。

## 2-32  多股铝线气焊连接法

**口诀**

多股铝芯绝缘线，运用气焊连接法。

待连两接头铝线，用铁丝缠绕几圈。

导线的绝缘部分，浸水石棉带包扎。

气焊火焰的焰心，离焊点二三毫米。

当加热到熔点时，加入铝焊粉填充。

焊枪逐渐向外移，直至焊接工作完。

趁热用布条蘸水，擦除焊渣和焊药。              (2-32)

**说明**  多根或多股铝芯绝缘导线的互相连接，可采用气焊焊接。焊前将待连接的多股铝芯线用铁丝缠绕几圈，如图 2-31 所示。铝芯绝缘导线的绝缘部分要用浸过水的石棉带包扎缠好，以防烧坏。气焊焊接时，其火焰的焰心距离焊接点约 2～3mm，当加热到熔点时，可加入铝焊粉，借助焊粉的填充和搅动，即可使焊接处的铝芯导线相互融合。此时气焊焊枪逐渐向外端移，直至焊接完毕。气焊铝芯导线接头操作完毕后要及时（趁热）清除焊渣和焊药，清除工作可用旧布条蘸水擦除。铝芯导线气焊连接尺寸可参见表 2-1。

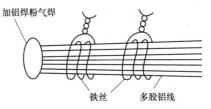

图 2-31  多股铝线的气焊示意图

表 2-1                        铝导线气焊连接尺寸

| 多股 | | 单股 | |
|---|---|---|---|
| 导线截面积（mm²） | 连接长度（mm） | 导线截面积（mm²） | 连接长度（mm） |
| 16 | 60 | | |
| 25 | 70 | 2.5 | 20 |
| 35 | 80 | 4 | 25 |
| 50 | 90 | 6 | 30 |
| 70 | 100 | 10 | 40 |

## 2-33　户内外截然不同两做法

**口诀**

遵循科学不盲干，户内外不同做法。

户外铜铝接头处，要加个中间垫圈；

户内铜铝接头处，不需加中间垫圈。

户内配电装置内，母线都要涂色漆；

户外配电装置内，裸母线都不涂漆。　　　　　(2-33)

**说明**　在电工作业中，有些操作（按照一定的程序和技术要求进行的活动），对于非电工人员和初干电工行业的人来说不可思议，其实均事出有因、实事求是。

(1) 在户外的铜铝接头处要加一个中间垫圈，而户内的铜铝接头处则不需要。这是因为铝在室温下极易生成一层薄的氧化膜，它能阻止铝的进一步氧化，并能阻止其他因素对铝的腐蚀。但在室外，因户外的大气中含有较多的二氧化硫及酸性、碱性气体，再加上下雨和较潮湿的天气，这些酸性、碱性气体会溶解在水分中进入铜铝接触之间，变成了电解液。由于铜铝电解电位不一致，这时在接触处就形成了一个电池效应，对铝产生强烈的电化腐蚀，使接触电阻进一步增大并逐渐损坏。为了防止这种电化学腐蚀就需要防止铜铝直接接触，故在连接表面镀锡或镀银，或在铜铝中间放一个非铜铝材质的中间垫圈，以减缓电化学腐蚀，保证安全运行。室内则因环境条件较好，不易产生强烈的电化学腐蚀，故可不采取上述措施。

(2) 户内配电装置不受阳光直接照射，所以母线涂漆后，可提高热辐射能力，增加载流量；且涂以不同颜色的漆，还可以用来识别相序，便于操作巡视。户外配电装置则不同，因受阳光直接照射，母线如果涂漆，则会增加对太阳能的吸收而降低载流量。若母线不涂漆，保留表面的光亮，则可反射太阳能，降低母线的温升，提高载流量。

## 2-34　绝缘导线接头处绝缘层的恢复包缠法

**口诀**

绝缘导线接头处，包缠绝缘带方法。

二十毫米黄蜡带，要从左向右包缠，

完整保护层上面，必须包缠两带宽。

绝缘带与导线间，五十五度倾斜角。

每圈包缠绝缘带，均压叠半幅带宽。

包缠接头线芯后，到达连接另一端，

完整保护层上面，同样包缠两带宽。

同样规格黑胶布，接在黄蜡带尾端。

按另一斜叠方向，同法缠层黑胶布。

因其具有沾黏性，带间可自作包封。

如果没有黄蜡带，黑胶布则包两层。                (2-34)

📖 **说明**　绝缘导线的绝缘层因接头破损后的恢复，多采用包缠法，通常用黄蜡带、涤纶薄膜带和黑胶布作为恢复绝缘层的材料。绝缘带的宽度，一般选用 20mm 比较适中，包缠也方便。绝缘带应包得紧密结实，带与带之间黏合在一起，使导线上的电跑不出来，外面的潮气也跑不进去。在 220V 线路上的导线恢复绝缘时，一般是用黄蜡带（或黑蜡带或聚氯乙烯薄膜带）和黑胶布作为绝缘带。黄蜡带和黑胶布各有宽 12mm、20mm 和 25mm 的三种，其中宽 20mm 的最常用。

如图 2-32 所示，在导线连接处包缠绝缘带，应按下列方法进行：①～②先要从完整的保护层（没有保护层的，要从完整的绝缘层上开始包缠，包缠两根带宽后方可进入连接处的线芯部分）开始包缠一层黄蜡带，要从左向右包缠；包缠时，绝缘带与导线应保持约 55°的倾斜角，每圈包缠压叠半幅带宽；③包缠一层黄蜡带后，取同样规格的黑胶布，接在黄蜡带的尾端（包至连接的另一端时，绝缘带同样包入完整绝缘层上两根带宽的距离）；④～⑤按另一斜叠方向包缠一层黑胶布，也要每圈压叠半幅带宽。如果没有黄蜡带，在比较干燥而导线又不与建筑物接触的地方，也可用黑胶布按上法包缠两层。在 380V

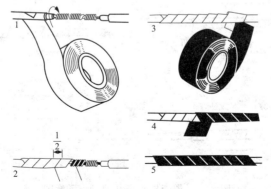

图 2-32　绝缘导线接头处绝缘层的恢复包缠法示意图

线路上导线恢复绝缘时，黄蜡带要包缠两层，然后再包缠一层黑胶布，黑胶布因具有黏性可自作包封。至于包缠时不从完整的保护层或绝缘层开始，或者各圈之间叠压得过疏、过密，甚至露出芯线，都是不允许的。绝缘带平时不可放在温度很高的地方，也不可浸染油类。蜡层脱落的黄蜡带和失去黏性的黑胶布都不可使用。

## 2-35　裸铝绞线绑扎固定前包缠铝带法

📑 **口诀**

架空线路铝绞线，与绝缘子固定段，

包缠铝带保护层，靠绝缘子线槽段，

确定中间起包缠，向右裹总长一半；

然后折向左包缠，一直裹达总长度；

立即折向右包缠，缠到中间则收尾。

铝带每圈的排列，紧密平整不压叠。　　　　　　(2-35)

📖 **说明**　在低压和 10kV 高压的架空线路上，通常都用绝缘子作为导线的支持物。导线与绝缘子之间的固定，均采用绑扎的方法（如蝶式绝缘子直线支持点的绑扎；针式绝缘子的颈部单花绑扎；10kV 针式绝缘子顶部单花绑扎）。裸铝绞线（包括裸钢芯铝绞线）在绑扎前，对导线应作保护处理，具体方法如图 2-33 所示，包缠两层铝带。用铝带包缠长度以两端各伸出绑扎处20mm 为准，如果绝缘子绑扎总长度为 120mm，则铝带保护层总长度应为160mm。在包缠时："中间起包缠"；最后"包到中间收尾"。即铝带的两个"头"均在导线与绝缘子线槽相靠段，裸铝绞线被绑扎后，铝带就不会松动脱落。且在包缠时铝带每圈排列必须整齐、紧密和平整，前后圈铝带之间不可压叠。

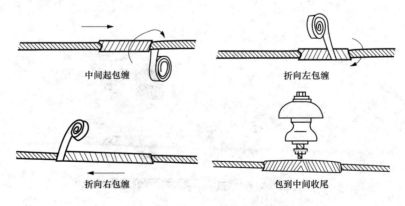

中间起包缠　　　　　　　　　　折向左包缠

折向右包缠　　　　　　　　　　包到中间收尾

图 2-33　裸铝导线绑扎保护层示意图

## 2-36  针式绝缘子颈部单花绑扎法

💬 **口诀**

針式瓷瓶边槽内，颈部单花绑扎法。

绑扎线折后短端，在靠瓶导线右边，

导线上缠绕三圈，与长端互绞六圈。

长端从瓶颈背后，绕到导线左下方。

继绕导线右上方，缠绕扎瓶颈一圈。

绕到导线左上方，继绕导线右下方，

再绕扎瓶颈一圈，绕到导线左上方。

在导线上缠三圈，折绕向瓶颈背部。

与短端互绞六圈，剪去余端压贴槽。                （2-36）

📖 **说明**　裸导线的架空线路，在潮湿或雨水的环境中，如果导线和扎线是两种不同的金属材料，则在相互接触处会发生严重的电化学腐蚀，致使导线产生斑点腐蚀或剥离腐蚀，久而久之就容易引起导线断裂。所以，在裸导线的架空线路中，固定在绝缘子上的绑扎线应采用与导线相同的材料。

导线在针式绝缘子（针式瓷瓶）颈部（边槽内）单花绑扎法：首先将绑扎线折后的短端在贴近绝缘子处的导线右边缠绕三圈，接着与绑扎线长端互绞六圈，并把导线嵌入绝缘子颈部的嵌线槽内，如图 2-34（a）所示。一手把导线扳紧在嵌线槽中，另一手把绑扎线长端从绝缘子背后紧紧地围绕到导线左下

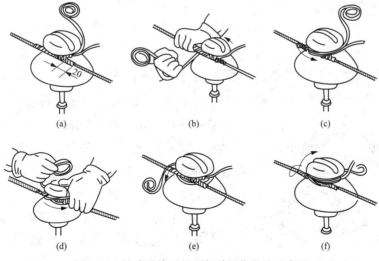

(a)          (b)          (c)

(d)          (e)          (f)

图 2-34　针式绝缘子的颈部单花绑扎法示意图

方，如图 2-34（b）所示。接着把绑扎线长端从导线的左下方围绕到导线的右上方，并如同上法再把绑扎线长端绕扎绝缘子一圈，如图 2-34（c）所示。然后，把绑扎线长端再围绕到导线左上方，并继续绕到导线右下方，使绑扎线在导线上形成"×"形（俗称为"花"）的交叉形状，如图 2-34（d）所示。再把绑扎线如上法绑扎围绕到导线左上方，如图 2-34（e）所示。最后把绑扎线长端在贴近绝缘子处紧缠导线三圈，然后向绝缘子背部绕去，与绑扎线的短端紧绞六圈后，剪去余端，如图 2-34（f）所示。顺便告知读者，若想练习在针式绝缘子的颈部单花绑扎，可取一废旧针式瓷瓶、一根长 300mm、$\phi 10 \sim \phi 12$ 圆钢，在地面上进行练习。

## 2-37　线路施工放线法

💬 **口诀**

裸绞线线盘放线，沿着线路拉线走。

逐档吊线上电杆，嵌入悬挂滑轮内。

整圈护套线不乱，套入双手中捧夹。

外圈取头牵拉着，一圈一圈展放线。

整圈绝缘线卧妥，取处于内圈线头。

站立提拨展放线，有人牵头向前走。　　　　　　　　　　(2-37)

📖 **说明**　由导线为主组成的电气线路，是构成电源和负载之间的电流通道。在电力系统中，线路的作用是把电力输送到每个供电和用电环节。安装线路施工时应学掌以下放线方法。

（1）架空线路裸绞线，应通过放线盘来放线，如图 2-35 所示。在放线盘轴孔内穿入轴杠（铁杠），然后将轴杠两端放在放线架上。放线时有专人照管线盘放线，并要保持与拉线人员联系；3～4 人拉线出盘，沿着线路路径向前走，中途还应有人照管，不使导线在地上出现擦伤、死弯等。绞线放出超过档距后，一边放线一边逐档吊线上杆，并且嵌入临时安装悬挂的滑轮内（不可搁在横担上）。这样，在继续放线时既省力又不磨损导线。

（2）护套线（有塑料、橡皮护套线和铅包线等多种）的放线方法如图 2-36 所示。整圈护套线不能搞乱，不可使线的平面产生小半径

图 2-35　裸绞线线盘架的放线方法

的扭曲。在冬天放塑料护套线时尤应注意，放铅包线时更不可产生扭曲，否则无法把线敷设得平贴。为了防止平面扭曲，放线时需两人合作，一个人把整圈护套线按图2-36所示方法套入双手中捧持，另一人在外圈取线头向前牵拉，边走边放，边一圈一圈地把线展开（要正放几圈反放几圈，不要使护套线出现死弯）。放出的护套线不可在地上拖拉，以免擦破或弄脏护套层。

（3）明敷和暗设管线线路的橡皮、塑料绝缘导线，应整圈绝缘线卧放在垫有防潮布料的地面上，抽取处于内圈的一个线头（切不可抽取处于外圈的一个线头，否则会使整圈导线混乱，且会使导线形成小圈扭结）向上拉出，如图2-37所示。此时一人站立在线盘旁提拨线展放，另一个人牵着线头向前走。

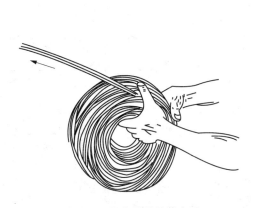
图 2-36　护套线的放线方法

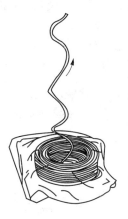
图 2-37　绝缘导线的放线方法

## 2-38　活嘴形紧线器紧线法

架空线路收紧线，用活嘴形紧线器。

定位钩勾住横担，活嘴钳口咬住线，

收紧导线的端部，扳动手柄徐紧线。

横担中间线开始，靠近电杆一根线。

接着电杆另一边，相对应的一根线。

继续再交叉进行，第三根和第四根。　　　　　　(2-38)

说明　紧线器，用来收紧户内外绝缘子线路和户外架空线路的导线。机械紧线常用紧线钳有两种，一种是钳形紧线器；另一种是活嘴形紧线器，又称弹簧形紧线器或三角形紧线器。钳形紧线器的钳口与导线接触面较小，在收紧力较大时易拉坏导线绝缘护层或轧伤线芯，故一般用于截面积小的导线。活嘴形紧线器与导线接触面较大，且具有拉力愈大，活嘴咬线愈紧的特点，可按表2-2选择使用活嘴紧线器。活嘴形紧线器由夹线钳头（上、下活嘴钳口）、定位钩、收紧齿轮（收线器、棘轮）和手柄等组成，如图2-38所示。使用时，定位钩必须勾住架线支架或横担（紧线器定位钩要固定牢靠，以防紧线时打滑），夹线钳头的上、下活嘴钳口夹住需收紧导线的端部（夹线钳口应尽可能拉长一些，以增加导线的收放幅度，便于适应调整导线弧垂时的需要），然后扳动手柄，逐步收紧。紧线应从横担中间（即近电杆）的一根导线开始，接着收紧电杆另一边对应的一根。继而，再交叉收紧第三和第四根。这样能使横担受力均匀，不致因紧线而出现扭斜。

表 2-2                  活嘴形紧线器选择使用表

| 型号 | 适用导线<br>（mm²） | 开大钳口<br>（mm） | 质量<br>（kg） |
|---|---|---|---|
| 大 | 150～240 | 22～22.5 | 3.5 |
| 大中 | 90～120 | 19～21 | 2.8 |
| 中 | 50～70 | 15～17 | 2.5 |
| 小 | 25～50 | 9～10 | 1.5 |

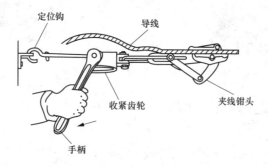

图 2-38　活嘴形紧线器的构造和使用示意图

## 2-39　架空线路导线弧垂测量法

口诀

运用两支同规格，弧垂测量尺测量。

首先将横尺定位，规定弧垂数值上。

测量尺靠绝缘子，勾在同根导线上。

档距两侧电杆上，操作者相对观察；

横尺定位上沿点；导线下垂最低点；

再至对方电杆上，横尺定位上沿点。

三点在一直线上，弧垂已符合要求。

若有偏差打手旗，通过紧线器调整。                              (2-39)

📖 **说明**　导线弧垂就是指一个档距内导线下垂所形成的自然弛度，所以也叫导线弛度。因一个耐张段内的电杆档距基本相等，而每档距内的导线自垂也基本相等，故在一个耐张段内，不需要对每个档距进行弧垂测量，只要在中间 1～2 个档距内进行测量即可。通常用两支同规格弧垂测量尺来测量。测量时，把横尺定位在规定的弧垂数值上，两杆上操作者按图 2-39 所示把测量尺靠近绝缘子勾在同一根导线上，相对观察各自所在杆上横尺定位上沿至导线下垂最低点，再至对方杆上横尺定位上沿，若三点处在一条直线上，则弧垂已符合测量要求。若有偏差，可用手旗指挥紧线人员进行调整。三相导线的弧垂应当紧得一样，以防导线摆动时发生混线。另外，由于未使用过的导线有伸长效应，即受到一定拉力后要伸长一些，因此紧线时弧垂应比设计值或弧垂表中的规定值减少 20%，以免运行一段时间后，由于弧垂加大而影响对地或对其他交叉跨越设施的安全距离。

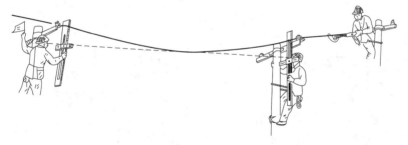

图 2-39　导线弧垂的测量方法示意图

## 2-40　高处作业站立法

💬 **口诀**

高处作业较危险，四面临空要站稳。

杆上作业束腰带，脚扣定位站立法。

脚扣扣身压扣身，同水平线站两脚。

登高板登杆作业，踏板定位站立法。

两脚内侧夹电杆，臀部压靠踏脚板。

梯上作业站立法，梯顶不低于腰部。

一腿跨入梯横档，脚背勾住阶横木。          (2-40)

📖 **说明** 《电业安全工作规程》中规定，凡在离地面（坠落高度基准面）2m 及以上的地点进行的工作，都应视为高处作业。高处作业者活动面积小，四面临空，作业时受外界的影响大，是一项复杂、危险的作业。

（1）使用脚扣（又叫铁脚）攀登电杆，在杆上作业时，为了保证人体平稳，两只脚扣要在杆上定位，如图 2-40 所示。操作者在电杆正面，用一只脚扣的扣身压扣在另一只脚扣的扣身上。即两只脚在同一条水平线上。这样做是为了保证在杆上作业时人体平稳，双腿同时受力。脚扣扣稳之后，估测好人体与作业点的距离，找好角度，系牢安全带（腰带、保险带应束在腰部下方臀部位置，这样不仅可以长时间工作，而且人的后仰距离也可更大）后进行作业。

（2）使用登高板（又称升降板、三角板、蹬板和踏板）登杆，在杆上作业如图 2-41 所示，登高板定位方法是操作者两只脚内侧夹紧电杆，这样登高板不会在右摆动摇晃。估测好人体与作业点的距离和角度，系牢安全带后进行作业（一般采用另一只登高板勾挂在站稳的登高板上方恰当位置，人套入吊绳中，臀部压靠在踏脚板上）。

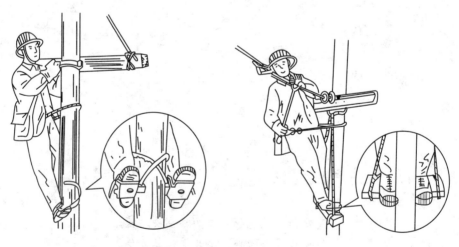

图 2-40　杆上作业时两脚扣定位站立法　　图 2-41　杆上作业登高板上站立法

（3）竹梯（又称直梯和靠梯）靠在电杆、墙壁、吊线上使用时，最主要的是掌握梯子靠在墙上的角度，如图 2-42 所示。靠得太陡容易连人带梯一齐翻倒，靠得太坦人爬上去后竹梯容易滑倒。一般要掌握梯脚与墙之间的距离，最小不能小于梯长的 1/4，最大不能超过梯长的 2/5，即竹梯与地面之间的夹角应在 66°～75°之间。如超过此尺寸，应另外采取措施。为了避免梯子在坚硬或有油的地面上打滑，梯子放好后可在梯脚外侧加放两块楔形斜铁或木块。人在竹梯上作业，高度超过 3m 或夹角大于 75°时，下面应有人扶持。人登梯子时步子要缓慢，切勿有节奏，以免共振而增大梯子振动幅度。另外，不能站在梯子的最高一层上作业，梯顶一般不应低于人的腰部。在作业时可以用一条腿跨入梯子横档，并用脚背勾住邻近梯阶横木，如图 2-43 所示。这样站立可扩大人体作业的活动幅度和保证不致因用力过猛而站立不稳，操作者还可以适当后仰。

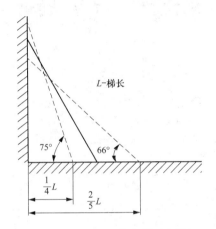

图 2-42　梯子置放角度示意图　　　　图 2-43　梯上作业站立姿势

## 2-41　扶正抗风杆的侧面拔梢法

**🗩 口诀**

> 抗风杆发生歪斜，侧面拔梢扶正法。
> 若杆身向左歪斜，挖开杆根右侧土。
> 解开两拉线下把，歪斜侧任其松弛，
> 在侧拉线下把处，挂上紧线器收紧。
> 如果收紧有困难，用叉杆对面推顶。
> 电杆恢复正直后，左拉线挂紧线器，
> 两紧线器互配合，做收紧拉线工作。
> 重做两拉线下把，杆根泥土填夯实。　　　　　　　(2-41)

**📖 说明**　抗风杆就是用人字拉线加固的直线杆。人字拉线是由两根普通拉线构成的，装在线路垂直方向电杆的两侧，多用于中间直线杆，用来加强电杆防风倾倒的能力。线路跨越公路、河流，通信线路及郊外配电线路连续直线杆超过 10 基时，应装设人字拉线。

抗风杆发生歪斜，可用图 2-44 所示的侧面拔梢法扶正：①在杆歪斜的反面，挖开杆根泥土（图中所举例子，是杆身向左歪斜）；②解开两侧的拉线下把，左侧的拉线，任其松弛不动（若拉线下方有通信线路时，应防止碰线）；而将电杆右侧的拉线，挂上紧线器，徐徐收紧，电杆便会逐步恢复正直；如果收紧困难，也可以同时使用叉杆在对面徐徐推顶，但不可猛推；③电杆恢复正直后，再把电杆左侧的拉线，也挂上紧线器进行收紧；这时两紧线器要配合操作，做好收紧人字拉线的工作；最后重做拉线下把，并将杆根泥土填打夯实。

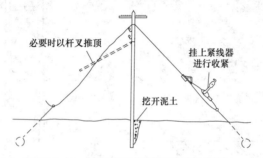

图 2-44　扶正抗风杆侧面拔梢示意图

## 2-42　人工拆除旧电杆方法

**口诀**

人工拆除旧电杆：杆旁竖临时支杆；

用夹杠支撑杆身，登杆拆杆上横担；

同时绑扎吕宋绳，做三方临时拉线；

背临时支杆方向，杆根挖杆洞斜槽；

然后徐徐放松绳，夹杠相配合挪动；

杆顺着线档歪倒，压在杆洞马道上；

用手抱住旧电杆，将其从洞里拔出。　　　　　　　（2-42）

**说明**　低压架空线路和架空电信线路的旧电杆（8m 及以下水泥杆和木质电杆），因破损或腐朽等原因需更换。人工拆除旧电杆的方法是：首先在被拆除的旧电杆旁竖立临时支杆；拆除旧电杆上的横担（应先做好安全措施。一般的安全措施是使用吕宋绳做成三方临时拉线，或用杆叉夹杠支撑杆身，才准登杆作业）；绑扎吕宋绳作拉线；接着在顺线路方向、背临时支杆方向旧电杆根处挖一"杆洞斜槽"；然后如图 2-45 所示，用吕宋绳和夹杠稳住杆身，徐徐放松绳子，逐步挪动夹杠，互相配合使旧电杆顺着线档歪倒过来，压在杆洞的马道上；接着几个人用手抱住杆身，并把吕宋绳牵到另一边，互相配合把电杆从洞里拔出来。根据操作实践经验，能把杆根拔离洞壁 300mm 左右，电杆就可以完全放倒了。把倒下后的旧电杆，滚到一边，以免妨碍立新杆。

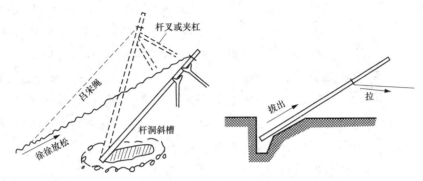

图 2-45　拆除旧电杆示意图

## 2-43　拉合跌落熔断器操作法

📣 **口诀**

> 拉合跌落熔断器，严禁带负荷操作。
>
> 先拉低压断路器，断开配变的负荷。
>
> 分闸时用绝缘棒，顶端横钩抵鸭嘴，
>
> 向上轻轻地一捅，熔丝管就跌落下。
>
> 合闸时用绝缘棒，横钩伸入铁环中，
>
> 拉着熔丝管上移，将动触头送鸭嘴。
>
> (2-43)

📖 **说明**　跌落式熔断器是中小企业、农村配电线路及配电变压器用的最普遍和最多的一种保护设备，跌落式熔断器的构造如图 2-46 所示。其主要由瓷绝缘子、熔丝管和触头几部分组成。触头分上下动触头（熔丝就由熔丝管伸出来紧到这个上面）、静触头（上静触头也称鸭嘴）两部分构成。合闸时动触头卡在鸭嘴上，里面还有弹簧片顶着它，使熔丝管掉不下来。动触头是靠熔丝本身的机械拉力，将熔丝管上的活动关节锁紧，而保持紧卡在鸭嘴上。当熔丝通过短路电流或较长时间过载电流时，熔丝熔断后，活动触头失去熔丝拉力而从鸭嘴里滑落下来，则使熔丝管跌落，形成了明显的可见断开点。在熔丝管上端有一个铁环，当合闸时，用绝缘棒顶端横钩伸入环中而将熔丝管上移合上。如果要断开电源，是用绝缘棒顶端横钩抵住鸭嘴（上静触头）向上轻轻一

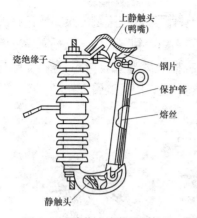

图 2-46　跌落式熔断器的构造

上静触头
（鸭嘴）

瓷绝缘子

钢片

保护管

熔丝

静触头

捅，熔丝管就跌落下来。切记不能用绝缘棒顶端横钩伸入熔丝管上端铁环中用力向下硬拉，其结果是拉得横担晃动，熔丝管也不会跌落下来。

正确操作高压跌落式熔断器的方法是：首先，操作人员在操作时要穿绝缘靴，戴绝缘手套，使用合格的绝缘棒；其次，严禁带负荷操作，在拉合跌落式熔断器前必须拉开变压器低压侧的断路器，断开所有负荷；最后，操作时试试探探往往容易产生较大电弧，所以拉合跌落式熔断器时动作要准、迅速、果断。

## 2-44　装接熔丝操作法

📋 口诀

装接熔丝要规范，停电验电后进行。

端子垫片擦干净，容量长度选适宜。

容量不足用两根，平行并接不扭绞。

中段曲弯显余量，两端顺时针绕圈。

圈径合适不重叠，平垫压住装螺钉。

旋拧螺钉慢轻稳，不能带着垫圈转。　　　　　　　　(2-44)

📖 说明　等截面积的细长形状熔丝，熔断时可迅速熔断整个熔体，产生的过电压较高，一般只用于低压小电流场合。装接熔丝的操作较简单，一般不引起人们的重视。但日常的电气安装工作中，由于装接熔丝的不正确、不规范而引起的停电事故却是经常发生。装接熔丝的规范操作及注意事项如下。

（1）安装更换熔丝时，必须在拉闸停电经验电后进行，绝对不允许带电作业。将连接熔丝的端子、螺钉和垫片擦干净，检查它们有无毛刺，因有毛刺会损伤熔丝而造成容量减少。然后选择好容量适宜的熔丝，并截取适当的长度。

（2）现场供选的熔丝容量不够，可将两根熔丝平行并接装使用，但不可将两根熔丝扭绞在一起使用。因为熔丝经过扭绞后，其本身受到机械损伤，且绞得越紧，机械损伤越大；改变了熔丝原来的特性，造成了容量仍然不足。

（3）将容量适宜、长度适当的熔丝中段略弯曲一下，达到中间稍有余量，以免在装接时拉长熔丝。接着在熔丝两端头按顺时针方向绕制一圈，圈径略大于螺钉杆外径，但不能重叠（重叠点上熔丝会被压伤，丝径减小；绕圈重叠的装接法在使用初期重叠点有缝隙，由于挤压得较紧密，尚无问题，但时间一长会因热胀冷缩等原因，缝隙越来越大，最后造成重叠点被烧断）。然后用平垫圈压住绕圈安装螺钉。

（4）旋拧压接螺钉时不宜快，轻轻用力平稳旋紧。旋拧螺钉时不能带着垫圈一起转，否则会把熔丝向里卷，形成一定的拉力，轻者熔丝受损被拉细降低了容量，负荷稍大即烧断；重者当时就将熔丝拉断，需重新装接新熔丝。

### 2-45　蓄电池极板组装法

**口诀**

蓄电池极板组装：正负极板错开放；

且须两块负极板，中间夹块正极板；

隔板有纵槽一面，必须插向正极板。　　　　　　　　(2-45)

**说明**　每一只蓄电池都是由数块正极板和数块负极板组成的。正极板组合起来接于正端，负极板组合起来接于负端。正负极板是错开放置的。由于正极板工作时化学反应激烈，必须把一块正极板夹在两块负极板中间，使得正极板两面都能起化学反应，发生同样的膨胀和收缩，减少被扭曲的机会。极板组两侧外层都是负极板，它们在充放电的过程中虽然只有一面起化学变化，但没有膨胀和收缩的现象。所以，蓄电池极板组合中负极板必须要比正极板多一块。

蓄电池正极板的化学反应比负极板剧烈得多，将有纵槽（凸凹）的一面插向正极板可以减少正极板与隔板的接触面，而增大正极板与电解液的接触面，使电解液充分均匀扩散。同时能使正极板脱落的有效物质迅速地沉淀到电解槽底部，不致挤破隔板，造成短路故障。在进行电化反应的过程中，产生的气体也容易沿着沟槽上升逸出。因此在插隔板时，应将有纵槽的一面插向正极板。

### 2-46　电缆终端头的安装方法

**口诀**

安装电缆终端头，头上接地线穿过，

零序电流互感器。然后再进行接地。

终端头根固定处，运用绝缘物缠绕，

或用绝缘固定件，金属支架上固定。　　　　　　　　(2-46)

**说明**　在电缆供电系统中，当电缆线路发生单相接地时，就有零序电流存在，零序电流互感器的二次侧就感应出电流，此电流使接地继电器动作，达

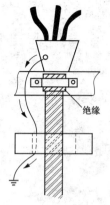

图 2-47 电缆终端头的安装

到保护目的。为保证动作正确，对电缆终端头的安装方式有一定的要求，不正确的安装有时会造成误动作。这是由于大地有时有杂散电流存在，在电缆的金属包皮或钢带中就有电流流过。为防止该电流使接地继电器误动作，电缆终端头的接地线必须穿过零序电流互感器的窗孔后再接地，如图 2-47 所示。而且终端头根部的固定处应用绝缘物缠绕后（外皮是绝缘护套的电缆除外）再固定在金属支架上，或者用绝缘固定件固定，使根部与大地有良好的绝缘。这样安装后，当电缆金属包皮或钢带中有电流流过时，就从接地线流回，两者电流方向相反，对零序电流互感器的作用相互抵消，在零序电流互感器中就无感应电流，从而可以避免由于杂散电流而引起继电保护误动作。

## 2-47 变压器分接开关变挡调压操作法

📝 口诀

变压器分接开关，变挡调压操作法：

将分接开关手柄，来回转动十余次；

核对开关指示位，与实际接线相符；

变挡切换确认后，测量各分接抽头，

直流电阻值数值，互差小百分之二。

(2-47)

📖 说明 电网电压是随运行方式和负载的大小变化而变化的。电压过高或过低，都会直接影响变压器的正常运行、用电设备的出力以及使用寿命。为了使变压器能够有一个额定的输出电压，大多数是通过改变变压器一次绕组分接抽头的位置实现的（改变了变压器一次绕组的匝数，二次电压也相应改变了，从而达到了调整电压的目的）。一般情况下，中小型容量配电变压器，为调整二次电压，常在每相高压绕组末段的相应位置留有 3 个（有的是 5 个）抽头，并将这些抽头接到一个开关上，这个开关就叫作"分接开关"，如图 2-48 所示。变压

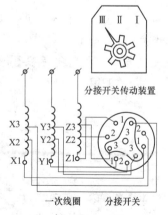

图 2-48 分接开关原理示意图

器一次绕组的三个分接抽头，中间一个对应于额定电压，其余两个则和额定电压相差±5%。这些抽头标志为 X1、X2、X3；Y1、Y2、Y3；Z1、Z2、Z3。它们分别是高压绕组额定电压时匝数的 105%、100%、95%。抽头与分接开关的相互绝缘的静触头连接起来，动触片是由铜片或其他良导体制成，有三个突出部分，它们互成 120°。转动动触片把三个不同相的相应静触头短接，这样就能改变变压器一次绕组的匝数，二次电压也相应改变，从而达到了调整电压的目的。

变压器分接开关变挡调整电压时，需要测量各分接抽头的直流电阻。这是因为变压器分接开关的触头部分在运行中可能磨损，而未使用的分接开关的触头部分长期浸在油中，也可能因氧化而在触头表面生成一层氧化膜，使开关接触不良。为了防止分接开关故障，在分接开关换挡调压时，必须来回转动分接开关手柄 10 次左右，以消除触头表面的氧化膜和油垢，使其接触良好；然后核对分接开关指示位置与实际接线是否符合；最后测量切换后的各分接抽头的直流电阻，三相应平衡，互差不能超过 2%。否则，应查明原因，进行处理。

## 2-48  变压器干燥处理方法

📋 **口诀**

> 变压器干燥处理，常用三种加热法。
> 器身放在油箱内，外绕线圈通电流，
> 壁中涡流损耗热，则是感应加热法。
> 器身放在干燥室，进口热风温逐升，
> 最高不超九十五，则是热风干燥法。
> 器身吊入烘箱里，控制温度九十五，
> 并每小时测电阻，则是烘箱干燥法。　　　　　　(2-48)

📖 **说明**　当变压器出现下述情况，应进行干燥处理：变压器经过更换线圈或绝缘；在修理或安装的器身检查中，器身置于空气中暴露的时间超过相应的规定；经绝缘电阻测量证明变压器已受潮等。变压器干燥处理常用的方法如下：

（1）感应加热法。这种方法是将器身放在油箱内，外绕线圈通以电流，利用油箱壁中涡流损耗的发热来干燥。此时箱壁的温度不应超过 115～120℃，器身温度应不超过 90～95℃。

为了缠绕线圈方便，应尽可能使线圈的匝数少些或电流小些，一般电流选

150A，可用 35～50mm$^2$ 的导线。油箱壁上可垫多根石棉板条，导线绕在石棉板条上。

（2）热风干燥法。这种方法是将器身放在干燥室内，通热风进行干燥。干燥室应尽可能小些，壁板与变压器之间的距离不要大于 200mm，壁板内面铺石棉或其他防火材料。可用电炉、地下火、炉火墙等加热。进口热风温度应逐渐上升，最高温度不应超过 90℃。在热风进口处应设过滤器或金属栅网，以防止火星、灰尘进入。热风不要直接吹向器身，应尽可能从器身下面均匀地吹向各方面，使潮气由箱盖通气孔放出。

（3）烘箱干燥法。若修理厂（所）用烘箱设备，对小容量变压器采用这种方法比较好。这种方法是将器身吊入烘箱，控制内部温度为 95℃，每小时测量一次绝缘电阻。烘箱上部应有出气孔，用来释放蒸发出来的潮气。干燥过程中应有专人看守，并要特别注意安全。

## 2-49　电动机受潮灯泡烘干法

**口诀**

> 电动机严重受潮，白炽灯泡干燥法。
>
> 抽出电动机转子，定子绕组吹干净。
>
> 将定子垂直放置，外壳下端垫木块。
>
> 百瓦以上大灯泡，悬吊定子内腔中。
>
> 电机外壳上下端，都要盖垫大木板。
>
> 烘烤温度达百度，持续二十四小时。
>
> 测量绝缘电阻值，数值合格且稳定，
>
> 连续保持六小时，烘干便可以结束。　　　　　　（2-49）

**说明**　雨季，电动机如严重受潮或被水浸泡过，应在干燥和试验合格后才能投入运行。电动机严重受潮使绝缘电阻降低，切忌直接投入运行，否则瞬间就会被毁，应当首先鉴定这台电动机绝缘电阻是否合格。要求电动机定子绕组绝缘电阻每伏不低于 1kΩ，即 380V 电动机绝缘电阻不低于 0.38MΩ，也就是通常老电工常说的 0.5MΩ，绝缘电阻才为合格。

电动机绝缘电阻降低后，最简便可行的解决办法是白炽灯干燥法，即把电动机的转子拆除，将定子垂直放置，将 100W 以上的大功率灯泡悬吊在定子铁芯腔内，不可贴住线圈，以免烘坏线圈的绝缘层。如果定子内腔较大，要多放几个大功率的灯泡。同时，电动机外壳下端四周要垫木块，使线圈不致受压，还要在上下端加盖木板，以减少热量散失，如图 2-49 所示。电动机也可平放，把灯泡放入定子内腔偏下一点的地方，在灯泡周围垫放铁丝网，以防烤坏线圈绝缘层。外壳盖上耐热物保温。由于灯泡离线圈较近，一般烘干温度保持在 100℃ 左右，烘干 24h 左右测量绝缘电阻，当连续 6h 能保持稳定的合格值时，烘干便可结束。如果有红外线灯泡更好，因为红外线发热效率高，透射能力强，能透入绕组内部而发热，故效果比白炽灯好，而且省电。

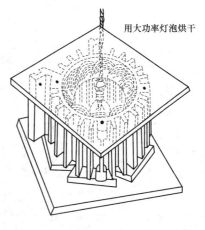

用大功率灯泡烘干

图 2-49　大功率灯泡烘干电动机示意图

## 2-50　电动机受潮简易电流干燥法

💬 **口诀**

电动机严重受潮，简易电流干燥法。

抽出电动机转子，定子绕组吹干净。

定子铁芯内圆上，贴放数片薄铁片。

厚度一毫米左右，长度相近铁芯长，

铁片均弯成弧状，和定子内圆吻合。

将三相绕组串联，接二百二电源上。

通电后测量电流，额定电流的七折。

如果电流值太大，再多放几片铁片；

若是电流值太小，可取下几片铁片。

烘干三四个小时，绝缘电阻即达标。　　　　　　(2-50)

📖 **说明**　电动机严重受潮使绝缘电阻降低，切忌直接投入运行，否则瞬间就会被毁。应当首先鉴定这台电动机绝缘电阻是否合格。要求电动机定子绕组绝缘电阻每伏不低于 1kΩ，即 380V 电动机绝缘电阻不低于 0.38MΩ，也就是通常老电工说的 0.5MΩ，绝缘电阻才为合格。

烘干电动机绕组的方法很多，但不外乎是外部加热烘干和内部加热干燥两种。外部加热烘干有用灯泡、煤炉、电炉、烘箱以及热风循环干燥等方法。内部加热是用通入低压电流发热干燥的电流干燥法。电流干燥法也很多，现介绍简易干燥法。

图 2-50　定子内圆
贴放铁片示意图

卸下受潮电动机的端盖，抽出转子，将电动机三相绕组串联后接到 220V 交流电源上，通电前先在电动机定子铁芯内圆贴放数片厚 1mm 左右的薄铁片（用硅钢片更好），铁片长度和定子铁芯长度相近即可。铁片沿宽度方向弯成和定子内圆相吻合的弧状，贴放在定子铁芯内圆上，如图 2-50 所示。

放好薄铁片通电后测量电流，此电流应为电动机额定电流的 0.7 倍左右。如果电流太大，可在定子内圆上多贴放几片铁片，能使电流减少；反之，如果电流太小，可取下几片铁片，用放入铁片的多少来调节电流。

为了保温，可用不易燃的纤维纸板自制有盖无底的方箱罩住电动机。一般受潮电动机烘 3～4h 后绝缘电阻即可达到要求。

### 2-51　手动弯管器弯曲电线管操作法

🗨 口诀

薄壁钢管电线管，手动弯管器煨弯。

八号铁线弯样板，以便于对照检查。

弯曲部位做标记，弯管器套起弯点。

焊缝作为中间层，切忌放在内外侧。

脚踩管子扳手柄，稍加用力管翘弯。

逐点移动弯管器，重复前次两动作。

直至标记处末端，弯曲角度达需求。　　　　　　　　　(2-51)

📖 说明　电线管属薄壁钢管，通常有焊缝，在弯形时务必要把焊缝作为中间层，切忌将焊缝放在弯曲处的内侧或外侧。因为焊缝处在内侧，会受到压缩力的作用；焊缝处在外侧，会受到拉伸力的作用；而中间层在弯曲形变时，是既不缩短也不延长的。故较硬较脆的焊缝不易发生皱叠、断裂和瘪陷等现象。

手动弯管器又称管柄弯管器，如图 2-51 所示。它由铁弯头和一段铁管柄组成。它适用于现场煨弯直径 50mm 以下小批量的管子，应根据管子直径选用弯管器。在弯曲管路中间的 90°弧形弯时，应先使用 8 号铁线或薄板弯制样板，以便在弯管的同时进行对照检查。弯管时把弯管器套在管子需要弯曲部位（钢管上需要弯曲的地方标上记号，弯管器开始套在起弯点），用脚踩着管子，双手扳动弯管器手柄，稍加一定的力使管子略有翘上弯曲（用力不能太猛，一次弯曲的弧度不可过大，否则会把钢管弯裂或弯瘪），然后逐点向后移动弯管器，重复前次动作，直至弯曲部位的后端，使管子弯成所需要的半径和弯曲角度。带有焊缝的线管弯形时，焊缝要放在弯形的侧边，防止管子因受压或拉力使焊缝裂开。

焊缝

图 2-51　手动弯管器弯电线管示意图

## 2-52　鼓形绝缘子配线绑扎法

💬✅ **口诀**

> 鼓形绝缘子配线，绝缘子上绑导线。
>
> 导线敷设的位置，均放绝缘子同侧。
>
> 绑线导线相匹配，同一回路同规格。
>
> 配线六平方单花，十平方以上双花。
>
> 终端应绑回头线，公圈十二单圈五。　　　　　(2-52)

📖 **说明**　　鼓形绝缘子配线是利用鼓形绝缘子（俗称瓷柱、炮仗白料、瓷珠等）支持导线的一种明线敷设方式。与瓷夹板配线方式相比，鼓形绝缘子配线可使导线与墙面距离增大，故可用于比较潮湿的地方，如地下室、浴室及户外场所。鼓形绝缘子装于木结构时，一般用木螺钉固定；装于混凝土、砖墙结构时可预埋木砖或采用木榫（包括尼龙榫），用木螺钉固定；装于角铁支架上时，可用沉头螺钉固定。此外还可用黏接法固定。

　　鼓形绝缘子配线施工中有两个原则须遵守：导线截面积小，鼓形绝缘子间距离应小些，反之可大些（主要考虑导线机械强度）；导线截面积小，导线间距离可小些，反之应大些（主要考虑短路时相互间电磁影响）。鼓形绝缘子配线在敷设导线时，要注意两根导线在鼓形绝缘子的位置，不宜同时放在鼓形绝缘子的内侧，即两根导线应放在鼓形绝缘子的同侧，或同时放在外侧，如图 2-52 所示。

　　鼓形绝缘子配线施工中要求绝缘导线的绑扎线应有保护层，其目的是保护导线绝缘层不受损伤。一般采用橡皮绝缘线时用纱包绑线，采用塑料线时应用相同颜色的聚氯乙烯铜或铁绑线。绑扎线的规格应与导线规格相匹配，否则不

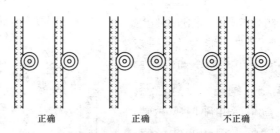

正确　　　　　　正确　　　　　　不正确

图 2-52　导线敷设在鼓形绝缘子的位置示意图

易扎紧绑牢。过细的扎线，绑紧时要损伤导线的绝缘层；同一回路中不论采用单绑法、双绑法，还是终端鼓形绝缘子绑扎法，所用绑线是同一规格型号。鼓形绝缘子配线绑扎线选择见表 2-3。当配线导线截面积在 6mm² 及以下时，加挡鼓形绝缘子可采用单花绑扎法（简称单绑法）；当配线导线截面积在 10mm² 以上时，受力鼓形绝缘子需采用双花绑扎法（简称双绑法）。鼓形绝缘子配线单、双绑扎法如图 2-53 所示。导线的终端鼓形绝缘子把导线绑回来，终端鼓形绝缘子绑扎法如图 2-54 所示。其公圈数为 12 圈，单圈数为 5 圈。

表 2-3　　　　　　　　　　　鼓形绝缘子配线绑扎线选择

| 导线截面积（mm²） | 铜绑线直径（mm） | 铁绑线直径（mm） |
| --- | --- | --- |
| 6 以下 | 1.0 | 0.8 |
| 10 以上 | 1.2 以上 | 1.0 以上 |

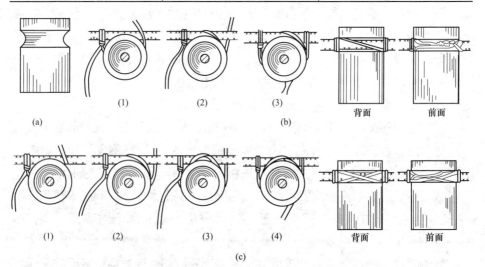

图 2-53　鼓形绝缘子配线单、双绑扎法

（a）鼓形绝缘子；（b）单花绑扎法（加挡鼓形绝缘子）；（c）双花绑扎法（受力鼓形绝缘子）

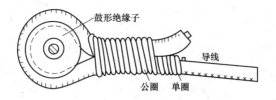

图 2-54 鼓形绝缘子配线终端鼓形绝缘子绑扎法

# 第3章
# 强制性操作规范

## 3-1　巡视高压设备

### 口诀

巡视高压设备时，经领导允许批准。

不进行其他工作，不移开越过遮栏。

雷雨天气到室外，必须穿上绝缘靴。

避雷装置不靠近。进出高压配电室，

必须随手关锁门。设备发生接地时，

距离故障点范围，室内四米外八米，

进入范围必穿靴，接触外壳戴手套。　　　　　　　　(3-1)

**说明**　关于高压设备的巡视，《电业安全工作规程》中规定：经企业领导批准允许单独巡视高压设备的值班员和非值班员，巡视高压设备时，不得进行其他工作，不得移开或越过遮栏（在电气设备周围设置遮栏的目的是限制人员靠近或进入，以保障电工作业人员的人身安全。所以巡视人员在巡视时不得越过遮栏，以免发生触电事故）。

雷雨天气，需要巡视室外高压设备时，应穿绝缘靴，并不得靠近避雷器和避雷针。巡视配电装置，进出高压室，必须随手将门锁好（高压室的钥匙至少应有三把，由配电值班人员负责保管，按值移交。一把专供紧急时使用；一把专供值班员使用，其他可以供给许可单独巡视高压设备的人员和工作负责人使用，但必须登记签名，当日交回）。

高压设备发生接地时，室内不得接近故障点 4m 以内，室外不得接近故障点 8m 以内。高压设备发生接地故障时，流入接地网的故障电流可能较大，虽然接地电阻很小，但对地电压仍较高，如果离故障点太近，所受的跨步电压较高，便有触电的危险。高压配电室内的接地装置一般为网状格子化，地面电压比较均衡；同时室内有干燥的混凝土地面，电阻率较高，能降低跨步电压。因此，室内距接地故障点可近些，定为 4m。室外接地网均压网孔较大，地面大多为低电阻率的土壤，均压效果较差，所以与故障点的距离应远些，定为 8m。进入上述范围人员必须穿绝缘靴，接触设备的外壳和架构时，应戴绝缘手套。

## 3-2 倒闸操作

💬 口诀

> 倒闸操作众规定：根据调度员命令，
> 复诵无误后执行，填写倒闸操作票。
> 倒闸操作须两人，熟悉设备者监护，
> 重要复杂的操作，熟练值班员操作。
> 操作中发生疑问，停止操作做汇报，
> 弄清问题再操作，不准擅自作更改。
> 绝缘棒拉合开关，经传动机构操作，
> 均应戴绝缘手套，雨天室外绝缘靴。
> 装卸高压熔断器，应戴眼镜和手套，
> 站在绝缘台垫上，用绝缘夹钳操作。 (3-2)

📖 说明 倒闸操作必须根据值班调度员或值班负责人的命令，受令人复诵无误后执行。发布命令应准确、清晰、使用正规操作术语和设备双重名称。值班调度员发布命令的全过程（包括对方复诵命令）和听取命令的报告时，都要录音并做好记录。倒闸操作由操作人填写操作票。每张操作票只能填写一个操作任务，操作票应填写设备的双重名称。

倒闸操作必须由两人执行，其中对设备较熟悉者做监护。特别重要和复杂的倒闸操作，由熟练的值班员操作，值班负责人或值长监护。

操作中产生疑问时，应立即停止操作并向值班调度员或值班负责人报告，搞清问题后，再进行操作。不准擅自更改操作票，不准随意解除闭锁装置。

用绝缘棒拉合隔离开关或经传动机构拉合隔离开关和断路器，均应戴绝缘手套。隔离开关或断路器的操动机构都与变电站接地网相连。在进行倒闸操作时，操作人员手握操作手柄，站在隔离开关或断路器旁。如果此时隔离开关或断路器的绝缘子或套管有损坏，带电部分对地击穿放电，电流将沿操动机构泄入大地，使操动机构上有一个较高的对地电位。因操动机构接地点与操作人员的立脚点不在同一电位上，操作人员的手与脚之间受到相当大的接触电压，而使操作人员触电。为此规定操作人员应戴绝缘手套。雨天操作室外高压设备时，绝缘棒应有防雨罩，还应穿绝缘靴。接地网电阻不符合要求的，晴天也应穿绝缘靴。雷电时，禁止进行倒闸操作。

装卸高压熔断器应戴护目眼镜和绝缘手套，必要时使用绝缘夹钳，并站在绝缘垫或绝缘台上。

### 3-3　填写工作票

📋 **口诀**

> 工作票用钢笔写，正确整洁字清晰。
>
> 四项内容不涂改，工作地点和时间，
>
> 设备名称及编号，装设接地线地点。　　　　　　　　(3-3)

📖 **说明**　工作票要用钢笔或圆珠笔填写，一式两份，应正确清楚，不得任意涂改，如有个别错、漏字需要修改时，应字迹清楚。为此要先打草稿，审查无误后再填写。

工作票是电力系统中允许工作和从事操作的书面命令和依据，是防止误操作、保证人身设备安全的重要措施。所以工作票上字迹必须清晰，工作票中四项填写内容不得涂改：①工作地点；②设备名称及编号；③接地线装设地点；④计划工作时间。凡有涂改者，一律不准使用，工作人员有权拒绝执行。其他个别错字可以修改，但要做到被改和改的字都要清楚。

《电业安全工作规程》中规定：工作负责人可以填写工作票。但工作票由检修工作负责人填写最适当。①谁干活，谁订措施。这是一般工作的通理。这里所说的"谁"是检修队、班等组织，任何组织都有负责人，这个人就是检修工作负责人。工作负责人应了解完成检修任务的施工方法和工艺质量要求、工作范围，工作时需要登高的高度、环境，工作需要多少时间，工作时需要多少人等。②谁工作，谁的责任大，谁就有责任提出措施，谁制订的措施就较全（安全措施不正确、不具体、不完善者为不合格工作票）。所以检修工作负责人必须亲自组织、领导制订安全技术措施。

### 3-4　在高压设备上工作

📋 **口诀**

> 高压设备上工作，填用相应工作票。
>
> 事故应急抢修单，至少由两人进行。
>
> 组织技术两措施，正确实施并完成。　　　　　　　　(3-4)

📖 **说明**　在高压设备上工作，必须遵守下列各项：填用工作票或口头、电话命令；至少应有两人在一起工作；完成保证工作人员安全的组织措施和技术措施。

"运用中的电气设备"系指全部带有电压或一部分带有电压及一经操作即带有电压的电气设备。其中"全部带有电压或一部分带有电压"系指一个设备本体；而"一经操作即带有电压"不但指一个设备本体，而且包含其他设备的操作能使其带有电压的情况。

在运用中的高压设备上工作，分为三类：全部停电的工作，系指室内高压设备全部停电（包括架空线路与电缆引入线在内），并且通至邻接高压室的门全部闭锁，以及室外高压设备全部停电（包括架空线路与电缆引入线在内）；部分停电的工作，系指高压设备部分停电，或室内虽全部停电，而通至邻接高压室的门并未全部闭锁；不停电工作，系指工作本身不需要停电和没有偶然触及导电部分的危险，许可在带电设备外壳上或导电部分上进行的工作。

根据在高压设备上具体做哪种工作，执行工作票制度填用相应工作票方式。如高压设备上工作需要全部停电或部分停电时，填用第一种工作票；若在高压电动机转子电阻回路上工作，则填用第二种工作票。事故应急抢修可不填用工作票，但应使用事故应急抢修单。

### 3-5　断开检修设备电源

💬 **口诀**

> 检修设备须停电，各方电源完全断。
> 拉开开关断电流，各侧隔离开关拉。
> 要有明显断开点。有关配变互感器，
> 高低压侧均断开，必须防止反送电。　　　　　　　　　　（3-5）

📖 **说明**　将检修设备停电，必须把各方面的电源完全断开（任何运用中的星形接线设备的中性点，必须视为带电设备）。禁止在只经断路器（开关）断开电源的设备上工作。必须拉开隔离开关（刀闸），使各方面至少有一个明显的断开点（拉开的隔离开关、取下熔体的熔断器、拉开的用户负荷开关、拆出导线等，这些措施都是使检修地点与电源之间有一个明显的断开点。由于这个断开点特别明显，所以叫作明显断开点。其目的一是一目了然，使检修人员随时可以看到，或顺着线路导线可以找到；二是使停电设备与电源之间保持有一个或一个以上的空气断口，这个断口既可将电源与工作地点断开，又能避免因过电压后将断口击穿）。与停电设备有关的变压器和电压互感器，必须从高、低压两侧断开，以防止向停电检修设备送电（若电缆出线的配电线路负荷侧没有隔离开关时，应加挂接地线）。断开断路器和隔离开关的操作电源后应拔掉控制电源的熔体，能手动操作的隔离开关操作把手必须锁住，确保不会误送电。

## 3-6　在全部停电或部分停电的设备上验电

💬✔ **口诀**

> 检修设备断电源，验证确实无电压。
>
> 使用合格验电器，电压等级要相应。
>
> 带电设备上试验，确认验电器良好。
>
> 检修设备进出线，两侧各相分别验。
>
> 若站木质梯架上，验电指示不准确。
>
> 须经负责人许可，验电器上接地线。
>
> 使用高压验电器，绝缘手套穿戴好。
>
> 手握不超过护环，保持规定安全距。
>
> 设备运行电压高，三十三万伏以上。
>
> 绝缘棒代验电器，实施间接验电法。　　　　　　　　　(3-6)

📖 **说明**　在全部停电或部分停电的设备上检修时，为了防止因有人误操作或附近高压电源感应等原因，使作业现场突然来电，规程规定必须采取一整套、分为四个步骤（四项）、按一定顺序连续进行的技术措施，即停电→验电→装设接地线→悬挂标示牌和装设遮栏。如当检修的电气设备停电后，在装设接地线之前必须进行验电。通过验电器（或低压验电笔）验电可以明显地验证停电设备是否确无电压，以防止出现带电装设接地线或带电闭合接地隔离开关（刀闸）等恶性事故的发生（在不装设接地线的低压设备上作业时，以防发生触电或接地短路等恶性事故）。

　　验电时，必须用电压等级合适而且合格的验电器，在检修设备进出线两侧各相分别验电。验电前，应先在有电设备上进行试验，确证验电器良好。如果在木杆、木梯或木架构上验电，不接地线不能指示者，可在验电器上接地线，但必须经值班负责人许可。高压验电必须戴绝缘手套（验电时手应握在手柄处不得超过护环，人体应与验电设备保持安全距离）。验电时应使用相应电压等级的专用验电器。330kV 及以上的电气设备，在没有相应电压等级的专用验电器的情况下，可使用绝缘棒代替验电器，根据绝缘棒端有无火花和放电噼啪声来判断有无电压（通称为间接验电法）。

怎样进行验电？通俗地讲，一般分为三个步骤：验电前应将验电器在带电的设备上验电；证实验电器良好时，再在被验设备进出线两侧逐相进行验电（不能只验一相，以防某一相仍然有电压，发生触电事故）；验明无电压后再将验电器在带电设备上复核，证实验电器良好、验电结果准确。

### 3-7 装拆接地线

**口诀**

> 装设拆卸接地线，必须填用操作票。
> 操作由两人进行，用绝缘棒戴手套。
> 装设接地线顺序，先接地后接导体。
> 专用线夹来固定，确保接触要良好。
> 拆卸接地线顺序，恰与装设时相反。　　　　　　　　　　　　　（3-7）

**说明**　装拆接地线操作必须填用操作票。装设接地线的操作项目有两项，即在××设备上验电应无电，在××设备上装设接地线。拆卸接地线的操作项目为一项，即拆除××设备的接地线。但都必须填用操作票。因为此两项操作都关系到人身安全，所以要谨慎操作。其中，装设接地线的操作如发生错误，就会发生带电装接地线，造成操作电工触电或烧伤以及电气设备损坏事故；误拆除接地线的危害也不小，当停电设备进行检修工作还未结束，工作地点两端导线没有了接地线时，如线路突然来电，检修人员就会触电伤亡。所以无论是装设接地线，还是拆除接地线必须填用操作票。装拆接地线应在监护下进行。

装设接地线必须由两人进行。若为单人值班，只允许使用接地开关接地，或使用绝缘棒合接地开关。装设接地线必须先接接地端，后接导体端，且必须接触良好。装接地线时，先把接地端接好。在切断电源、验明施工设备确无电压后，立即将接地线的各引线端接到施工设备的各相导体上。这样设备断开部分的剩余电荷、感应电荷可以因接地而放尽；设备突然来电时可顺接地线接地，以保证工作人员的安全。拆除接地线的顺序与上述相反，即先拆各相导体端，再拆接地端。拆接地线时，如先将接地线的接地端拆开，还未拆下接地线的短路线，这时若线路突然来电，操作人员的身体会带电，人体上有电流通过，将危及操作人员的人身安全。故装设或拆除接地线的操作顺序千万不可颠倒。接地线必须使用专用的线夹固定在导体上，严禁用缠绕的方法进行接地或短路。装、拆接地线均应使用绝缘棒、戴绝缘手套。

## 3-8 低压带电作业

📱 口诀

低压带电作业时，专人监护必须有。

穿绝缘鞋戴手套，长袖衣服安全帽。

使用绝缘柄工具，站绝缘物上操作。

金属刀尺均禁用，人体禁触两线头。

配电装置相地间，先做好隔离绝缘。

同杆架设高低压，防碰高压有措施。

分清相线中性线，断线先断开相线，

然后再断中性线，搭接导线恰相反。　　　　　　　　　　　(3-8)

📖 说明　在低压设备上带电作业是一项较为危险的工作。只有在特殊需要时，如停电会造成重要用电设备工作中断、引起较大的损失或危害时，才有必要带电作业。低压带电作业应由经过训练、考试合格的人员担任，并应由经验丰富的专人监护。对于低压带电作业，《电业安全工作规程》中有明确、详细规定。

低压带电作业应设专人监护，使用有绝缘柄的工具，工作时站在干燥的绝缘物上进行，并戴绝缘手套和安全帽，必须穿长袖衣工作，严禁使用锉刀、金属尺和带有金属物的毛刷、毛掸等工具。人体不得同时接触两根裸露线头。

在带电的低压配电装置上工作时，应采取防止相间短路和单相接地的绝缘隔离措施。高低压同杆架设，在低压带电线路上工作时，应先检查与高压线的距离，采取防止误碰带电高压设备的措施。在低压带电导线未采取绝缘措施时，工作人员不得穿越。上杆前应先分清相线（火线）、中性线（地线），选好工作位置。断开导线时，应先断开相线，后断开中性线；搭接导线时，顺序与此相反。

## 3-9 带电电流互感器二次回路上工作

📱 口诀

带电电流互感器，严禁二次侧开路。

短路二次绕组时，必须使用短路片。

工作谨慎有监护，不断永久接地点。

使用绝缘柄工具，站在绝缘垫上面。　　　　　　　　　　　(3-9)

📖 说明　在带电的电流互感器二次回路上工作时，应采取下列安全措施：严禁将电流互感器二次侧开路；短路电流互感器二次绕组，必须使用短路片或短路线，短路应妥善可靠，严禁用导线缠绕；严禁在电流互感器与短路端子之间的回路和导线上进行任何工作；工作必须认真、谨慎，不得将回路的永久接地点断开；工作时，必须有专人监护，使用绝缘工具，并站在绝缘垫上。

在运行中的电流互感器二次侧严禁开路，因为在正常运行情况下，虽然一次电流很大，但二次电流与一次电流相位差近于 $180°$，故二次电流的去磁作用很强。这样，一次电流中仅有极小一部分用于有效励磁，产生磁通。如果二次回路被突然开路，二次电流为零，使一次电流全部用于励磁，没有二次电流的去磁作用，致使铁芯中的磁通急剧增加（可达几十倍），绕在铁芯上的线圈温度随之升高，常会导致绝缘损坏，造成击穿短路。同时，因为二次绕组的匝数比一次绕组多很多，将在二次绕组中感应出很高的电压（其峰值可能达正常数值的几百倍），也会损坏电流互感器二次回路中的绝缘，并危及操作人员的安全。另外，由于互感器铁损增加，可能造成发热烧毁事故。

为了防止断线引起的电流互感器二次回路开路，二次回路应使用截面积不小于 $1.5mm^2$ 的绝缘铜线，不得使用铝芯线，更不得使用熔丝。所有接线端子都要可靠连接，并采用弹簧垫圈防止松开。电流互感器的二次回路和铁芯都应可靠接地，且不得随意断开永久接地点。

### 3-10 带电电压互感器二次回路上工作

 口诀

带电电压互感器，严防短路或接地。

绝缘工具戴手套，有关保护先停用。

装接临时负载时，专用开关熔断器。　　　　　　　　　　(3-10)

 说明　在带电的电压互感器二次回路上工作时，应采取下列安全措施：严格防止短路或接地，应使用绝缘工具、戴手套。必要时，工作前停用有关保护装置。接临时负载，必须装有专用的隔离开关和熔断器。

电压互感器在运行中，其二次侧回路不允许出现短路或短路接地。电压互感器在运行时，其二次负载是一些仪表和继电器的电压线圈，阻抗均比较大，所通过的电流很小。通常电压互感器的容量都不超过 1kVA，绕组的导线比较细，漏抗也比较小。当二次回路短路时，短路电流比正常时会大好几倍，造成熔断器熔体熔断，影响表计的指示和计量，还会引起保护误动作，甚至烧毁电压互感器。

电压互感器不可过载运行，最大容量是按照长期运行的允许发热条件给出的。因此超过此值后，电压互感器会发生过热现象而减少使用寿命；对仪用电压互感器来讲，二次侧所带的负载超过了额定负载，二次电压的准确度等级就降低了，这会影响仪表的测量结果，造成一些误判断。

### 3-11 挖掘电力电缆

📋 口诀

> 挖掘电缆线工作，必须填用工作票。
>
> 核对名称标示牌，安全措施作妥善。
>
> 有经验人在现场，交代清楚做指导。
>
> 堆土斜坡禁放物，沟边应留有走道。
>
> 挖出电缆接头盒，需要悬吊加保护。
>
> 接头平放不受力，平正移动接头盒。　　　　　　　(3-11)

📖 **说明**　电力电缆停电工作应填用第一种工作票，不需停电的工作应填用第二种工作票。工作前必须详细核对电缆名称、标示牌是否与工作票所写的符合，安全措施正确可靠后方可开始工作。

挖掘电缆工作，应由有经验的人员交代清楚后才能进行。挖到电缆保护板后，应由有经验的人员现场指导，方可继续工作。挖掘电缆沟前，应做好防止交通事故的安全措施。在挖出的土堆起的斜坡上，不得放置工具、材料等杂物。沟边应留有走道。

挖掘出的电缆或接头盒，如下面需要挖空，必须将其悬吊保护，悬吊电缆应每隔 1.0～1.5m 吊一道。悬吊接头盒应平放，不得使接头受到拉力。移动电缆接头盒一般应停电进行。如带电移动，应先调查该电缆的历史记录，由有敷设电缆经验的人员，在专人统一指挥下，平正移动，防止绝缘损伤。

### 3-12 挖掘杆坑

📋 口诀

> 线路施工挖杆坑，明确地下设施位。
>
> 地下管道及电缆，防护措施做完善。
>
> 组织外来人挖坑，交代清楚设监护。
>
> 交通道路居民区，设置围栏挂红灯。
>
> 坑深超过一米五，注意土石回落坑。

松软土质防塌方，实施加挡板撑木。

冻土石坑打眼时，检查钢钎锤把头。

打锤扶钎两个人，严禁面对面操作。

打锤不得戴手套，扶钎应戴安全帽。 (3-12)

📖 **说明** 《电业安全工作规程 电力线路部分》中明确规定："挖坑前，必须与有关地下管道、电缆的主管单位取得联系，明确地下设施的确实位置，做好防护措施。组织外来人员施工时，应交代清楚，并加强监护。在居民区及交通道路附近开挖的基坑，应设坑盖或可靠围栏，加挂警告标示牌，夜间挂红灯。在超过 1.5m 深的坑内工作时，向坑外抛掷土石要特别注意防止土石回落坑内（作业人员不得在坑内休息）。在松软土质处挖坑，应有防止塌方措施，如加挡板、撑木等（不得站立在挡板、撑木上传递土石或放置传递土石的工器具）。禁止由下部掏挖土层。进行石坑、冻土坑打眼时，应检查锤把、锤头及钢钎；打锤人应站在扶钎人侧面，严禁站在对面，并不得戴手套，扶钎人应戴安全帽。钎头有开花现象时，应及时更换或修理"。同时规定："塔脚检查时，在不影响铁塔稳定的情况下，可以在对角线的两个塔脚同时挖坑；变压器台架的木杆打帮桩时，相邻两杆不得同时挖坑；承力杆打帮桩挖坑时，应采取防止倒杆的措施"。

架空线路的电杆埋置深度，应根据电杆的材料、高度（长度）、承力和当地土质情况而定。一般 15m 及以下的水泥电杆，其基坑深度可按杆长的 1/6 计算（在没有特殊要求的情况下），但最少不得少于 1.5m。各种高度的单杆基坑深度参见表 3-1。电杆基坑由主坑（杆坑）及马道组成，如图 3-1 所示。在挖掘基坑之前，应先在中心桩后面（电杆起点方向为前，终点方向为后）半米左右打一桩（甲桩），在甲桩前面比基坑深度略多一点的地方打一乙桩（要明确甲、乙桩间地下设施的确切位置）。乙桩一侧的台阶也可切成斜面，称为马道，是为立杆方便而设，同时也方便于挖坑；马道级数可根据坑深确定，总的坡度应与地面成 45°。挖好的杆坑：人站在甲桩上，跨过坑看乙桩，坑必须正；最深的一点必须在甲乙桩的连线上；甲桩一侧的坑壁必须是直立的。坑中挖出的土分布在线路方向的两侧，甲乙桩附近不得有土（见图 3-1）。

表 3-1　　　　　　　　　水泥电杆埋置深度

| 杆长（m） | 8.0 | 9.0 | 10.0 | 11.0 | 12.0 | 13.0 | 15.0 |
|---|---|---|---|---|---|---|---|
| 埋深（m） | 1.5 | 1.6 | 1.7 | 1.8 | 1.9 | 2.0 | 2.3 |

拉线坑的形状与杆坑不同，拉线坑是在挖出一个正长方体的基础上，由中间向电杆方向开出一个细长形马道；马道由拉线位置桩向下倾斜，直至比坑底高出 200mm 左右为止（马道越窄越好，应尽量保证两旁土壤不被破坏）。开挖拉线坑时应注意：如图 3-2 所示，拉线的位置并不是拉线坑开挖的位置。拉线在地面的位置与本身在电杆上固定的高度相等，而拉线坑开挖位置比拉线位置远离电杆一个拉线坑深度。

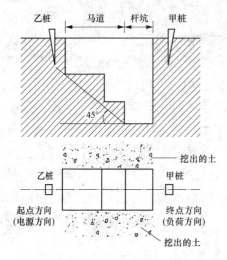

图 3-1　直线杆基坑开挖示意图　　　图 3-2　拉线位置与拉线坑开挖示意图

## 3-13　放线、撤线和紧线

口诀

> 放线撤线和紧线，指挥监护设专人。
>
> 信号统一且畅通，检查紧线工器具。
>
> 交叉跨越线路河，有关部门得同意。
>
> 搭好可靠跨越架，路口看护设专人。
>
> 紧撤线前须检查：拉线拉桩及杆根，
>
> 导线无障碍挂住，接头无卡住现象。
>
> 工作人员不跨线，不站导线内角侧。
>
> 严禁突然剪断线，进行松线或撤线。　　　　　　　　(3-13)

说明　放线、撤线和紧线工作，均应设专人统一指挥、统一信号（做到通信畅通，加强监护），检查紧线工具及设备是否良好。

交叉跨越各种线路、铁路、公路、河流等放撤线时，应先取得主管部门同意，做好安全措施，如搭好可靠的跨越架、在路口设专人持信号旗看守等。

紧线、撤线前，应先检查拉线、拉桩及杆根。如不能适用时，应加设临时拉绳加固。紧线前，应检查导线有无障碍物挂住。紧线时应检查接线管或接线头以及过滑轮、横担、树枝、房屋等有无卡住现象。工作人员不得跨在导线上或站在导线内角侧，防止意外跑线时被抽伤。

严禁采用突然剪断导线、地线的做法松线或撤线。

放线时应注意的问题：①放线时要逐条进行，不要使导线出现磨损、断股、"金钩"等情况。如出现磨损或断股，应及时做出标志，以便处理。②最好在电杆上或横担上挂置铝制的开口滑轮，把导线放在槽内，这样既省力又不磨损导线。用手放线时，要正放几圈反放几圈，不要使导线出现死弯。③放线若需跨过带电导线时，应将带电导线停电后再施工；如停电困难，可在跨越处搭跨越架子。④放线若通过公路，要有专人查看行人车辆，以免发生危险。⑤人工放线时，每人负重不应超过 25kg。

紧线时应注意的问题：①应检查导线是否在铝滑车中（小段紧线也可将导线放在针式绝缘子的顶部沟槽内，不许将导线放在铁横担上，以免磨伤）。②要有统一的指挥，要有明确的松紧信号（指挥人员应根据观测档对弧垂观测的结果，指挥松紧导线）。③要做到每基电杆有人，以便及时松动导线，使导线接头能顺利越过滑轮和绝缘子。

### 3-14　架空导线连接

💬 口诀

> 不同金属和绞向，不同规格的导线，
> 严禁在档内连接，否则会断股断线；
> 每档内每根导线，接头不超过一个；
> 接头距离固定点，不应小于半米长；
> 档内铝绞线连接，宜采用钳压方法；
> 档内铜绞线连接，插接或钳压方法；
> 档内导线连接点，机械强度不小于，
> 导线计算拉断力，零点九五的数值；
> 铜铝线跳线连接，采用线夹钳压法；
> 铜与铝跳线连接，用铜铝过渡线夹；
> 导线连接点电阻，等长导线的电阻。　　　　　（3-14）

📖 **说明** （1）DL/T 5220—2005《10kV 以下架空配电线路设计技术规程》规定了 10kV 及以下交流架空配电线的设计原则。其中，导线的连接应符合下列规定：不同金属、不同规格、不同绞向的导线，严禁在档距内连接；在一个档距内，每根导线不应超过一个连接头；档距内接头距导线的固定点的距离不应小于 0.5m；钢芯铝绞线、铝绞线在档距内的连接，宜采用钳压方法；铜绞线在档距内的连接，宜采用插接或钳压方法；铜绞线与铝绞线的跳线连接，宜采用铜铝过渡线夹、铜铝过渡线；铜绞线、铝绞线的跳线连接，宜采用线夹、钳压连接方法；导线连接点的电阻，不应大于等长导线的电阻；档距内连接点的机械强度，不应小于导线计算拉断力的 95%。

（2）不同金属的导线连接时，有如下严重缺陷：①膨胀不同步，温度变化时接头容易松脱。金属材料都有热胀冷缩的性质，但各种材料的伸缩性质是不同的。比如，温度升高 1℃时，铜的延伸长度是原长度的 $16 \times 10^{-6}$，而铝则是原长度的 $24 \times 10^{-6}$，也就是说铜比铝伸的长一些。显然若把铜、铝两种材料的导线连接起来时，当温度一变化接头就会松动，松动了的接头既降低了机械强度，同时也增大了接触电阻，降低了导电性能。②电化腐蚀严重。金属的化学稳定是不同的，比如铜、铝两种金属，在空气中的水、二氧化碳和其他杂质的作用下，会在铜铝接头处形成电解液，构成化学电池，铝容易失去电子成为电池的负极，铜是电池的正极。正、负极间就有电动势，其间就有电流通过，使铝逐渐被腐蚀，被腐蚀的铝线接触电阻增大，运行中造成高温过热，结果接头烧坏。

（3）不同规格的导线连接时，应力分配不一，易断线。在同一耐张段内导线的水平拉力是相同的。若在同一耐张段内有两种规格的导线，虽然它们所承受的水平拉力大小相等，但它们的应力却大不相等，大规格的应力小，小规格的应力大，结果小规格的导线可能出现机械过载断线。

（4）不同绞向的导线连接时，易造成松股断线。架空线路用的导线，都是由多股单线分层绞扭组成，每层有一定的绞扭方向，相邻两层的绞扭方向相反，而且规定最外层为右绞合。这样的组合绞线，若在耐张段内连接时，必须保证它们绞扭方向的一致性。否则会在运行中造成松股现象。一旦松股，则各股线的受力相差较大，会酿成断股、断线事故。

（5）导线钳压连接前，应选用合适的接续管。接续管的型号应与导线型号相符。同时应清除导线表面的污垢，清除长度应为连接部分的 2 倍，将连接部分的线股用绑线缠绕。准备就绪后，按照各导线型号的钳压压口及压后尺寸的规定画出钳压压口位置，并按操作顺序进行钳压。压接尺寸的允许误差为±0.5mm。钳压后导线端头露出长度不应小于 20mm，导线端头的绑线不应拆除。压接后的接续管不应有裂纹，弯曲度不应大于管长的 2%，否则应校直，校直后的接续管不应有裂纹。最后应在接续管两端出口处、合缝处外露部分涂刷油漆。

（6）为保证线路的安全运行，铝制跳线联板和并沟线夹在安装前应检查连接面是否平整。如果连接面不平，就会增大接触电阻，通过负荷电流时就会因过热而造成事故。为了减少表面接触电阻，安装前应将连接面用砂布打磨，然后用汽油清洗，等汽油干后，再涂上一层导电膏；或者将导线表面用汽油擦干净，涂上一层中性凡士林，再用细钢丝刷将表面的氧化物清除干净，再涂上一层导电膏。螺栓要拧紧，受力要均匀。并沟线夹的数量应符合设计要求，连接螺栓必须装弹簧垫圈，并拧紧。

### 3-15 巡视高压线路

**口诀**

> 巡视高压架空线，须有经验人担任。
>
> 新人夏暑大雪天、偏僻山区和夜间，
>
> 必须由两人进行。单人巡线禁攀登。
>
> 夜间沿线外侧走，风大上风侧前进。
>
> 事故巡线始到终，应认为线路带电。
>
> 发现导线断落地，设置障碍告行人，
>
> 远离断线点八米。速报领导等处理。　　　　　　　　（3-15）

**说明**　巡视检查电力线路分为定期巡视、夜间巡视、特殊巡视和故障后巡视。定期巡视是为了经常掌握线路各部件及周围环境的情况，以便及时发现和消除设备缺陷及不安全因素，预防事故发生，并确定线路检修内容。巡线工作应由有电力线路工作经验的人担任。新人员不得一人单独巡线，以免因经验不足而不能发现设备缺陷，或者由于不熟悉巡视路线而走错路。偏僻山区和夜间巡线必须由两人进行（夜间巡视是为了发现白天不易发现的缺陷，例如电线接头接触不良等）。暑天、大雪天，必要时由两人进行。单人巡线时，禁止攀登电杆和铁塔（以免因无人监护造成触电）。

夜间巡线应沿线路外侧进行；大风巡线应沿线路上风侧前进，以免触及断落的导线。

事故巡线（故障巡视是在发生故障后的巡视，目的是寻找故障地点及查明原因）应始终认为线路带电，即使明知该线路已停电，亦应认为线路随时有恢复送电的可能（在故障巡线时，应将所负责巡查的线段全部巡完）。

巡线人员发现导线断落地面或悬吊空中，应设法防止行人靠近断线地点8m以内，并迅速报告领导，等候处理（高压线的一相导线断头落地，线路即发生了接地故障，带电的导线通过落地点有接地电流流入地中。如有行人进入距接地点 8～10m 范围内，同时未穿绝缘靴，就会发生跨步电压触电的危险；如未戴绝缘手套、未穿绝缘靴去触及落地导线，就会发生触电的危险。在发现高压线路导线断落地面后，为了保证人身安全，首先应设法防止行人进入断线落地点 8～10m 内的范围。有条件时，最好能设置围栏，有人看守，然后通知有关部门和领导）。

### 3-16　　停电架空线路的验电

📝 口诀

停电线路工作段，装接地线先验电。

专人监护戴手套，合格专用验电器，

电压等级要相应，验电应逐相进行。

三十三万伏线路，可用合格绝缘棒，

逐渐接近裸导线，听其有无放电声。

联络开关需检修，应在其两侧验电。

同杆架设多层线，先验低压后高压，

先验下层后上层，先验近侧后远侧。　　　　　　　　　　(3-16)

📖 说明　　在停电线路工作地段装接地线前，要先验电，验明线路确无电压。验电要用合格的相应电压等级的专用验电器。验电时，应戴绝缘手套，并有专人监护。

330kV 及以上的线路，在没有相应电压等级的专用验电器的情况下，可用合格的绝缘棒或专用绝缘绳验电。验电时，绝缘棒的验电部分应逐渐接近导线，听其有无放电声，确定线路是否确无电压。

线路的验电应逐相进行（不能只验一相，以防某一相仍然有电压，发生触电事故）。检修联络用的断路器（开关）或隔离开关（刀闸）时，应在其两侧验电。

对同杆塔架设的多层电力线路进行验电时，先验低压，后验高压，先验下层，后验上层，先验近侧，后验远侧。在同杆塔架设的多层电力线路或三相导线垂直排列的线路上，验电时，应先验下层的导线，后验上层的导线，禁止操作人员穿越未经验电、接地的 10kV 及以下线路而对上层线路进行验电。因为先验上层的导线时，如果下层的导线有电，则可能使验电人员触电，造成人体触电事故。只有先验下层的导线，验证无电后，方可验上层的导线。在验电时，还要先验距人体较近的导线，后验距人体较远的导线。如先验距人体较远的导线，容易触碰距人体较近的未验电的导体，此时可能会使验电者触电。在同杆塔架设的上、下层线路上进行验电、装设接地线操作时，应当在验证下层线路无电压后，立即在三相导线上挂设接地线。然后再在上层线路上进行验电，无电压后，在三相导线上挂设接地线。不应当连续在上下层线路上同时验电，无电压后再连续在上下层导线上分别挂设接地线。

### 3-17　填写倒闸操作票

📨 口诀

倒闸操作进行前，填写倒闸操作票。

操作人员来填写，应用钢笔圆珠笔，

票面清楚且整洁，不允许任意涂改。

每一个操作任务，填写一张操作票。

电气操作项目栏，写设备双重名称。

操作人和监护人，在操作票上签名。　　　　　　　　　(3-17)

📖 说明　(1) 倒闸操作应使用倒闸操作票。倒闸操作必须根据值班调度员或值班负责人命令，受令人复诵无误后执行。发布命令应准确、清晰、使用正规操作术语和设备双重名称（即设备名称和编号）。发令人使用电话发布命令前，应先和受令人互报姓名。值班调度员发布命令的全过程和听取命令的报告时，都要录音并做好记录。倒闸操作由操作人填写操作票。操作票应用钢笔或圆珠笔逐项填写，票面应清楚整洁，不得任意涂改。操作票要填写设备双重名称（即设备名称和编号）。操作人和监护人应根据模拟图或接线图核对所填写的操作项目，并分别签名，然后经运行值班负责人审核签名。每张操作票只能填写一个操作任务。

同一变电所的操作票应事先连续编号，操作票按编号顺序使用。作废的操作票，应注明"作废"字样，未执行的应注明"未执行"字样，已操作的应注明"已执行"字样。操作票应保存一年。

（2）在电工管辖下的电气设备，可分为四种不同使用状态：运行、热备用（指线路充电而没有负荷）、冷备用（指线路停电可随时送电）、检修。为了将这些电气设备由一种使用状态转换到另一种使用状态，断路器和隔离开关就需要进行一系列的操作，这种操作叫倒闸操作。倒闸操作主要是指拉开或合上某些断路器和隔离开关，同时还应包括断开或投入某些交直流操作回路，改变继电保护装置和自动装置的运行方式，拆除及安装临时接地线等。

电气操作项目（即步骤）不超过三项（包括第三项），可不填写操作票。这里所说的项是指以下操作项目：拉开断路器、拉开隔离开关、合上断路器、合上隔离开关、验电、挂接地线、拆接地线、取下熔断器、投入熔断器（这里不包括检查项目）。配电室线路断路器，一般在开关电源侧或负荷侧仅一侧装有一组隔离开关，如按两侧隔离开关计算，一条线路停电或送电，共有三项操作，故以此为界限，未超过这三项项目操作可不填写操作票，超过上述三项项目则填写操作票。但凡有挂接地线或拆除接地线的操作，均必须填写操作票（因挂、拆接地线是一项关系到人身安全的操作，所以要谨慎操作，其中特别是挂接地线的操作，如发生错误，就要发生带电挂接地线，造成操作电工触电或烧伤以及电气设备的损坏事故。误拆除接地线的危害也不小，当停电设备进行检修工作还未结束、工作地点两端导线没有挂接地线，这时，如线路突然来电，检修人员就会触电伤亡）。此外，事故应急处理可根据值班调度员的命令进行倒闸操作，可不填写操作票。但事故处理后的一切善后操作，仍应按正常情况下的程序进行。

### 3-18　架空线路装设接地线

口诀

<blockquote>
检修线路已停电，验明确实无电压。

各工作地段两端，可能反送电支线。

挂置成套接地线，严禁用导线替代。

若有感应电反映，增挂几组接地线。

装设接地线程序：先连接安接地端，

然后再接导线端。拆线顺序恰相反。

同杆架设多层线，挂置接地线次序：

先低压来后高压，先挂下来后挂上。

采用临时接地棒，入地深度点六米。　　　　　(3-18)
</blockquote>

📖 **说明** 在实践活动中，人们发现大地好似一个包容、中和一切电子的大容器，不论是多高的电压、多大的电流，无论是交流电还是直流电，流到地下就中和了，变为零电位（真正零电位是在离接地点 20m 以外的地方）。因此人们把电气设备的金属外壳接地，目的是为了保证人身、设备的安全，防止设备金属外壳意外带电造成触电事故。同理，为了保证在架空线路上检修作业人员的安全，工作前应做好停电、验电、装设接地线等技术措施。在《电业安全工作规程》中还规定了如何装设接地线，挂、拆接地线的操作顺序。在检修线路上挂接或拆除接线的操作顺序千万不可颠倒，否则将危及操作人员的人身安全，甚至会造成人身触电事故。

线路经过验明确实无电压后，各工作班（组）应立即在工作地段两端装设接地线。凡有可能送电到停电线路的分支线（包括用户）也要挂置接地线。若有感应电压反映在停电线路上时，应加挂接地线。同时要注意在拆除接地线时，防止感应电触电。挂接地线时，应先接接地端，后接导线端，接地线连接要可靠，不准缠绕。拆接地线时的程序与此相反。装、拆接地线时，工作人员应使用绝缘棒，人体不得碰触接地线。同杆塔架设的多层电力线路挂接地线时，应先挂低压后挂高压，先挂下层后挂上层。若杆塔无接地引下线时，可采用临时接地棒，接地棒在地面下深度不得小于 0.6m。接地线应有接地和短路导线构成的成套接地线。成套接地线必须用多股软铜线组成，其截面积不得小于 25mm²，同时应满足装设地点短路电流的要求［此项规定应全面、正确地理解，否则会导致不管系统电压高低、短路电流大小、继电保护动作时间长短等，全厂（所、站）统统使用 25mm² 接地线。这是不科学的，也是违反《安规》的。携带型成套接地线的配置，应能承受悬挂点在本系统最大运行方式下的最大短路电流，当不解除重合闸时，还应考虑第二次短路电流的冲击对接地线额定短路电流值的影响。也就是说接地线的选型，主要是确定接地线的截面。要符合 DL/T 879—2004《带电作业用便携式接地和接地短路装置》中的规定］。严禁使用其他导线作接地线或短路线（俗称自制接地线）。

电工作业实践和电工理论分析证实，采用装设成套三相短路接地线的保安措施，当电源侧因误操作合闸送电而造成对停电检修线路三相同时突然来电时，接地线可使工作地段仍保持为大地电位（三相金属性短路点为电气零电位，这与电源三相对称时，连接成星形的对称负载的中性点电位等于零一样）；接地线还可以促使电源侧断路器迅速跳闸，断开电源。但对单相或两相不对称来电，以及两线一地制系统的突然来电，并不能起到理想的保安作用常会发生触电事故。两线一地制系统的特点是正常时以大地作为一相导线，接地相的工作电流平时经大地构成回路。工作班在工作地段两端装设了接地线，当电源侧断路器误合闸送电时，虽然线路上挂有短路接地线，但由于电源侧已有一相直接接地，因此对系统来说相当于发生了三相短路故障，只是接地相的短路电流是流经大地构成回路，如图 3-3 所示。流经大地的故障电流，将在接地线的接地电阻上产生一个压降，此压降即为作用在停电线路上的对地电压。故障电流的大小和系统结构及接地线的安装地点等有关，估算短路电流约数百安，取接地电阻为 $10\Omega$，则接地线上所产生的残压可达数千伏。显而易见，如此高的残压作用在工作线路上肯定是十分危险的。也就是说，接地线是电气工作人员的保安线，但并不像有的同志所想象的那样是"保命线"。即在架空线路上检修时，不能只单纯依赖接地线，必须同时抓好预防发生突然来电的其他有关措施，只有做好这两方面的工作，才能有效地防止触电伤亡事故的发生。

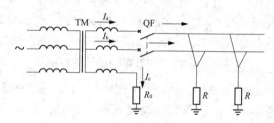

图 3-3　两线一地制停电检修线路示意图

$R_0$—两线一地制工作接地电阻；$R$—接地线的接地电阻

### 3-19　带电断、接空载线路引线

口诀

> 检修电力线路时，带电断或接引线。
> 严禁带负荷操作。确认系空载线路：
> 线路终端断路器，隔离开关已断开；
> 接入路侧变压器，电压互感器退出。
> 查明线路绝缘好，相位确定无差错。
> 消弧措施做妥当，操作人戴护目镜。
> 触及感应带电线，预防电击有措施。
> 实施单线操作法，制止引流线摆动。
> 严禁同时触两头，防人体串入电路。

(3-19)

📖 **说明** 在不停电的电气设备上采用等电位、中间电位和地电位方式进行工作，称为带电作业。参加带电作业的人员，应经专门培训，并经考试合格、企业书面批准后，方能参加相应的作业。带电作业工作票签发人和工作负责人、专责监护人应由具有带电作业实践经验的人员担任。监护人不得直接操作。监护的范围不得超过一个作业点。具体在带电断、接空载线路引线时，必须遵守下列规定。

（1）带电断、接空载线路时，必须确认线路的终端断路器（开关）或隔离开关（刀闸）确已断开，接入线路侧的变压器、电压互感器确已退出运行后，方可进行。严禁带负荷断、接引线。

（2）在查明线路确无接地、绝缘良好、线路上无人工作且相位确定无误后，才可进行带电断、接引线。

（3）带电断、接空载线路时，作业人员应戴护目镜，并应采取消弧措施。消弧工具的断流能力应与被断、接的空载线路电压等级及电容电流相适当。如使用消弧绳，则其断、接的空载线路的长度不应大于表 3-2 的规定，且作业人员与断开点应保持 4m 以上的距离。

表 3-2　　　　　　　使用消弧绳断、接空载线路的最大长度

| 电压等级（kV） | 10 | 35 | 63（66） | 110 | 220 |
|---|---|---|---|---|---|
| 长度（km） | 50 | 30 | 20 | 10 | 3 |

**注**　线路长度包括分支在内，但不包括电缆线路。

（4）带电接引线时未接通相的导线及带电断引线时，已断开相的导线将因感应而带电。为防止电击（当人体直接接触带电导线或设备的带电部分时，电流通过入体，对人体内部组织造成的伤害，称为电击），应采取措施后才能触及。

（5）严禁同时接触未接通的或已断开的导线两个断头，以防人体串入电路。带电断、接空载线路时，应采取防止引流线摆动的措施（如图 3-4 所示，紧急情况下带电断开绝缘照明线时，断开点应在导线固定点的负荷侧）。

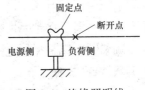

图 3-4　绝缘照明线
断开点示意图

口诀中单线操作法，是指在检修工作中，人体在任何时间和情况下，都不可分别触及两个线头或两个接线端子，操作时必须一个线头、一个线头进行。凡是有可能因不慎而触及的邻近带电裸导体，必须预先加以遮护措施。这样就可避免形成两线间的触电回路；避免人体串入电路而形成触电回路。在电工带电作业时，易发生触电事故。如果一只手操作，即

使发生触电事故，触电电流一般不会流经心脏，故不会造成很快死亡。两只手操作，如果触电电流由一只手流到另一只手，电流必经过心脏，很快会造成死亡。此外据医生考证，用右手操作时一旦触电，其电流只在心脏边缘穿过，危险性要轻得多。因此，电工带电作业时应养成只用右手操作的习惯。

### 3-20　电气设备的电气测量工作

💬 **口诀**

> 测量工作有规定，至少两人同进行。
>
> 测量需在夜间行，应有足够的照明。
>
> 测量人员应熟悉，测量安全的措施；
>
> 应了解仪表性能、正确接线使用法。
>
> 杆塔配变避雷器，测量其接地电阻，
>
> 线路带电情况下，接地引线要处理，
>
> 解开或者恢复时，必须戴绝缘手套。
>
> 测量配变低压侧，还有低压线电流，
>
> 可用钳形电流表，不触及带电部分。
>
> 线路带电运行时，测量导线垂直距，
>
> 必须使用测量仪，或绝缘测量工具。　　　　　(3-20)

📖 **说明**　直接接触电气设备的电气测量工作，至少应由两人进行，一人操作，一人监护。在夜间进行测量工作，应有足够的照明。测量人员应了解仪表的性能、使用方法和正确接线，熟悉测量的安全措施。

　　杆塔、配电变压器和避雷器的接地电阻测量工作，可以在线路和设备带电情况下进行。解开或恢复电杆、配电变压器和避雷器的接地引线时，应戴绝缘手套。严禁直接接触与地断开的接地线。

　　测量低压线路和配电变压器低压侧的电流时，可使用钳形电流表。但应注意不触及其他带电部分，以防相间短路。

　　带电线路导线的垂直距离（导线弛度、交叉跨越距离），可用测量仪或使用绝缘测量工具测量。严禁使用皮尺、普通绳索、线尺（夹有金属丝者）等测量带电线路的垂直距离。

### 3-21　架空线路附近砍伐树木

💬 **口诀**

> 线路附近砍伐树，应设监护人监护。

线路带电情况下，砍伐靠近线路树，

负责人在作业前，必须向大家说明：

线路有电禁登杆，树枝绳索禁触线。

上树砍剪注意蜂，必须使用安全带。

不抓脆弱枯死枝，不登砍过未断枝。

人和绳索与导线，保持足够安全距。

为防树枝落线上，砍前先用绳绑控，

拉向与线反方向，绳索应有足够长。

树枝落触高压线，严禁用手直接取。

砍剪树木的下面，监护禁止人逗留。 (3-21)

📖 **说明**　在线路带电情况下，砍伐靠近线路的树木时，工作负责人必须在工作开始前，向全体人员说明：电力线路有电，不得攀登杆塔；树木、绳索不得接触导线。砍伐树木作业尽量安排在线路停电情况下进行，以免触电或造成短路接地，或将导线砸断，造成直接接地。砍树作业应有监护人监护。在线路带电的情况下砍伐靠近线路的树木，工作负责人必须向全体作业人员说明线路有电，包括电压等级；并要布置有效、可靠的安全措施，确保作业人员的安全。

上树砍剪树木时，不应攀抓脆弱和枯死的树枝。人和绳索应与导线保持安全距离。应注意马蜂，并使用安全带。砍伐树木作业应携带必要的药品，以防马蜂刺伤。上树前应观察有无蜂窝，并确定站立位置及修剪方法。砍剪树枝时，禁止把安全带拴挂在与被锯、砍树枝关联的树杈上。不应攀登已经锯过的或砍过的未断树木。

为防止树木（树枝）倒落在导线上，应设法用绳索将其拉向与导线相反的方向。绳索应有足够的长度，以免拉绳的人员被倒落的树木砸伤。在线路导线两侧修剪树木时，应注意树枝掉落方向，当有可能掉落在导线上时，应事先加绳索控制。地上拉系绳索的作业人员，应听从指挥且用力一致，除避免树枝落在导线上外，还要注意防止砸伤作业人员及其他物品。树枝接触高压带电导线时，严禁用手直接去取。

砍剪的树木下面和倒树范围内应有专人监护，不得有人逗留，防止砸伤行人。在居民区或交通要道旁进行砍树作业时，应有监护人监护，除监护树上作业人员的安全外，必须防止砸伤行人及其他物品。砍树后的树枝应及时清理，以免造成交通堵塞或事故。

砍树作业应与当地绿化部门协调一致，以免误会。

## 3-22　电力电缆线路耐压试验

💬 **口诀**

> 耐压试验电缆线，用第一种工作票。
>
> 名称标记核对准，安全措施确可靠。
>
> 拆除电缆接地线，征得许可人许可。
>
> 试验加压端现场，装设遮栏或围栏。
>
> 另端悬挂警告牌，并派人看守监护。
>
> 操作人站绝缘垫，并戴好绝缘手套。
>
> 分相进行试验时，另外两相应接地。
>
> 试验过程换引线，被测电缆先放电。
>
> 试验结束放尽电，拆除自装接地线。
>
> 恢复原装接地线，查看无异再清场。　　　　　(3-22)

📖 **说明**　在人口密集的地区和城市中，用架空线路不够安全，需采用电缆线路馈送电力。电力电缆线路通常埋设在地下，不易遭到外界的破坏和环境影响，故障少、安全可靠。但是电缆线路工程施工比较复杂，造价较高，维修比较麻烦。

电力电缆的交接验收试验是指对新安装或大修后的电缆线路进行试验，其目的是鉴定电力电缆本身及其安装或大修的质量，以判断电力电缆线路能否投入运行。电力电缆的预防性试验是为了保证电力系统的安全运行，预防电力电缆损坏，通过试验手段、掌握电力电缆的"情报"，从而进行相应的维护、检修甚至更换，是防患于未然的有效措施。

电力电缆的耐压试验，通常以 4～5 倍于电缆额定电压的直流电压连续通电 5min 进行耐压试验（有时也进行工频交流耐压试验），能发现电缆的局部受潮、局部缺陷。电力电缆线路耐压试验时，应采取的安全措施如下。

（1）电力电缆线路耐压试验应填用第一种工作票。耐压试验前，首先必须详细核对电缆名称、标示牌是否与工作票所写的符合，安全措施正确可靠。要拆除电缆接地线时，应征得工作许可人的许可方可进行操作；工作完毕后立即恢复。电力电缆线路耐压试验加压端现场，应装设遮栏或围栏、悬挂"止步！高压危险！"标示牌，防止非工作人员误入试验场所。电缆线路另一端应挂上警告牌，并派人看守。

（2）耐压试验操作人应站在绝缘垫上，在全部加压过程中，应精力集中、不得与他人闲谈，随时警戒异常现象的发生。电缆的试验过程中，更换试验引线时，应先对电缆进行充分放电，作业人员应戴好绝缘手套。电缆耐压试验分相进行时，另外两相电缆芯线应接地。

（3）电力电缆线路耐压试验结束时，应对被测试电缆进行充分放电，并在被试电缆上加装临时接地线，待电缆尾线接通后才可拆除。恢复电缆原装设的接地线，对被测试的电缆进行检查并清理现场。

### 3-23　两台电力变压器并联运行四条件

📝 口诀

变压器并联运行，必须满足四条件。

额定电压比相等，联结组标号相同。

阻抗电压要一致，容量不超三比一。　　　　　　　　　　（3-23）

📖 说明　实施变压器并联运行可充分利用变压器的容量，在用电负荷较小、低于其中一台的容量时，可停用其中一台。这样就提高了变压器的效率，保证了变压器经济运行。理想的变压器并联运行条件是：额定电压比相等；联结组标号相同，且相序相同；阻抗电压接近相等；变压器的容量比不大于 3 : 1。下面分析不满足条件时出现的问题及严重性。

（1）电压比不相等的变压器并联运行时，变压器之间有循环电流产生，电流的大小与电压比的差成正比，严重时将使变压器损坏，微小的差别也将影响变压器的输出功率，增加变压器的负载损耗。另外，并联运行的变压器除电压比必须相等外，一、二次侧的额定电压也必须相等。

（2）当不同联结组标号的变压器在一次侧送入同一电源后，其相应的二次侧端子上将存在着相位差（为 30°的倍数），产生循环电流，可达数倍的额定电流，危害变压器的运行。因此联结组标号不同的变压器是不允许并联的。

（3）阻抗电压不相等时，并联运行的各变压器负载电流的大小与它自身的阻抗成反比，阻抗电压大的变压器负载电流小，阻抗电压小的变压器负载电流大。即阻抗电压小的变压器满负荷时，阻抗电压大的一台处于低负荷，得不到充分利用。反过来讲，阻抗电压大的一台满负荷时，阻抗电压小的一台将处于过负荷。实际上，同一设计的两台变压器，由于制造的公差，其阻抗电压有所差异，但阻抗电压差值不太大时，对负荷电流的分配影响不显著。一般规定阻抗电压数值误差在 ±10% 范围内可以并联运行。

（4）并联运行的变压器，单台容量之比以不超过 3：1 为宜（容量比例是从并联、解列、检修、备用、经济运行等方面综合考虑的）。因为各台变压器之间的容量相差过大，往往易造成负荷分配不合理，即一台变压器已经过负荷，而另一台变压器却还未满负荷，使装设的变压器总容量得不到充分利用。

## 3-24 柱上式变压器台的安装要求

💬 **口诀**

> 柱上式变台安装，台底距地两米半。
>
> 保持水平不倾斜，一比一百斜度限。
>
> 进出采用绝缘线，根据容量定截面。
>
> 铜线最小一十六，铝线最低二十五。
>
> 两侧各装熔断器，器地保持安全距。
>
> 高压最小四米五。低压不低三米半。　　　　　　　　　　（3-24）

📖 **说明** 电网末级变电采用柱上式变压器台（单柱式变压器台、双柱式变压器台，此外根据实际需要还有三杆式变压器台）的较多，它广泛应用于城镇非热闹区、农村和大型工矿企业中，具有结构简单、投资少、不占地面，布点方便和施工简单等特点。但变压器容量较小，一般不得超过400kVA。

双柱式变压器台（见图 3-5），又称 H 形变压器台（双柱式变压器台在多

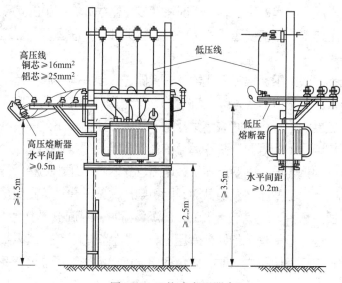

图 3-5　双柱式变压器台

台变压器并列运行时，尤为适用）。100~400kVA 的配电变压器，用双柱式变压器台较多。双柱式变压器台由一根主杆和一根副杆构成支柱，两杆间用条槽钢夹住，即形成安装配变压器的承座。承座底面距地面的垂直距离应不小于 2.5m，一般为 2.5~3m；承座两端高度差与两端水平距离的比值，即平面坡度应小于 1/100（台板用 25mm 厚的木板做成）。

柱上式变压器的一次和二次（即高压和低压）引接线要采用架空绝缘线，其截面积应按变压器的容量来选择，但一次侧所用的导线截面积不应小于如下规定：铜芯导线 $16mm^2$，铝芯导线 $25mm^2$。一次和二次都是安装熔断器保护。高压跌落熔断器底部距地面的垂直距离最小为 4.5m（一般跌落式熔断器架至变压器台承座之间为 1.8m），低压侧的熔断器距地面高度不应小于 3.5m。

### 3-25 同杆架设多回路低压线路横担间垂距

**口诀**

同杆低压多路线，必须来自同电源。

同杆架设多回路，横担间垂直距离：

直线电杆点六米；分支转角点三米。

强电下面架弱电，横担垂距一米半。 (3-25)

**说明**　低压架空线路上的角铁横担，一般采用 50mm×50mm×6mm 的角铁横担，但在终端、转角电杆或架设的导线截面积在 $50mm^2$ 以上时，应采用 65mm×65mm×8mm 的角铁横担；单相线路可采用 40mm×40mm×5mm 的角铁横担。

同杆架设多回路低压线路横担之间的最小垂直距离，DL/T 5220—2005 规定：

（1）同杆架设低压多条路线，为保证安全必须来自同一电源。

（2）多条回路的低压线路同杆架设时，为了避免各线路之间相碰发生短路，各回路用的横担之间必须保持一定的垂直距离。

（3）横担之间垂直距离的最小值：对于直线杆，应为 0.6m；对横担较多的分支杆和转角杆可以适当减少，但不得小于 0.3m。

（4）为了节约投资，当要在低压（俗称强电）线路电杆上架设弱电线路（例如广播、电话、有线电视）时，低压电力线路应在弱电线路上方，并且两者横担之间必须保持 1.5m 及以上的垂直距离。

### 3-26　低压架空裸导线对地面的最小净距离

**口诀**

低压架空裸导线，对地最小净距离。

具体区域规定米，六五四三依次取。

城镇村庄居住区，车辆农机常到区。

交通很困难区域，步行可到山坡梁。

山崖峭壁人难到，最小净距是一米。　　　　　　　　(3-26)

**说明**　在设计施工低压架空线路时，导线与地面的距离，应根据最高气温情况或覆冰情况求得的最大弧垂和最大风速情况计算。计算上述距离，不应考虑由于电流、太阳辐射以及覆冰不均匀等引起的弧垂增大，但应计算导线初伸长的影响和设计施工的误差。

低压架空裸导线对地面的最小垂直距离应确保地面人员及其他动物安全的前提下确定。具体数据在 DL/T 5220—2005《10kV 以下架空配电线路设计技术规程》和 DL/T 499—2001《农村低压电力技术规程》中均有明确规定。根据线路所经地域的不同，规定有 6、5、4、3m 四个档次：①居民区——城镇、工业企业地区、港口、码头、车站等人口密集区为 6m；②非居民区——上述居民区以外的地区，虽然时常有人、有车辆或农业机械到达，但未建房屋或房屋稀少的地区为 5m；③交通困难地区——车辆、农业机械不能到达的地区为 4m；④步行可以到达的山坡为 3m。此外，对于步行不能到达的山坡、峭壁和山崖，规定为 1m。

### 3-27　直埋敷设电缆的施工要求

**口诀**

直埋敷设电缆线，沟深超过冻土层。

一般最浅点七米，机耕农田须一米。

沟底良好软土层，否则铺层细沙土。

地势高低有起伏，沟底顺势要平缓。

拐转弯曲率半径，电缆外径十五倍。

电缆上盖层细土，然后覆盖保护板。

回填素土须夯实，地面路径设标桩。　　　　　　　　(3-27)

**说明**　电缆直埋敷设比其他敷设方式简单、方便、投资省、电缆散热条件好、施工周期短，电缆直埋敷设常用于室外无电缆沟贯通的场所。直埋敷设电缆时应满足如下要求：

（1）按施工图所标走向，在地面上用石灰粉划出沟宽、走向的双道平行线。电缆的埋设深度，即直埋电缆沟的开挖深度要超过当地最冷年度冻土的厚度（冻土层之下），一般情况沟深不少于 0.7m。这是因为塑料护套和绝缘导线的绝缘层在温度变化较频繁和幅度较大的情况下，会变硬变脆，甚至会出现龟裂，加速老化，从而绝缘性能大幅度降低。而在冻土层以下时温度变化较缓慢，所以对延长电缆绝缘的使用寿命有利。直埋电缆沟经过机耕农田时，为确保机耕时不会伤害电缆，沟深须达到 1m 以上。

（2）直埋电缆沟的沟底要有良好的软土层，须平整、无坚硬物质。否则应在沟底铺一层厚 100mm 的细土或细砂子。

（3）在地势高低不平的地带，直埋电缆沟应顺势抬高和降低，并且在抬高或降低的转折处要做成大圆弧形，以利于平缓地过渡，避免对电缆的折曲损伤。这里需指出：油浸纸绝缘电力电缆敷设时如高低差过大，会造成油压差过大，使低处外包破裂，易造成低处电缆头密封困难；电缆高处缺油枯干，使绝缘性能降低，甚至在运行中击穿。所以垂直或沿陡坡倾斜敷设的 6～10kV 黏性浸渍纸绝缘电缆，其高低差不能超过 15m。

（4）电缆线路走向转弯时，因电缆转弯时的曲率半径为电缆外径的 15 倍（纸绝缘铅包电缆塑料护套电缆是 8 倍），所以直埋电缆沟要挖成弧形弯，确保敷设电缆转弯时的曲率半径达到规定的电缆外径倍数值。另外注意：冬季电缆敷设时要预先加热。因为在冬季低温下，由于浸渍纸绝缘内部油的黏度增大，润滑性降低，使电缆变硬而不易弯曲。

（5）电缆敷设后，上面覆盖一层厚 100mm 的细土，然后再覆盖预制好的混凝土保护板，回填素土，夯实。在地面上按规定，沿电缆直埋路径装设标桩、警告标志。

## 3-28  高压户外式穿墙套管的安装

🗨 **口诀**

高压穿墙瓷套管，两端形状不相同。

凹凸波纹形状端，必须装置于户外。　　　　　　　（3-28）

📖 **说明**　高压户外式穿墙套管的两端工作环境不同，一端处于户外，工作环境恶劣，把瓷套做成凹凸的波纹形状，有以下三点好处：①增加了表面长度，增加了沿面泄漏距离，而且每一个波纹又起到阻断电弧的作用，提高了套管的滑闪电压；②在大雨天时，波纹起到了阻断水流的作用，大雨冲下的污水不会形成水柱而引起接地短路；③尘污降落在瓷套上时，在凹凸的波纹各处将分布不均匀，因此在一定程度上能保证瓷套的耐压强度。另一端处于户内，为便于制造和降低成本，没有必要做成凹凸的波纹形状。为保证户外式穿墙套管的安全运行，在安装时必须把有凹凸波形的一端装于户外。

### 3-29　母线涂色漆标准和作用

**口诀**

> 母线涂色漆标准，直流蓝负赭红正。
>
> 交流相序黄绿红，接地中性线紫色。
>
> 白不接地中性线，紫底黑条保护线。
>
> 母线涂漆作用大，识别相序防腐蚀。
>
> 增大了辐射能力，改善了散热条件。
>
> 引起注意防触电，提高允许载流量。　　　　　　　　　　　(3-29)

**说明**　母线是各级电压变配电装置的中间环节。从电源来的电流首先集中到母线上，再从母线分配到各条线路去供用户使用。由于母线的汇集、分配和传送电能的作用，故在发电厂和变电站各电压等级的变配电装置中均占有重要地位。

为了便于识别相序和防止腐蚀，裸母线表面都涂上了不同颜色的油漆，母线的涂色漆标准见表3-3。此外，涂漆还可增加辐射能力，改善散热条件，允许载流量提高12％左右。同时还可以引起人们注意，以防触电。裸母线涂漆时在母线的各个连接处和距离连接处10cm以内的地方，以及涂有温度漆（测量母线发热程度的变色漆）的地方不应涂漆。凡是间隔内的硬母线均要预留50～70mm的长度不应涂漆，以供停电检修时挂接临时接地线之用。

表 3-3　　　　　　　　　　　　　　　　母线的涂色漆标准

| 涂漆颜色 | 黄 | 绿 | 红 | 赭（红） | 蓝 | 白 | 紫 | 紫底黑条 |
|---|---|---|---|---|---|---|---|---|
| 母线类别 | 交流第一相 L1（A） | 交流第二相 L2（B） | 交流第三相 L3（C） | 直流正极＋ | 直流负极－ | 不接地中性线 N | 接地中性线 NE | 保护接地线 PE |

### 3-30　交流母线的排列方式和位置

**口诀**

> 配电屏柜内母线，屏前看去的方位。
>
> 交流第一二三相，垂直排列上中下。
>
> 水平排列两规律，后中前和左中右。　　　　　　　　　　　(3-30)

📖 **说明** 成套配电装置高压开关柜和固定式低压配电屏中所装置的三相交流电源母线，都是按规定的顺序排列的。矩形母线的排列方式有以下几种：

（1）平放水平排列。变配电站内的主母线通常都水平放置于柜（屏）顶的支持绝缘子上，其中心距为 250mm（载流量为 2000～3000A 的母线中心距为 350mm）。平放水平排列的优点是母线对短路时产生的电动力具有较强的抗弯能力，缺点是散热稍差。

（2）立放水平排列。优点是散热好，缺点是抗弯能力差。

（3）立放垂直排列。优点是散热好，抗弯能力也强，但增加了空间高度。

（4）三角排列。手车式高压开关柜采用这种排列方式，可减少开关柜的深度和高度，布置也显得比较紧凑。

各种排列方式时母线的排列位置及相别见表 3-4。

表 3-4　　　　　　　　　　　母线的排列位置及相别

| 相别 | 母线排列位置（自屏前向母线看去的方向） | | |
|---|---|---|---|
| | 垂直排列 | 水平排列 | |
| 交流第一相（L1） | 上 | 后 | 左 |
| 交流第二相（L2） | 中 | 中 | 中 |
| 交流第三相（L3） | 下 | 前 | 右 |

## 3-31　电焊机二次绕组的接地或接零

💬 **口诀**

> 电焊机二次绕组，焊件与其相接端。
> 必须接地或接零，要求接点只一个。
> 实施正确接线法，以免烧坏保护线。
> 二次绕组和外壳，设置独立接地体。
> 焊件已接地或零，绕组不再接地零。　　　　　　（3-31）

📖 **说明** 焊接安全技术中明文规定：电焊机外壳、二次绕组与焊件相接的一端必须接地或接零。有些电工认为电焊机外壳应该接地或接零，但二次绕组则不必。其理由是交流电焊机的一次绕组和二次绕组相当于一台隔离变压器，对隔离变压器来说，二次绕组是不应该接地或接零的。

对隔离变压器来说，二次绕组的确不应该接地或接零，并要求二次绕组的任何一根引出线对地应该绝缘。唯有这样做，才能保证使用者接触二次绕组的任何一根线都不会发生触电事故。然而电焊机与隔离变压器的使用有一个根本不同的地方，即焊件对地往往是不绝缘的。因此电焊机的搭铁线和焊件相接后，二次绕组对地也就不绝缘了。由于二次绕组的空载电压高达 70～80V，因此在焊接时必须戴好绝缘手套、穿好绝缘鞋才能工作。

电焊机二次绕组接地或接零的目的，不仅仅是为了防止二次绕组的空载电压对人的损伤，事实上，二次绕组的接地或接零也不能完全防止二次绕组空载电压可能对人引起的伤害。焊接安全技术中对此做了如下说明：当一次绕组绝缘击穿，一次侧电压窜到二次绕组时，这种接地或接零保护就能保证焊工的安全。因此，如果在电焊机的一次侧加装漏电开关，就可得到更可靠的安全保证。

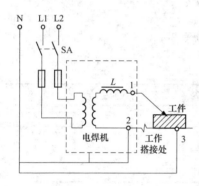

图 3-6　焊机二次回路与工件的
接零点不在同一处

电焊机二次绕组的接地或接零必须正确，如接法不对，往往会把保护线烧坏，甚至因过热而引起火灾。图 3-6 是一种常见的错误接法：电焊机二次回路接零，工件本身也采用保护接零，且接零点不在同一处。于是电焊机二次回路的焊接电流有两条通道：一条由电焊机二次回路 1 端→焊钳→工件→电焊机二次回路 2 端；另一条通道从电焊机二次回路 1 端→焊钳→工件→保护零线 3 端→电源零线→电焊机二次回路 2 端。电焊机二次回路的焊接电流可高达几百安。因此，二次引出线一般采用 35～50mm² 的专用铜芯电缆线，而保护零线通常用截面积 10mm² 以下的导线。所以截面较小的保护零线就容易烧坏。其次，电焊机二次回路保护零线大都用螺钉连接或焊接，其接触电阻很小；而电焊机搭铁线与工件的接触，一般采用搭接或压接的方法，其接触电阻较大。这样就使焊接电流大多从保护零线上通过，也就更容易使保护零线烧坏。

有时被焊的工件本身并没有接零或接地，但焊接时也发生电焊机保护零线烧坏的现象。这种情况往往发生在多台电焊机同时焊接同一工件的情况下，如图 3-7 所示。一台电焊机的焊接电流就会通过另一台电焊机的保护零线构成回路，保护零线就会被烧坏。

电焊机二次绕组接零的正确方法如图 3-8 所示。为避免保护零线烧坏，电焊机的二次回路只可一点接地或接零。若工件已有良好的接地或接零，那么二次绕组就不可再接地或接零。另一种正确的接法如图 3-9 所示，电焊机的外壳和二次绕组设置独立的接地体（接地电阻小于 4Ω）。当相线与地短路而故障尚未切除前，故障电压不会蔓延到电焊机外壳及工件上，因此图 3-9 所示接法比图 3-8 所示接法更安全。

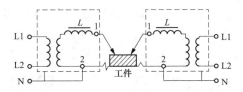

图 3-7　两台焊机共焊同一工件示意图

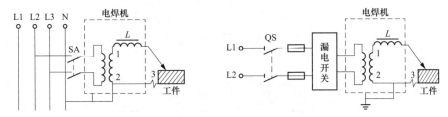

图 3-8　电焊机的二次回路只有一点接零示意图　图 3-9　电焊机二次绕组设置独立接地体

## 3-32　电动机轴承润滑脂的正确选用

口诀

电机轴承润滑脂，中等黏度油膏状。

常见基脂会选用，牌号不同不混用。

钙基淡黄暗褐色，不耐高温抗水强，

五个牌号三温限，高温场合不宜用，

高速轻载封闭式，离心水泵电动机。

钠基深黄暗褐色，不抗水来耐高温，

四个牌号三温限，潮湿场合不能用。

低速重载开启式，小型轧钢机电机。

钙钠基脂深棕色，抗水性强耐高温，

两个牌号两温限，水蒸气场合使用，

替代钙基和钠基，锅炉送风机电机。

锂基脂中加三剂，防锈极压抗氧化，

多效长寿通用型，替代钙钠基使用，

四个牌号四温限，新系列节能电机。　　　　　　　(3-32)

📖 **说明** 保证电动机轴承的正常运转、延长其寿命。跟合理选用润滑油脂有着密切的关系。电动机轴承润滑脂（俗称黄油）的选用，要考虑电动机的工作环境、负载的轻重状况、运行时间的长短和转速的高低等众多因素。在实际选用工作中，主要取决于电动机工作环境的潮湿程度和轴承运行的温度高低。如不满足这两个条件，会造成润滑脂流失、水解，导致轴承损坏，甚至影响生产。另外，不同牌号的润滑脂不能混用。电动机滚动轴承使用的润滑脂种类较多，现对几种常用的润滑脂作一简介，以供读者参考。

（1）钙基润滑脂是由脂肪酸钙皂稠化制成的中等黏度矿物润滑油。它为淡黄色或暗褐色均匀油膏状。在玻璃片上涂抹 1~2mm 厚的润滑脂，置于透光检查时应无块状物。其特点是抗水性强、机械安定性好、纤维较短，但不耐高温。它分为 5 个牌号，运行上限温度：ZG-1、ZG-2 为 55℃；ZG-3、ZG-4 为 60℃；ZG-5 为 65℃。

钙基润滑脂适用于一般工作温度，可用于与水接触的高转速、轻负荷或中转速、中等负荷的封闭式电动机滚动和滑动轴承的润滑，例如离心水泵的电动机轴承。这里需指出：钙基润滑脂不能用于高温的场合，当轴承温度为 100℃ 左右时，会逐渐变软甚至流失，不能保证润滑，导致轴承损坏酿成事故。因此，一般只允许它在轴承运行温度 60℃ 及以下时长期使用。

（2）钠基润滑脂是天然脂肪酸钠皂稠化制成的中等黏度矿物润滑油。它为深黄色或暗褐色均匀油膏状。其特点是不抗水、机械安定性好、纤维较长、耐高温、防护性好、附着力强、耐振动。它分为 4 个牌号，使用上限温度：ZN-1 为 115℃；ZN-2、ZN-3 为 120℃；ZN-4 为 135℃。

钠基润滑脂适用于较高工作温度。可用在清洁无水分前提下，中速、中等负荷或低速、重负荷的开启式、封闭式电动机滚动和滑动轴承润滑。如可用于小型轧钢机的电动机轴承润滑，其工作环境温度较高而不潮湿，轴承运行温度在 60~80℃ 时，可选用 ZN-2~ZN-4 钠基润滑脂。这里需指出：钠基润滑脂不能用于潮湿场合。若用于很潮湿的场合，则润滑脂接触水会因水解而流失，导致轴承缺少润滑脂而过早损坏。

（3）钙钠基润滑脂是中天然脂肪酸钙皂、钠皂稠化制成的中等黏度矿物润滑油。在钙钠基润滑脂中的氧化钠和氧化钙之比，按 3.5∶1 或 4∶1 混合即可。它为黄色或深棕色的均匀油膏状。其特点是：兼有钙基润滑脂的抗水性和钠基润滑脂的耐高温性，具有良好的输送性和机械安定性，完全可替代钙基、钠基润滑脂使用。它分为 2 个牌号，使用上限温度：ZGN-1 为 80℃；ZGN-2 为 100℃。

钙钠基润滑脂适用于较高工作温度。允许用在有水蒸气场合（不适用于低温场合）的 90kW 以下封闭式小型电动机和发动机的滚动轴承润滑，如锅炉送风机或轧钢机电动机轴承。

（4）锂基润滑脂是由天然脂肪酸锂皂稠化制成的中等黏度矿物润滑油。其特点是：在锂基脂中加入了抗氧化剂、防锈剂和极压剂之后，就成为多效长寿命通用润滑脂，并可代替钙基、钠基和钙钠基润滑脂使用。锂对水的溶解度很小，具有良好的抗水性。可长期使用在 -20～120℃。它分为 4 个牌号：ZL-1～ZL-4，使用上限温度分别为 145～160℃。

Y 系列及派生系列节能电动机的密封轴承润滑，按国家标准规定使用锂基润滑脂，优点是：可减少维护工作量，延长轴承使用寿命。

### 3-33　带负荷错拉合隔离开关时的对策

■ 口诀

> 手动装置绝缘棒，错拉合隔离开关。
> 错合开关有电弧，合上不准再拉开。
> 错拉开关双刀片，刚离开固定触头，
> 便见有电弧发生，立即停拉变速合；
> 开关已全部拉开，不许将其再合上。
> 三相线路上安装，单极式隔离开关，
> 发生一相错拉后，其他两相不操作。　　　　　　　　(3-33)

■ 说明　用手动传动装置或绝缘棒操作隔离开关（俗称刀闸）时，即使合错，甚至在合闸时发生电弧，也不准将隔离开关再拉开。因为带负荷拉隔离开关，将造成三相弧光短路事故。

操作中发生带负荷错拉隔离开关时，在刀片刚离开固定触头时便发生电弧，这时应立即合上，可以消灭电弧，避免事故。但如果隔离开关已全部拉开，则不许将误拉开的隔离开关再合上。如果是操作单极隔离开关，操作一相后发现错拉，对其他两相则不应继续操作。

带负荷拉隔离开关是电工作业中最常见的恶性操作事故之一，其危害甚大。除了对安全发电、供电造成严重威胁外，还可能由于误操作所产生的严重弧光而危及操作人员的人身安全，严重时甚至引起断路器爆炸，导致更大的事故。

## 3-34　进户线进屋前应做滴水弯

### 口诀

进户线用绝缘线，进屋前做滴水弯。

弧形导线弓子线，线条垂状流水快。

松弛垂下最低点。割开一个小豁口。

设备管辖分界点，倒人字形弓子线。　　　　　　　　(3-34)

**说明**　由架空接户线引入室内第一个低压电器的进户线，绝大多数用塑胶绝缘导线。进户线和接户线之间的连接一般采用绞接法丁字形接头。当接户线为多股导线时，应将进户线嵌入接户线内，然后绞接。绞接的方向要由高处向低处绞绕，这样可防止雨水通过线芯与绝缘间的缝隙渗入室内第一个低压电器中。

DL/T 499—2001 中规定：进户线进屋前应做滴水弯。由架空接户线引入室内的进户线，在安装中为防止雨水沿进户线流入空内，穿墙时要做一个滴水弯。即进户线连接点到进户点管口（穿墙套管向外倾斜）间的导线应有一定弧度，弧形导线滴水弯的形状以弓子，因此也叫弓子线。弓子线松弛垂下后的最低点应比进户点的标高低（一般低 0.2m），使进户线外表的水流不进室内。进户线进户点到弓子线最低点，线条呈垂直状，这样流水快。另外，因为进户绝缘导线与接户线连接的地方，雨水会沿着导线绝缘间的缝隙渗入，由于外部连接的电源导线高于户内用电器，因而雨水会从丁字形接头处沿着线芯，顺着导线，越过弓子线最低点流进户内引起故障。因此，须在进户线的进室前弓子线最低处横向把绝缘层割开一个 30mm×5mm 的滴水口，如图 3-10 所示。这样，架空线路的雨水虽然进入进户线绝缘层内，但流到滴水口处，就滴到户外了。然而在实际工作中发现仅做一个滴水弯是不够的。因为从进户线丁字形接头处进入导线内的雨水、水汽不易蒸发，时间一长还会加速塑胶导线的氧化、老化，这种现象在多股导线的进户线中尤为突出。因此，安装进户线时，可在丁字形接头处做一个向上弯的滴水弯，形成倒丁字形接头，如图 3-11 所示。只有这样才能把雨水彻底拒之室外。

倒人字形弓子线如图 3-12 所示。在老式施工中，弓子线一般都采用倒人字形接法。倒人字接法多半是因为设备管辖范围的分界点形成的，即接户线由供电部门管辖，穿墙套管及以内的设备由用户管辖。所以供电部门在施工中甩出弓子线线头，转交给用户，并由用户连接进户线，于是出现了弓子线倒人字接法。该进户线倒人字接法存在以下缺点：弓子线上出现了接头，并在外部缠黑胶布（由于黑胶布缠得不严密，接头中有渗水和积水现象，加速了接触面的氧化，使接触电阻增大），胶布使用寿命短，加之温度影响，绝缘性能下降；接头发生故障，检修时整个架空线路需要停电。另外，图 3-12（a）所示倒人字接头，上下引线直接从接头上分出，上下引线产生的不均匀应力都反应在接头上。因此，若采用倒人字形弓子线，应采用图 3-12（b）所示接线方式。

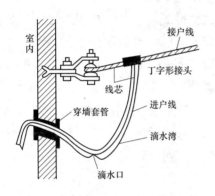 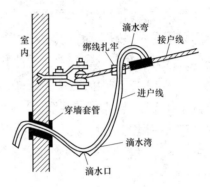

图 3-10　进户线滴水弯与滴水口　　　　图 3-11　进户线双重滴水弯

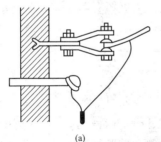 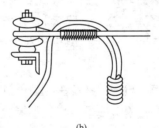

(a)　　　　　　　　　　(b)

图 3-12　倒人字形弓子线

（a）倒人字接头；（b）双线并垂接头

## 3-35　管内低压线路敷设的要求

💬 口诀

低压线路管配线，管内穿导线要求。

橡胶塑料绝缘线，不低交流五百伏。

导线最小截面积，铜一铝为二点五。

导线占管内面积，不超百分之四十。

管内导线无接头，接头置于接线盒。

不同回路电压线，不得穿在同根管。

同一交流回路线，穿在同根钢管内。 (3-35)

📖 **说明**　由导线为主组成的电气线路，是构成电源和负载之间的电流通道。在电力系统中，线路的作用是把电力输送到每个供电和用电环节。将绝缘导线穿在管内配线称为线管配线，要健全线路功能和确保输配电线路性能的安全可靠，管内线路敷设导线应达到如下技术要求。

（1）为提高管内配线的可靠性，防止因穿线而磨损绝缘，故低压线路穿管导线应采用绝缘良好的橡胶或塑料绝缘线；导线绝缘强度不低于交流 500V。

（2）根据设计图纸线管敷设场所和管内径截面积，选择所穿导线的型号、规格。但对于穿管敷设的绝缘导线最小截面积，铜芯线不得低于 $1mm^2$，铝芯线不低于 $2.5mm^2$。为方便穿线，核算导线允许载流量而考虑三根及以上绝缘导线同穿于一根管子时，其导线总截面积（包括导线外护层）不应超过管内截面积的 40%（两根绝缘导线穿于同根管时，管内径不应小于两根导线外径之和的 1.35 倍）。

（3）穿管敷设的绝缘导线在管内不得有接头和扭结，接头应安排在接线盒（箱）内。导线接头若设置在管内，则穿线难度大，且线路发生故障时不利于检查和修理。为此，放线时为使导线不扭结、不出背扣，最好使用放线架。无放线架时，应把线盘平放在地上，从内圈抽出线头，并把导线放得长一些。

（4）为防止短路故障发生和抗干扰的技术性要求，不同回路、不同电压等级和不同电价的用电设备导线，不得穿在同一根管内。例如照明线路、电热线路和动力线路，应分开安装和敷设，以便于检查和维修。允许同一台电动机包括控制和信号回路的所有导线或者同一设备上的多台电动机线路穿在同一根管内（管内导线一般不得超过 10 根），但管内导线绝缘都应满足最高一级的电压要求。

（5）为保持交流三相线路阻抗平衡，减少磁滞损耗的技术要求，在同一交流回路的导线应穿于同一根钢管内，而且不允许在钢管内只穿入单根导线。众所周知，交流电流通过导线，其周围存在交变磁场。如果单根导线穿入钢管内，在交变磁场的作用下，钢管会因涡流和磁滞损耗而发热。这样不但降低导线载流量，而且增加了电耗，是不允许的。如三相导线一起穿过钢管，则在三相电流平衡时，三根导线周围的合成磁场为零，对外没有分布磁场。

### 3-36　钢管配线暗敷设时的管路要求

📝 **口诀**

> 线管配线暗敷设，钢管管路之要求。
>
> 直埋地下厚壁管，经过镀锌或涂漆。
>
> 管子不应有裂缝，管内清净无毛刺。
>
> 管子连接用束节，外加焊铜线跨接。
>
> 管子弯曲率半径，等于六倍管外径。
>
> 管线长加接线盒，管盒固定螺母夹。
>
> 管口均加装护圈，保护导线绝缘层。
>
> 管线接地防漏电，远离暖气热力管。　　　　　　　　　　　　　　(3-36)

📖 **说明**　将绝缘导线穿在管内配线称为线管配线。凡用钢管或硬塑料管来支持导线的线路，叫管子线路或简称管线。管线分有明敷（线路装置敷设在建筑面上，线路走向能够一目了然）和暗敷（线路装置埋设在建筑物面内或埋设在地面下）两种安装形式。钢管线路具有较好的防潮、防火和防爆等特性，有较好的抗外界机械损伤的性能，是一种比较安全可靠的线路结构，但造价较高，维修不方便。钢管配线暗敷设时对其钢管管路的技术要求如下。

（1）根据导线的粗细、根数和敷设场所，选用适当规格的经过防锈处理的钢管。直接埋入土内的钢管应用镀锌钢管，其壁厚度均不小于 2.5mm；埋入有腐蚀性土内的厚壁管应进行防腐处理（防腐漆有沥青漆、环氧漆、聚氯乙烯漆等）。

（2）配管前应检查管子的质量，钢管不应有裂缝等缺陷。必须把管内的毛刺和杂物清除干净，切断口应锉平刮光滑，锉圆管的内径。为减少导线与管壁摩擦，可向管内吹入滑石粉，以便穿线。这样有利于管内清洁、干燥，并便于维修换线。

（3）钢管之间连接应用束节。束节的内壁有阴螺纹，在连接前，要用螺丝绞钣把钢管的连接端绞出阳螺纹来，其长度不应小于管接头长度的 1/2。束节与钢管的连接步骤：在钢管的连接端要先绕上麻丝，涂上铅丹或白漆，以防连接后水渗入管内；然后把钢管紧紧地旋入束节；再取一段铜质多股裸线，把它焊接在钢管连接处两端，使钢管连成一个整体，以便接地，如图 3-13 所示。

（4）钢管敷设应尽可能沿最短路线并减少弯曲。但随着线路的转弯而需进行弯形，钢管转弯处的曲率半径（线管转弯处的弧度大小）不得小于钢管外径的 6 倍，如图 3-14 所示。弯曲后夹角应不小于 90°，且管径不应弯曲而明显缩小。切记钢管弯曲处不可采用现成的月弯（即管子的成品弯头）。因为线管不准因转弯而增多管与管的连接，连接处越多越易引起故障；同时成品月弯的曲率半径不符合电气线路的用管要求。

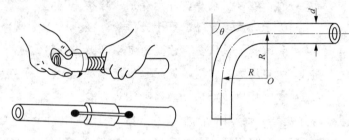

图 3-13　钢管连接示意图　　　图 3-14　钢管的曲率半轻

（5）管路过长时应加装接线盒。相邻接线盒之间允许的最大距离为：直线无弯曲时不大于 45m；有 1 个弯曲时不大于 30m；有 2 个弯曲时不大于 20m；有 3 个弯曲时不大于 12m。线管与接线盒连接时，每个管口必须在接口内外各用一个薄型螺母给予夹住固紧，如图 3-15 所示。如果存在过松现象或需密封的管线，均必须用裹垫物裹垫。钢管外壳与接线盒应连接在一起，即用直径 4mm 的镀锌铁线电焊焊接。

（6）钢管管口均应加装木质、橡胶或塑料护圈，如图 3-16 所示。护圈可避免管口刃口损坏导线绝缘层，防止杂物进入管内。

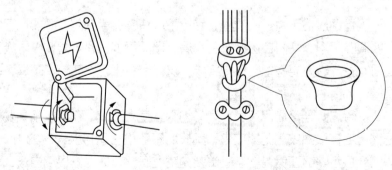

图 3-15　线管与接线盒的连接示意图　　　图 3-16　铜管管口加装护圈示意图

（7）钢管敷设好以后，要连成一个整体，保证管子系统全长的电气连续性，并应妥善接地。接地的方法是：刮去钢管上的漆，套上铜皮夹头，用螺母和垫圈把接地线接在铜皮夹头的螺钉上。管线敷设时应远离暖气管和热力管，当管线与暖气管、热力管相互交叉时，应采用厚石棉板进行隔热。

### 3-37　塑壳式断路器和三相刀开关应垂直正装

📳 **口诀**

低压塑壳断路器，开启式负荷开关。

垂直正装是规定，横平倒装都不对。

上侧引入电源线，下侧接出负载线。

进出导线不颠倒，否则容易出事故。　　　　　　(3-37)

📖 **说明**　　塑壳式断路器是一种可以自动切断线路故障的保护电器，如图 3-17 所示。在标准和使用说明书上明确规定：塑壳式断路器应垂直（对水平面）安装，其倾斜角应不大于 5°。但有不少用户采取水平或横向安装，严格地说这是错误的。原因是塑壳式断路器的短路瞬时脱扣器是一电磁铁，其动铁芯（衔铁）的释放是和重力有关的。一些电气控制设备厂在装置低压配电屏时曾经做过不同方式安装的瞬时脱扣试验，发现水平安装与垂直安装的动作电流值误差在 10%左右（水平安装的电流值要提高 10%，即动作电流值要小 10%）。

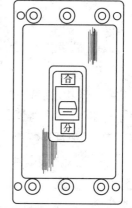

图 3-17　塑壳式断路器正装示意图

塑壳式断路器的正规安装：电源侧接电源，负荷侧接负载（或是手柄的"ON"上面接电源，"OFF"下接负载）。这是不能颠倒的。由于灭弧系统在电源侧，一旦线路发生短路故障，断路器开断，电弧往灭弧室及喷弧栅上喷出；如果负荷侧接电源，因热空气在上面，开断时电弧中的一部分仍往上喷，就可能将软联结、双金属元件等烧损。日本一些电气公司曾做过试验，当短路分断电流在 20kA 及以下时，如进出线颠倒装，应降容 1/3。例如，原短路分断能力为 18kA，只能降到 12kA 使用，以保证安全。

三相刀开关，又称开启式负荷开关，俗称瓷底胶盖刀开关，是结构最简单、应用最厂泛的一种低压电器，如图 3-18 所示。采用三相开启式负荷开关启动小容量鼠笼式电动机时，刀开关的安装应选用 3-18（a）所示方式垂直正

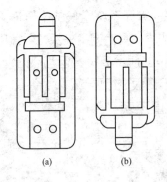

图 3-18 开启式负荷开关示意图
(a) 正装；(b) 倒装

装。这样，当闸刀切断电源时，刀片与静触头之间产生的电弧会受电磁力和热空气上升的作用而向外拉长熄灭。如果按图 3-18（b）所示方式倒装，则热空气的拉弧作用正好相反，变为阻止电弧拉长而影响灭弧，容易造成刀片与静触头的烧坏；另外，操作手柄还可能由于重力（自重）或震动而落下，引起误合闸而造成设备损坏和人身触电事故。正确的安装方式是垂直安装，电源端自上引入，负荷端从下接出。不应该倒装、横装和水平安装，闸刀拉开后刀片上应不带电。

### 3-38　电动葫芦应加有由接触器构成的总开关

📋 **口诀**

电动葫芦总开关，应加接触器构成。

故障紧急情况下，快速安全断电源。　　　　　　　（3-38）

📖 **说明**　正规的行车（桥式起重机）都装有由接触器构成的总开关。对于电动葫芦，有部分制造厂家或自制组装的产品并不具有此类总开关。图 3-19 所示为一种常见的线路，M1 为吊钩升降电动机，M2 为横向移动电动机（图中不具有纵向移动电动机，如果采用电动葫芦构成行车，那么再加一台电动机及其可逆控制线路即可实现纵向移动）。从图 3-19 中可见，它只是在滑触线的进线端设有手动操作的断路器 QF，而没有在电动葫芦的本身控制线路中加设总接触器 K（如图 3-19 中箭头所示），因此，当产生某一接触器动铁芯黏合的故障时，操作者将无法断开电动机。例如吊钩上升接触器 K1 动铁芯黏合时，操作者虽然松去"提升"按钮，但吊钩仍不断自行上升，升至顶端上升限位开关 SQ 切断时，吊钩仍然失控上升，会迅速发展到钢丝绳绷断，吊钩及起吊的重物坠下。而断路器 QF 远在滑触线引入处，操作者无法赶去关断。因此，必须对这类电动葫芦控制线路加上由接触器 K 构成的总开关。总接触器 K 的线圈通过主控开关 SM 接在控制电源上。这样，在工作过程中，K1～K4 中任一动铁芯黏合时，操作者能立即在操纵板（控制按钮盒）上切断主控制开关 SM，从而断开总接触器 K，起到紧急断开电源的保险作用。

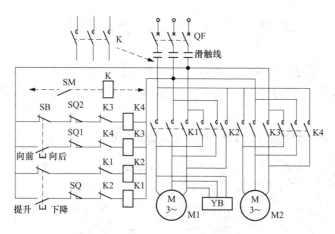

图 3-19　电动葫芦电气控制线路图

## 3-39　负荷开关配带的熔断器必须安装在电源进线侧

🗨 **口诀**

> 负荷开关熔断器，两者常配合使用。
>
> 装配熔断器开关，安装时候要注意，
>
> 电源进线装哪侧，熔断器装在同侧。　　　　　　(3-39)

📖 **说明**　油断路器、负荷开关、隔离开关，都是用来闭合和断开电路的高压电气设备。但是由于电路变化的复杂性。它们在电路中所担负的任务各有不同。油断路器是切断负荷电流和短路电流的主要设备；负荷开关只是用来切断负荷电流，而短路电流由装配的熔断器来切断；隔离开关只能在没有负荷电流的情况下切断线路和隔断电源，如果用来切断电流，也应是很小的空载电流或电容电流。用途不同决定了它们在构造和形式方面存在重大区别。负荷开关的性能介于隔离开关和断路器之间，其结构与隔离开关相似，在断路状态下有明显可见的断开点，而其功能与断路器相近，能在额定电压和额定电流时切断和接通电路，故负荷开关有按额定电流设计的灭弧结构。负荷开关可看作是断路器的简化或隔离开关的引申。

负荷开关装配的熔断器，有的装在开关的上侧，有的装在开关的下侧，这是因为负荷开关只能切断负荷电流，因此，要加装熔断器来完成切断短路电流的任务。当负荷开关发生弧光短路时，熔断器应能可靠地切断短路电流。因此，熔断器必须安装在电源进线的那一侧。如果电源进线是从上侧进，则装在开关的上侧；电源进线是从下侧进，则须装在开关的下侧。如果熔断器装在负荷出线侧，则一旦负荷开关发生弧光短路故障时，熔断器因处在故障电流之外而不起作用。

在农村变电站中，常将负荷开关与跌落式熔断器配合使用，以取代价格昂贵的油断路器。负荷开关用来断开和接通正常负荷，跌落式熔断器用来防御短路电流。

### 3-40 保安接零系统中敷设的零线要求

💬 **口诀**

> 保安接零系统中，敷设零线六要求。
> 零线本身要做到：有足够机械强度；
> 良好的导电性能；可靠的电气连接。
> 配变中性点接地，零线应重复接地。
> 三相四线制线路，零相线不可换错。
> 工作保安公共线，不许装设熔断器。 (3-40)

📖 **说明** (1) 采用保安接零时，考虑到零线的机械强度以及发生相线碰外壳故障时零线应能承受短时的故障电流，其截面积不得小于一定数值。零线还应具有较小的阻抗，其电导一般应不小于相线的 50%，使碰壳短路电流不小于最近熔断器熔丝额定电流的 4 倍，或不小于自动开关瞬时或短时动作电流的 1.5 倍。零线的接头最好用压接、焊接等方法连接。如无条件，也可采用螺栓连接，但应加防松措施，如采用弹簧垫圈、锁紧螺帽等。

(2) 保安接零系统中，配电变压器低压侧的中性点必须直接接地。为了防止因零线断裂而造成相线电压加至接零设备的外壳事故，所以要求在配电线路的终端，架空线路每隔 1km 左右处以及进入车间（工厂）、居民大楼处必须重复接地。这样，即使零线断裂，设备的外壳仍旧能通过重复接地极保证外壳接地，具有一定的保安作用。

(3) 三相四线制电力线路检修后，若零线与某一根相线换错，会使三相电源不平衡，并使 220V 的单相用电设备因承受 380V 电压而烧坏。因此，在保安接零系统中，零线的连接要求完全正确无误。

(4) 由于保安接零时，设备外壳接在零线上，是靠零线起保安作用的。因此，当工作零线与保安零线共用同一根零线时，零线上不允许装设熔断器及开关，以保证零线绝对可靠，没有断开的机会。

## 3-41　保安接零系统中单相三眼插座的接线法

保安接零系统中，三眼插座接线法：

右孔接电网相线；左孔接工作零线；

上孔接保安零线，不能连接左孔线。　　　　（3-41）

📖 **说明**　在配电变压器低压侧中性点直接接地的系统中，应采用接零保护，即电源中性点接地，而将设备外壳接在零线上。当电气设备一相接外壳时，故障电流由故障的一相流经外壳到零线，再回入变压器中性点，这时由于电抗电阻较小，故障电流很大，使保护开关及时动作或使保护熔丝熔断，切断电源，所以人体碰外壳也无影响。

保安接零的方式有如下两个特点：①采用保安接零的电气设备，在绝缘损坏时所产生的"相"对"零"的短路电流要比采用保安接地方式时的接地电流大得多，因而能在较短的时间内使熔断器或自动开关动作，迅速切断电源，从而减少人们触及漏电外壳的机会；②由于零线和相线经常是一并敷设的，所以采用保安接零时装接方便。但是采用保安接零方式时，必须设计、安装合格，否则反而会造成不应有的触电事故。例如，图 3-20（a）所示单相三眼插座的正确接线方法：插座右插孔接电网相线，左插孔接工作零线，上插孔接保安零线。个别电工会认为，既然左插孔与上插孔同是接零线的，那把左插孔与上插孔先用导线连接在一起，然后接到零线干线上，如图 3-20（b）所示。这样，不安全的因素就存了。如图 3-21 所示，当引下的零线偶尔折断时，相线的电压通过用电设备引至接工作零线的左插孔，再由连接导线传到上插孔，进而传到设备的外壳，使触及外壳的人员受到电击。如果按照图 3-20（a）所示那

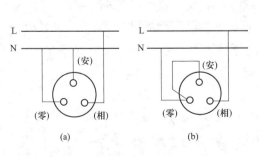

图 3-20　单相三眼插座接线方式

（a）正确接线方法；（b）错误的接线方法

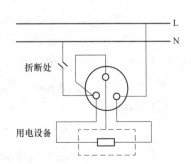

图 3-21　单相三眼插座零线
折断示意图

样正确地接线，上插孔用一根保安零线专接零线干线，那么当工作零线因故折断时，相线电压通过用电设备只能传导到左插孔而不会传到设备外壳。如果断开的不是工作零线而是保安零线，那只会造成外壳失去接零，并不致引起相线电压窜到绝缘良好的用电设备外壳的异常现象。

### 3-42　管型避雷器的安装要求

💬 **口诀**

安装管型避雷器，施工有五项要求。

接地引线不小于：铜十六铝二十五。

外间隙对准导线，实施铝包带缠绕。

倾斜安装开口端，向下倾斜十五度。

喷气范围不相交，不与接地体碰触。

特殊污秽的场所，四十五度倾斜角。　　　　　　　(3-42)

📖 **说明**　管型避雷器是由内外两个火花间隙串联和产气管构成。它的保护间隙具有较高的熄弧能力，因而具有耐冲击、电流大的优点，既起限制过电压作用，又能很好地切断工频续流电弧。管型避雷器一般用在线路上或变电所的进线段上，其安装要求如下：

（1）接地引线截面积不得小于：铜线 16mm$^2$；铝线 25mm$^2$。

（2）为使外部火花间隙放电时不烧伤导线，应在外间隙对准导线处用铝包带缠绕 150～200mm，并且外间隙不宜垂直安装。

（3）管型避雷器应倾斜安装。闭口端固定，开口端对水平线有不小于 15°的向下倾斜角。在开口端的喷气范围内（长 1.5m、宽 1m 的喇叭形锥体），不应有异相导线或其他物体。

（4）各相管型避雷器的喷气范围不应相交，或与接地体碰触。

（5）在特殊污秽的安装场所，管型避雷器应与水平线成 45°～60°的向下倾斜角，以便在下雨时能冲洗掉避雷器表面的积垢。

### 3-43　安装吸油烟机三要点

💬 **口诀**

吸油烟机效果好，安装注意三要点。

高度选择要适当，锅台面上约一米；

安装角度达要求，前端上仰三四度；

排气管道走向顺，拐弯次数尽量少。　　　　　　　(3-43)

📖 **说明** 吸油烟机是常用的家庭厨房排污设备。它可直接抽走烹调时产生的污染物，排污率高达 90％，而且可将分解的污物收集在储油杯中，易于拆洗。吸油烟机需正确安装才能收到好效果，安装时须注意下列三要点。

（1）选择适当的安装高度。有人喜欢尽量装得高一些，认为高出主妇的头顶操作方便。殊不知有些吸油烟机功率有限，装得太高了效果就差，甚至吸不走油烟。所以台面到吸油烟机的高度差，一般取 1m 左右为宜。当然，功率大的吸油烟机可适当装高一些。

（2）注意安装角度。在吸油烟机安装面的下方，左右各有一只橡皮支承脚。若靠墙安装，由于支承脚的作用，会使吸油烟机前端上仰 3°～4°，可方便油污流入位于后部的储油杯中。曾见有人拆去支承脚，以保持前后在同一水平面上，这是不合理的安装方法。因为虽然吸油烟机底部是向下倾斜的，但吸气口有一平台，若水平安装，废油就不能流入储油杯而积聚在吸气口四周的平台上，时间久了便会从边缘滴出，滴进正在炒菜的锅里。对于靠墙安装的，只要不拆去支承脚，便会自然成上仰姿态。但有不少用户是将其安装在窗户上的，这时支承脚悬空，不能发挥作用，这就要在安装面的下部与窗框之间垫上小木块，以使安装角度达到要求。

（3）合理安装排气管道。要合理选择排气管道的走向，拐弯次数要尽量少，使气体容易排出。管道与吸油烟机的排气口的接口处不应有缝隙，否则会降低吸气效果。管道一般从窗口伸出。有人为美观与采光，将窗玻璃划出圆洞，从此处伸出管道。如果金属管道与玻璃直接接触，有强风吹动管道时就容易将玻璃碰碎，有酿成事故的危险，故须在接触部位包裹缓冲材料，或拆去玻璃，改用木板。

### 3-44 单相插座安装接线规范

💬 **口诀**

> 单相二百二插座，常分双孔和三孔。
>
> 双孔水平并列装，不允许垂直安装。
>
> 三孔顶部接地孔，不准倒装或横装。
>
> 插座连接电源线，接线桩头旁标志。
>
> 左中性线右相线，左中右相上地线。　　　　　　（3-44）

📖 **说明** （1）照明工程安装以往是以灯为主而插座少。现在不论新楼房居民住户，还是办公大楼，因家用电器繁多，办公室用电设备也很多，现代的照明工程中插座的数量比灯具还要多。其线路也是上下密布，左右纵横。

插座是供家用电器、办公用电设备等插用的电源出线口。照明工程中常用的单相插座分为双孔（两孔）、三孔两种，其中三孔（三眼）的应选用品字形排列的扁孔结构，不应选用等边三角形排列的圆孔结构。后者因容易发生三孔互换而造成触电事故。

（2）单相插座的安装接线规范。装于墙面上的插座必须装在木台上，木台应牢固地装在建筑面上；暗敷线路的插座必须装在墙内嵌有插座承装箱的位置上，并必须选用与之配套的专用插座。

对双孔（也称双眼）插座的双孔应水平并列安装，不准垂直安装。如果垂直并列安装，可能因电源引线受勾拉而使插头的柱销在插座孔内向上翘起。从而把孔内触片向上弯曲，严重时就会使触片触及罩盖固定螺钉，甚至触及另一个触片而造成短路事故。三孔插座的接地孔（较粗大的一个孔）必须放置在顶部位置，不准倒装或横装。

有关插座技术条件的规程中明确规定：单相三孔插座在其罩盖外表面及其基座内靠近导电极的地方，应分别标出"相（L）""中（N）""地（E）"的标志。其位置规定为：当从插座的顶面看时，以接地极为起点，按顺时针方向依次为"相（L）""中（N）"。也就是说，要按照规定把相线接在右面的接线桩头上，中性线接在左面的接线桩头上，不可接反；把地线或接地保护线（PE）接在三孔插座上面的接线桩头上。另外，双孔插座和三孔插座都应装在离地面1.3m以上的地方，以防小孩玩弄和受潮。

### 3-45　螺旋式熔断器接线规范

**口诀**

> 螺旋式的熔断器，装接进出线规范。
> 瓷套中心进电源，接底座下接线端。
> 螺壳和出线相连，接底座上接线端。
> 旋出瓷帽换芯子，螺纹壳上不带电。　　　　　　　（3-45）

**说明**　螺旋式熔断器主要由瓷帽、熔断管（芯子）、瓷套、上接线端、下接线端及底座等六部分组成，如图 3-22 所示。RL1 系列螺旋式熔断器的熔断管内，除了装熔丝外，在熔丝周围填满石英砂，作为熄灭电弧用。熔断管的一端有一小红点，熔丝熔断后红点自动脱落，显示熔丝已熔断。使用时将熔断管有红点的一端插入瓷帽，瓷帽上有螺纹，将瓷帽连同熔断管一起拧进瓷底座，熔丝便接通电路。

螺旋式熔断器的熔断管是接在两个接线端子之间的。故在装接时，用电设备的连接线（出线）接到连接金属螺纹壳的上接线端，电源进线接到瓷底座上的下接线端。这样在安装熔断管和检修时，一旦有金属工具等物触碰壳体造成短路，则熔芯就会及时熔断，避免事故扩大。如果进出线接反，而螺壳又较易与外界触及，当发生以上情况时就无熔芯保护了。再按

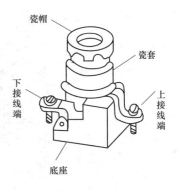

图 3-22　螺旋式熔断器示意图

正规的装接进出线，在更换熔芯时，旋出瓷帽后螺纹壳上不会带电，保证了安全。

### 3-46　灯头线必须在吊盒和灯座内挽保险结

📋 **口诀**

> 软线吊灯灯头线，绝缘良好无接头。
>
> 吊线盒及灯座内，软线必挽保险结。
>
> 盒座外壳承灯重，接线螺钉不受力。
>
> 避免导线失松脱，相线中性线短路。　　　　　　　(3-46)

📖 **说明**　日常照明灯具的安装方式有线吊式、链吊式、管吊式、吸顶式、嵌入式和壁式等。在采用线吊式时多为软线吊灯（灯具质量在 1kg 以下），每一盏灯准备吊线盒、灯座、灯头线（即连接吊线盒和灯座的两根电线，其一般采用绝缘良好的无接头多股铜芯软线）等灯具。

软线吊灯的灯具组装：截取一定长度的软线，两端剥出线芯，把线芯拧紧后刷锡（如果是棉纱编织线，则在线头处缠一圈绝缘带，把棉纱黏住，防止散开）；打开灯座及吊盒盖，将软线分别穿过灯座及吊盒盖的洞孔，然后挽保险结。吊灯软线保险结的挽法如图 3-23 所示；吊线盒和灯座内软线保险结如图 3-24 所示。为防止用导线的连接点（接线螺丝处）来承受灯具的质量，灯头线在吊线盒内及灯座内应各挽一个保险结，使灯座、灯泡和灯罩质量支承在吊线盒和灯座外壳上，以免接线头受力引起松脱、断裂，甚至灯具落下或相线、中性线互碰引起的短路事故。

图 3-23　吊灯软线保险结的挽法

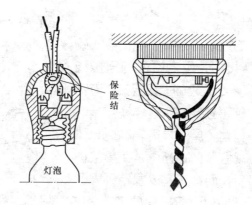

图 3-24　吊线盒和灯座内软线保险结

保险结

灯泡

## 3-47　螺口灯头接线规范

🗨 口诀

　　　螺口灯头装修换，接线一定要规范。

　　　相线串接灯开关，后接灯头中心点。

　　　中性线直进灯座，接到灯头螺纹上。　　　　　　　　(3-47)

📖 说明　　螺口灯头事故多的主要原因是：我国生产的螺口灯泡，一般有 E27/27 和 E27/35 两种，这两种灯泡的金属螺纹的直径都为 27mm，而高度分别为 27mm 和 35mm，通用一种螺口灯头（即灯座）。当用 100W 及以下容量的 E27/27 螺口灯泡时，在灯泡旋入或旋出过程中，会有部分金属外露，容易触电，如图 3-25（a）所示；如果用 100W 以上 E27/35 灯泡时，更不安全，不管灯泡是否旋入灯头，总有很大一段的金属部分外露，如图 3-25（b）所示。为了防止触电事故的发生，应采用安全螺口灯头，使灯泡的金属部分不外露。

　　在安装螺口灯头时，可能发生的三种错误接线及其会产生的不同后果如下：

　　（1）相线不进灯开关，不接到灯

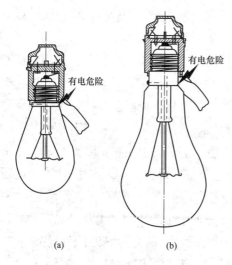

有电危险

有电危险

(a)　　　　　　　(b)

图 3-25　螺口灯头易触电示意图

(a) E27/27；(b) E27/35

头中心弹簧片上。即相线直接接在灯头金属螺纹上，灯开关串接在中性线上，是双重错接，如图 3-26（a）所示。不管灯泡是否亮，灯头金属螺纹外露部分总是带电的，有触电的危险。

（2）相线不进灯开关，但接在灯头中心弹簧片上。即灯开关串接在中性线上，如图 3-26（b）所示。灯开关即使断开，电仍能通过灯丝传导到灯头金属螺纹上，使灯头金属螺纹外露部分带电，也有触电的危险。

（3）相线串接灯开关，但相线没接到灯头中心弹簧片上，而是接在灯头螺纹上，如图 3-26（c）所示。如果闭合灯开关，则灯头金属螺纹外露部分带电，仍不安全。

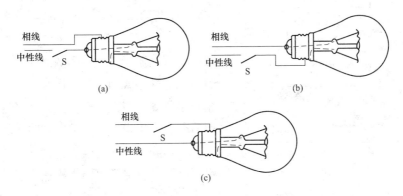

图 3-26　灯头错误接法示意图

（a）相线不进灯开关，不接到灯头中心弹簧片上；（b）相线不进灯开关，但接在灯头中心弹簧片上；
（c）相线串接灯开关，不接到灯头中心弹簧片上

螺口灯头唯一的正确接线法是相线串接灯开关后接到灯头中心弹簧片上，中性线（零线）直接接在灯头的金属螺纹上，如图 3-27 所示。另外，在安装或调换螺口灯头前，应检查螺口灯头的中心舌头位置是否在正中心、有无松动现象、舌头螺钉是否拧紧等。因为不管是座灯式螺口灯头还是软线吊灯式螺口灯头，其中心舌头一般用螺钉固定在灯头上。而在安装和维修的实践中发现，由于出厂时螺钉未拧紧或路途运输震动的原因，有不少灯头的中心舌头偏离中心位置，甚至中心舌头和金属螺纹的底相接触。如果装灯头时不检查、不处理，当将螺口灯泡装上去时，中心舌头和金属螺纹的底相接触，在灯开关合上送电时就会造成短路故障，烧毁灯头，烧断保护熔丝。

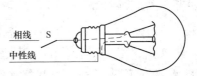

图 3-27　螺口灯头正确接线法示意图

## 3-48　日光灯的正确接线方式

💬 **口诀**

> 日光灯接线要诀，开关装在相线上。
>
> 灯管启辉器并连，相线串接镇流器。
>
> 相线接灯管管脚，连启辉器动电极。
>
> 中性线接灯管管脚，连启辉器静电极。　　　　　　(3-48)

📖 **说明**　日光灯是目前除白炽灯外产量最高、应用最广的一种光源。加工比较简单，成本低，光效高，光线柔和，寿命长，并可以任意选择光色。

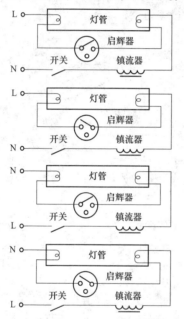

图 3-28　日光灯的四种接线方式示意图

在日光灯照明的基本电路中，在接入电路时，灯管、镇流器和启辉器三者间的相互位置，对日光灯的启动性能、灯管寿命均有很大影响，是不等效的。在图 3-28 所示的四种接线方式，在正常电压下虽然都能使日光灯发光工作，但其启动性能不是等效的。实践证明，以图 3-28 所示的第四种接线方式最正确，它有最好的启动性能。因为它的镇流器串接在相线上，并与启辉器中双金属片电极（可动电极）相连接，可以得到较高的脉冲电动势。在环境温度 8～32℃，相对湿度为 5％左右，电源电压在 220V±10％时，灯管只跳动一次就可起燃。而图 3-28 所示的第一种接线方式启动性能最差，在上述条件下可能要跳动 2～4 次，灯管才能点燃。如果是在严冬、高温或梅雨季节，跳动次数就更多，甚至根本不能点燃（因为镇流器的位置既没串接在相线上，也不与启辉器中的双金属片电极相连接）。同时该接线方式中开关装在中性线上，开关断开时灯管仍然带电，不仅不安全，而且在绝缘不十分良好时，日光灯灯管会发出微弱的闪光。另外，灯管在起燃时多跳动几次（每启动一次，在两阴极之间就要受到一次脉冲高电动势的冲击，这种冲击加速了灯丝上电子发射物质的消耗），灯管的寿命也相对地缩短。实践证明，日光灯灯管固定位置长期使用不变，也就是说接镇流器一端的日光灯管，时间一长容易由白变黑。因此，日光灯灯管固定位置每年对换一次，可以延长灯管的使用寿命。

### 3-49 有转动设备车间里日光灯安装规范

📋 口诀

有转动设备车间，采用日光灯照明。

不论负荷量大小，三相四线制供电。

为消除频闪效应，灯要逐个分相接。

若单相电源供电，须采用移相接法。 (3-49)

📖 说明 在用日光灯照明的同一场所，如安装在有转动设备车间里的日光灯，要逐个分相接入电源。因为日光灯的光通量随着交流电压的周期性变化而产生变化，如果被照物体处于转动状态，会使人的眼睛产生错觉，尤其是当旋转物体的转动频率与灯光闪烁频率成整数倍时，人会产生物体并没有转动的感觉。这就是所谓的频闪效应。为保证安全生产，消除频闪效应的影响，日光灯通常分相接入电源。故安装在有转动设备车间里的日光灯，虽然其负荷量并不大，也要采用三相四线制供电。因为对称三相电源电压不会同时过零，则可减弱日光灯的频闪效应。如果是单相电源供电，则必须采用移相接法（此法既不方便又不经济，不宜采用）。

### 3-50 高压汞灯和碘钨灯的安装要求

📋 口诀

高压汞灯碘钨灯，安装要求比较多。

额定电压要相符，电源电压波动小。

点燃之后温度高，周围散热空间大。

高压汞灯垂直装，横向安装易自灭。

启动过程时间长，频繁开闭处不装。

水平安装碘钨灯，小于四度倾斜角。

灯丝脆弱易折断，震动场所不宜装。 (3-50)

📖 说明 安装高压汞灯（汞灯正常工作状态下，内管中的汞蒸气气压相当于 $4 \times 101.325 \sim 5 \times 101.325$ Pa，所以称为高压汞灯）和碘钨灯（最早使用的卤钨灯，属热辐射光源。它和白炽灯一样靠电流加热灯丝至白炽状态而发出光亮）的技术要求分述如下。

(1) 电源（或说供电线路）电压应与灯所标额定电压相符，过高、过低均影响灯的光、电参数。电源电压变化对高压汞灯的光、电参数影响如图 3-29

所示。当供电电压急剧降低时，灯的电流降低而灯的电压上升，在降低了的电源电压下灯泡电压就显得过高，这样在电流经过零值后再着火就很困难而导致熄灭（若电源电压突然降低超过 5％，可能会造成灯泡自行隐灭）。启动电流和工作电流大时寿命减短，而影响启动电流和工作电流的因素主要是电源电压。光通量对电源电压的变化较敏感，电压降低时光通量输出也迅速减少。

电源电压变化对碘钨灯的光、电参数影响如图 3-30 所示。从图 3-30 中明显看出，电压过高影响寿命，过低影响光效。当电压升高至额定值的 5％时，寿命将缩短到额定值的 50％；当电压高于额定值的 10％时，寿命将缩短到额定值的 30％，而此时发光效率仅增加了不足 20％。反之，若电源电压低于额定值 5％时，寿命几乎增加了一倍，但光效率却降到了额定值的 85％。所以要求电源电压最好不要超过额定值的 ±2％，电压波动小。

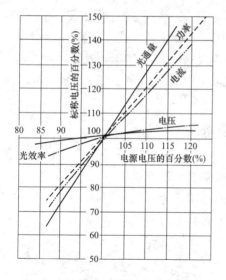

图 3-29 电源电压变化对高压汞灯的光、电参数影响

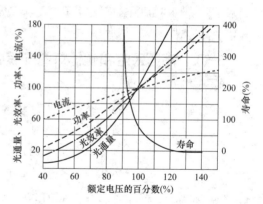

图 3-30 电源电压变化对碘钨灯的光、电参数影响

（2）正常工作时（点燃后）温度较高（据测定 400W 高压汞灯的表面温度约为 150～250℃；碘钨灯管壁温度在 600℃左右），故其周围必须有足够的散热空间，附近不得有易燃杂物。否则会影响其使用寿命和光效，甚至可能引起火灾。

（3）高压汞灯宜垂直安装。因其水平安装时容易自熄灭，而且光通量输出有所减少。高压汞灯整个启动过程约需要 4～8min，若电源电压突然降低造成灯泡自行熄灭后，电压恢复后也要经 5～10min 才能恢复正常。故不宜安装在频繁开、闭照明的场所，或接在电压波动较大的供电线路。

（4）碘钨灯一般为管状，灯丝较长，故经受不起震动和冲击。所以要求灯管应保持水平状态，其倾斜度不得大于±4°（因碘钨灯倾斜时，碘化钨将积聚灯管底部，使引线腐蚀损坏，而灯管的上部由于缺少卤素，不能维持正常的碘钨循环，使灯管很快发黑、灯丝烧断），还不宜安装在震动较大的场所。

### 3-51　电力电容器组投切规范

📋 口诀

电容器组拉闸后，须随即进行放电；

规定等待三分钟，方可再进行合闸。

投切电容器组数，想方设法去减少。　　　　　　　　（3-51）

📖 说明　（1）电力电容器和电力系统解列后，电力电容器便成了一个单独的电源。这个电源是静电电荷，不能和系统并列。而电力电容器每拉合一次，在每极间便产生较高的电压；当拉开后马上再合上，就可能产生电压的重叠，会使电力电容器击穿。也就是说，电力电容器组切除后还带有残余电荷时，不能将电容器组再投入电网！这是为了避免投入电容器时，如果断路器合闸瞬间的电压极性与电容器上残余电荷的极性正好相反而引起电容器爆炸事故。同时也会造成很大的冲击电流，有时会使熔丝熔断或断路器跳闸。因此，要求电容器组每次拉闸后，必须随即进行放电，待残余电荷消失后再行合闸。一般电容器经放电电阻放电，1min 左右即可满足要求。规程规定 3min 后再进行合闸，以确保安全。

（2）电容器两端电压不能跃变，因此，将电容器组投入电网瞬间，则相当于把电源合到短路上，会形成频率高达数千赫、幅值为 6～8 倍正常电流的合闸涌流。对电容负荷来讲，电流的瞬时值为零时，这时电压的瞬时值为最大，因此断开电容器组时容易由于电弧重燃而产生过电压。过电压对电容器是非常不利的。所以尽量减少电容器组的投切次数是变电所（站）安全运行的重要措施之一。

### 3-52　电气设备添加油规范

📋 口诀

电气设备添加油，过多过少危害大。

少油断路器油位，保持在规定范围。

变压器正常油面，油面计指示中间。

电机轴承润滑脂，占空腔容积一半。

录音机含油轴承，三至五年不加油。                    (3-52)

📖 **说明**　电工不仅要清楚地知道电气设备的型号规格、性能等，而且要知道应添加油的种类、牌号、性能、适用范围以及加油的数量；深刻地认识到电气设备中添加油量的过多或过少，都严重影响设备的安全运行，且危害甚大。

（1）SN 型户内少油断路器的油箱内注有一定数量合格的变压器油。当断路器切断负载电流或短路电流时，动、静触头之间的变压器油受电弧加热分解出高压力的气体，并借灭弧室作用，迅速切断电弧，完成油断路器的操作。如果油量过少，产生的气体压力不足，就不能切断电弧，反而会使触头烧毁，甚至引起爆炸；另外油面过低，会使断路器的绝缘材料露出油面，暴露在空气中容易受潮，降低了绝缘强度。如果油量过多，油面与油箱顶部的空间太小，当切断电弧时，油面随气体压力的增大而迅速上升，会造成油、气外溢和油箱受压过高而变形，甚至发生爆炸事故。所以，少油断路器的油位应严格地按照制造厂的规定进行注油，保持标准的油面高度。

（2）电力变压器中的油是变压器油，变压器油的作用为绝缘和散热。100kVA 及以上容量的变压器都在顶盖上装置储油柜（油枕），用钢管和油箱连接，使得整个变压器油箱内都注满变压器油，在运行时由热而膨胀的油可以到储油柜里去。这样油和空气接触的面积大大减少，且空气不会直接和油箱里面的油接触，而只和储油柜里的油发生关系。储油柜的体积一般是变压器油箱的 1/10，变压器中的油量要保证在最冷的时候油箱里始终充满油，储油柜里有一定量的油（油面在储油柜直径 1/10 处），即油面计里有指示；在最热的时候不能让油溢出来，储油柜里有一定空间（油面不得超过储油柜直径 6/10 处）。电力变压器正常运行时，油面计指示在 1/4～3/4 为佳。

电力变压器里加注的油量过多，当环境温度较高、变压器满载或过负荷运行时，特别是当变压器内部发生故障时，变压器油的温度突然增加，而且在大多数的故障情况中有气体产生。由于突然的变化，油面上的空气和产生的气体不能很快排除出去，就可能在变压器油箱里产生很大的压力，结果使油箱变形，甚至破裂损坏。更有甚者，由于套管破裂和闪络，油在储油柜内油的压力下流出，并且在顶盖上燃烧，发生火灾。

变压器里的油量因渗漏、取样、放油等而减少，导致油面计里看不到油面。当冬季温度剧烈降低或晚间负荷剧烈减小时，油温降低，体积缩小，油面过低造成装置的气体继电器动作而停电；无气体继电器装置的变压器，油面过低会使变压器的上层线圈、分接头切换开关触头、铁芯的穿心螺栓等失去绝缘和散热，导致变压器过热，铁芯绝缘严重损坏。

（3）电动机滚动轴承里加注润滑脂，其作用是润滑、减少摩擦和磨损，同时还有冷却、传热、防尘、防锈和减震等。更换轴承内润滑脂时，其填充量一般约占轴承室空间的 1/3～1/2 为宜，润滑脂用量不能超过轴承室容积的 50%～70%。如果电动机滚动轴承内润滑脂过多会增大滚珠的滚动阻力，增加机械磨损，产生高温使润滑脂熔化而流入绕组，导致轴承因缺油而损坏；如果润滑脂加填过少，轴承得不到全部润滑而加速了轴承磨损，产生高热，使润滑脂熔化，渗漏流失，造成恶性循环，引起轴承过热损坏。

（4）录音机的机械传动部分一般不加润滑油。因为现在使用的录音机，其主导轴轴承、电动机轴承等主要部件，在制造时一般都使用含有润滑油的轴承。这些轴承可以使用 3～5 年而无需加注润滑油。故使用时切勿自行加注润滑油，以免污染橡胶部件，影响录音机原有性能发挥。

### 3-53　调换熔体时八不能规则

💬✅ 口诀

> 负荷开关熔断器，调换熔体八不能。
> 调换熔体要断电，不能带电冒险干。
> 熔断原因未查清，不能贸然换熔体。
> 负荷未变换熔体，容量等级不能变。
> 同一负荷开关内，不同熔体不能装。
> 彩电延迟型熔丝，普通熔丝不能用。
> 填石英砂熔断管，额定电压不能错。
> 螺旋熔断器熔体，工作方式不能改。
> 瓷插熔断器座内，石棉布垫不能取。　　　　　　　（3-53）

📖 说明　低压负荷开关及熔断器中熔体，在工作时是串接于电路中的，对线路和电器设备起短路和过载保护的作用，保证线路和电气设备正常安全运行。现将在进行调换熔体工作时的八项不能规则介绍如下。

（1）进行调换熔体工作时，一定要在拉闸停电经验电后进行，绝对不能带电冒险作业。避免偶尔不当心使身体或者工器具触及带电部分而引起触电事故或者发生闪络（导体与外壳间或相间）；避免可能发生的带负荷拔出熔断器熔体的事故（因熔断器的固定接触头是不能用来切断电流的，可能在拔出熔断器熔体时有电弧产生而灼伤人体或造成设备损坏）。

（2）负荷开关的熔体，不论因短路电流或过负荷电流还是其他原因而熔断，不能贸然调换新熔体，而是需查清烧断原因，排除存在故障后再更换。同时不能断了一相就只更换一相，而是同一负荷开关上的熔体均更换新的。因其未熔断的熔体也经过热损，留用易在以后正常工作时熔断；虽然新旧熔体规格相同，特性也相似，但熔断特性和截面积却不相同了。

（3）调换熔体只许更换和原来规格、容量、电压等级相同的熔体，不能私自把熔体的额定电流规格放大、额定电压等级降低。因为这样做就失去了熔断器的保护作用。除非用电负荷改变，不然是不允许私自更改的。

用电负荷变大，调换熔体的额定电流一定要和熔断器配合。因为同一种熔断器可装额定电流不同的熔体，但是只能够是熔体的额定电流比熔断器的容量小，至多相等，决不能超过（熔断器的额定容量是根据其接触部分和端子等的发热情况来决定的）。

（4）同一负荷开关或熔断器式隔离开关，必须调换同一种类的熔体，不能混换装同容量而非同种类的熔体。因为不同种类的熔体的熔断特性大不相同，例如，铅锡合金熔丝的熔断电流是额定电流的 1.5 倍；而铜丝熔体则是 2 倍；锌制的熔片是 1.3～2.1 倍左右。

（5）彩色电视机在开机的瞬间，有 10A 左右的电流通过机内的熔丝，这是自动消磁电路工作所致。不过它的工作时间极短，一般在 1000ms 以内，电视机内的热敏元件便使整机工作电流降低到 2A 以下。如果用普通的 2A 熔丝，开机瞬间出现的大电流就会将其熔断；但若采用 10A 的熔丝，整机在正常工作时则起不到保险作用。为了解决这个矛盾，在彩色电视机中都使用一种专用的延迟型熔丝。这种熔丝能在短暂的瞬间承受比额定值大 5～10 倍的大电流；而在正常工作时却只能通过小于 2A 的电流，起到普通熔丝的作用。所以，一旦彩色电视机上的专用延迟型熔丝被熔断，不能随意换用普通熔丝。

（6）填有石英砂的熔断器熔断管，不能用在高于或低于其额定电压的电网上，而只能用在与其额定电压相同的电网上。充有石英砂的熔断管，当熔体熔断时，电弧在石英砂中的狭沟里燃烧。根据狭缝灭弧原理，电弧与周围填料紧密接触受到冷却而熄灭。它的熄弧能力较强，可在电流未到峰值之前就熄灭电弧，具有限流作用。但它会产生过电压，其过电压的情况与使用地点的电压有关，如果用在低于其额定电压的电网中，过电压可能达到 3.5～4 倍的相电压，将使电网产生电晕，甚至损坏电网中设备；如果用在高于其额定电压的电网中，则熔断器产生的过电压有可能引起电弧重燃，无法再度熄灭，而造成熔断器外壳烧坏；如果用在额定电压相等的电网中，熔断时的过电压仅为 2～2.5 倍电网相电压，比设备的线电压稍高一些，所以不会有危险。

（7）螺旋式熔断器具有断流能力强、体积小、使用方便和安全可靠等优点，被广泛应用在电气设备的主电路、控制电路及照明电路中作短路保护。当它的熔断管内的熔丝熔断后，应更换新的成品备件熔断管。但是有些电工用一根同容量熔丝直接搭在熔断管的两端，如图 3-31 所示，装入瓷帽内继续使用。这种做法是不允许的。

螺旋式熔断器是按照冷却介质（石英砂）灭弧的方式来设计的（熔丝熔断时产生的电弧在石英砂的间隙中穿过，于是石英砂就吸收电弧发出的高热而使电弧迅速熄灭），它的两端头之间的距离较短。若将一根熔丝直接搭在熔断管外的两端头，就成为依靠空气灭弧了。这样电弧就有熄灭不了的可能，短路电流可能通过电弧继续形成回路，严重的会造成火灾，引起爆炸。因此必须对此有足够的认识和重视，绝对不能随意改动熔断管的工作方式。

（8）瓷插式熔断器结构简单，价格低廉，维护方便，不需要附属设施，可灵活调节使用范围。因此，瓷插式熔断器是一种广泛应用的保护装置。30A 电流等级以上的熔断器在灭弧室中均有石棉布垫减振、隔热和帮助熄弧，如图 3-32 所示。瓷插式熔断器一般静触头夹力弹性都较好，装上取下都比较费劲，如无隔热石棉布垫就易碰损；当熔丝熔断时，如无石棉布垫隔热会使瓷质烧损炸裂。故熔断器瓷底座内的石棉布垫不可取出扔掉。

图 3-31 熔断管外搭接熔丝示意图

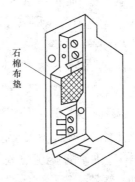

图 3-32 瓷插熔断器瓷底座示意图

# 第4章

# 操作顺序和经验

## 4-1　倒闸操作的基本顺序

📋 **口诀**

倒闸操作的顺序：停电先断断路器，

再拉隔离开关闸，负荷电源侧次序；

送电合闸恰相反，隔离开关先操作，

依次电源负荷侧，最后闭合断路器。　　　　　　　　　(4-1)

📖 **说明**　倒闸操作最基本的要求：严禁带负荷拉合隔离开关（刀闸）。倒闸操作应区别不同情况，遵守一定的顺序进行：停电拉闸操作必须按照断路器（开关）——负荷侧隔离开关（刀闸）——母线（电源）侧隔离开关（刀闸）的顺序依次操作；送电合闸操作应按与上述相反的顺序进行。

停电先拉负荷（线路）侧隔离开关和送电先合电源（母线）侧隔离开关，都是为了在发生错误操作时，缩小事故范围，避免人为扩大事故的。

(1) 在停电时，可能出现的误操作情况有：断路器尚未断开电源，先拉隔离开关，造成带负荷拉隔离开关；另一种情况是断路器虽已断开，但当操作隔离开关时，因走错间隔而错拉不应停电的设备。当断路器尚未断开电源而误拉隔离开关时，如先拉母线侧隔离开关，弧光短路点在断路器内，将造成母线短路；但如先拉线路侧隔离开关，则弧光短路点在断路器外，断路器保护动作跳闸，能切除故障，缩小事故范围。所以，停电时先拉线路侧隔离开关。

(2) 在送电时，如断路器误在合闸（闭合）位置就去合隔离开关，此时如先合线路侧隔离开关，后合母线侧隔离开关，等于母线侧隔离开关带负荷送线路；一旦发生弧光短路，便造成母线故障，人为扩大了事故范围。如果先合母线侧隔离开关，后合线路侧隔离开关，等于用线路侧隔离开关带负荷送线路；一旦发生弧光短路，断路器保护动作可以跳闸，切除故障，缩小事故范围。所以，送电时先合母线侧隔离开关。

## 4-2 倒闸操作九步骤

📱 **口诀**

> 倒闸操作九步骤：发布接受任务令。
>
> 填写倒闸操作票，逐级审票签批准。
>
> 核对性模拟操作，发布正式操作令。
>
> 现场核票和操作，复查汇报做记录。　　　　　　　(4-2)

📖 **说明**　正常情况下进行倒闸操作的一般程序如下：

（1）发布和接受任务。在需要进行倒闸操作前，值长应向班长发布操作任务（通常称预令），并讲清操作目的、任务。班长接到操作任务后应重复一遍，将此任务记入操作记录本中。班长确定操作人和监护人，并发布操作任务，同时交代安全事项。

（2）填写操作票。填写操作票的目的是拟定具体操作内容和顺序，防止在操作过程中发生顺序颠倒或漏项。操作人接受任务后，根据操作任务，查对模拟图和实际运行方式，认真逐项填写操作票。并应考虑系统变动后的运行方式与继电保护的运行方式及整定值是否配合等。

（3）审票批准。操作人填好操作票后，先自己审核一遍并签字。然后交监护人、班长、值长逐级审核，审票人发现错误应由操作人重新填写。无误后，分别在操作票上签字批准。

（4）模拟操作，再次核对操作票的正确性（核对性模拟操作）。经班长批准进行模拟操作。此时监护人和操作人在模拟图上按照操作票所列的项目顺序唱票预演，再次对操作票的正确性进行互相问答的核对。

（5）发布正式操作命令。一切准备工作就绪，值长或班长向监护人发布正式操作命令。监护人重复操作命令后，值长或班长认为正确无误时，发出命令："对，执行。"

（6）现场操作。操作人和监护人携带安全用具和钥匙进入现场。操作前，先核对被操作设备的名称、编号，其应与操作票相同。当监护人认为操作人站立位置正确和使用安全用具符合要求时，按操作票的顺序及内容高声唱票，操作人应再次核对设备名称和编号，稍加思考（即三秒思考制），无误后，复诵一遍。监护人确认无误后，下达"对，执行"的命令。此时，操作人方可按照命令进行操作。操作人在操作过程中，监护人还应监视其操作的方法是否正确。当操作人操作完一项时，监护人立即在操作项目左侧做一个记号"√"

（即勾票）。然后再继续进行下一项操作。

（7）复查。全部操作完毕，还应复查一遍，着重检查操作过的设备是否正常。

（8）汇报。监护人向发令人汇报按照操作票已经操作完毕，并汇报操作开始和结束时间。然后由操作人在操作票上盖"已执行"令印（章）。

（9）记录。将操作任务及起始终了时间记入操作本中。

## 4-3 "二点一等再执行" 现场倒闸操作法

💬 口诀

二点一等再执行，倒闸操作人程序。

先指点设备铭牌，后指点操作对象。

等监护核对无误，发令执行再操作。　　　　　　　　　　（4-3）

📖 说明　倒闸操作由值班电工按操作票内容顺序进行。倒闸操作应由两人进行，其中对设备较为熟悉者做监护。操作人和监护人携带操作工具进入现场后，操作前应先核对被操作设备，确认无误后再进行操作，丝毫不可疏忽。为此，要求实行"二点一等再执行"的操作方法。即操作人站立正确位置后，当监护人按操作票的内容和顺序高声唱票时，先指点设备铭牌，后指点操作对象（核对设备名称和编号）；等候监护人核对确认；当监护人确认无误后发出"对，执行"命令后，再进行操作。

倒闸操作时严防带负荷拉合隔离开关。所以每操作一步。应先检查原始状态，再检查操作后状态。应检查表示分合位置的机械指示器、指示灯及表计指示，以证实断路器、隔离开关的正确位置。

## 4-4 电力变压器控制开关操作顺序

💬 口诀

变压器控制开关，停送电操作顺序。

停电先拉负荷侧，然后再拉电源侧。

送电操作恰相反，先电源来后负荷。　　　　　　　　　　（4-4）

📖 说明　一般电力变压器控制开关停送电操作顺序为：停电时先停负荷侧，后停电源侧；送电时的操作顺序与此相反。这样安排操作顺序主要是从继电保护装置能够正确动作，不至扩大事故来考虑的。

（1）双绕组升压变压器停电时，应先拉开高压侧断路器，再拉开低压侧断路器，最后拉开两侧的隔离开关。送电时的操作顺序与此相反。

（2）双绕组降压变压器停电时，应先拉开低压侧断路器，再拉开高压侧断路器，最后拉开两侧的隔离开关。送电时的操作顺序与此相反。

（3）三绕组升压变压器停电时，应按顺序拉开高、中、低三侧断路器，再拉开三侧隔离开关。送电时的操作顺序与此相反。

（4）三绕组降压变压器停、送电时的操作顺序与三绕组升压变压器相反。

## 4-5　断路器两侧隔离开关操作顺序

📋 口诀

> 变电站输电线路，断路器两侧刀闸。
> 停电时倒闸操作：首先拉开断路器，
> 再拉线路侧刀闸，后拉母线侧刀闸。
> 送电时倒闸操作：先合母线侧刀闸，
> 再合线路侧刀闸，最后闭合断路器。　　　　　　　　　　（4-5）

📖 说明　变电站内输电线路若需停电时，倒闸操作顺序是应先拉开断路器，然后拉开线路侧隔离开关（刀闸），最后拉开母线侧隔离开关。送电时的倒闸操作顺序与此相反。即应先合上母线侧隔离开关。再合上线路侧隔离开关，最后合上断路器。停电时先拉开线路隔离开关，送电时先合上母线侧隔离开关，都是为了在发生错误操作时，缩小事故范围，避免人为扩大事故。

（1）在停电时，可能出现的错误操作情况有：断路器尚未断开电源（如因断路器机构卡死或电动部分失灵造成断路器实际不在分闸位置），先拉隔离开关，造成带负荷拉隔离开关；另一种情况是断路器虽已断开，但当操作隔离开关时，因走错间隔而错拉不应停电的线路。这时如先拉母线侧隔离开关，弧光短路点在断路器内，将造成母线短路。但如果先拉线路侧隔离开关，则弧光短路点在断路器外，断路器保护动作跳闸，能切除故障、缩小了事故范围；造成的后果比先拉母线侧隔离开关要好得多。所以停电时先拉线路侧隔离开关。

（2）在送电时，如果断路器误在合闸位置，便去合隔离开关。此时，如果先合线路侧隔离开关，后合母线侧隔离开关，等于用母线侧隔离开关带负荷送电；一旦发生弧光短路，便造成母线故障（整条母线停电），人为扩大了事故范围。如果先合母线侧隔离开关，后合线路侧隔离开关，等于用线路侧隔离开关带负荷送电；一旦发生弧光短路，断路器保护动作，可以跳闸，切除故障，缩小了事故范围。所以送电时先合母线侧隔离开关。

## 4-6 拉合跌落式熔断器时的正确顺序

💬 口诀

高压跌落熔断器，拉合时正确顺序。

拉时先断中间相，然后再拉背风相。

最后拉开迎风相，合时顺序恰相反。 (4-6)

📖 说明 正确操作跌落式熔断器的规定是：①操作人员在操作时要穿绝缘靴，戴绝缘手套，使用合格的绝缘棒；②严禁带负荷操作，即在拉合跌落式熔断器前应拉开变压器低压侧的断路器、负荷开关，断开所有负载；③操作时试试探探往往容易产生较大电弧，所以拉合跌落式熔断器时动作要准确、迅速、果断。拉合时的正确顺序为：拉开时，应先断开中间相，然后再拉开背风相，最后拉开迎风相；合上时，操作顺序与拉开时恰好相反，先合迎风相，再合背风相，最后合中间相。实践证明：在先拉开一相熔体管时，虽然该相上有高电压，但大多数情况下不会发生较大电弧；再拉开剩下两相中的任何一相时，一般电弧都比较大，这时由于中间相已经拉开，两边相的距离相应较大，再加上被拉相熔体管又在下风侧，所以发生相间弧光短路事故的可能性就大大减小；最后拉迎风相时，电弧就更小了（仅是切断变压器对地电容电流，火花甚微）。而合上时与此相反，先合迎风相，这时由于合上一相变压器高压绕组形不成回路，故不会产生较大电弧；再合背风相时，虽然电弧较大，但由于两边相距较大，加之又在背风侧，所以一般不会发生弧光短路；最后合中间相时，电弧也不会太大。

## 4-7 拉合单极隔离开关时的正确顺序

💬 口诀

单极隔离开关闸，使用绝缘棒操作。

拉闸先拉中间相，然后再拉两边相。

合闸先合两边相，最后合上中间相。 (4-7)

📖 说明 为了保证操作人员的安全，在操作单极隔离开关时，应使用与线路额定电压相符并经试验合格的绝缘棒，操作人应戴绝缘手套。雨天操作时，为满足绝缘的要求，应使用带有防雨罩的绝缘棒。如果需要进行登杆操作时，操作人员应戴安全帽，系安全带。雷雨时禁止进行倒闸操作。

拉开水平排列装设的单极隔离开关时，应先拉开中间相，再拉其他两边相。若操作时遇有大风，应先拉下风侧的边相，后拉上风侧的边相。因为拉开第二相时要切断电源，产生的电弧大，以免造成弧光短路。送电操作顺序与此相反。对于垂直排列装设的单极隔离开关，停电操作时，一般先拉中间，再拉上面，最后拉下面。送电操作顺序与此相反。

### 4-8　手动拉合隔离开关时应按照慢快慢过程进行

📋 **口诀**

> 隔离开关两操作，手动闭合和拉开。
>
> 遵循慢快慢进行，连贯完成三过程。　　　　　　　　(4-8)

📖 **说明**　隔离开关的分、合是经常碰到的一项操作。操作过程虽然简单，但操作是否正确关系到设备和人身的安全。

（1）手动闭合隔离开关，开始合闸时应缓慢，在操作连杆时应再次核查是否是要合的隔离开关，以防误操作，并为合闸用力做好准备。

快的目的是使动、静触头接触好，如果发生带负荷合闸，则有可能因电弧刚产生而隔离开关已合好，从而避免发生事故。注意即使发生误合闸也决不能在合闸过程中或合闸后再拉开。

当隔离开关将要完全闭合时，为防止合闸用力过度而损坏绝缘子和拉杆绝缘子，要缓慢地进行。

慢、快、慢三动作是在合闸过程中连贯完成的。

（2）手动拉开隔离开关时，刚开始应缓慢进行，其目的是在操作连杆一动的瞬间，要看清是否是要拉开的隔离开关，以防误操作。在切断小容量变压器的空载电流、一定长度架空线路和电缆线路的充电电流以及用隔离开关解环等操作时，均会有小的电弧产生，因此在断定所操作的隔离开关无误后应迅速地将其拉开，以利于灭弧。当隔离开关将要全部拉开时，为防止不必要的冲击造成操动机构或隔离开关支持绝缘子损坏，要缓慢地进行。

### 4-9　蓄电池充电完毕后的操作程序

📋 **口诀**

> 使用铅酸蓄电池，充电工作经常干。
>
> 蓄电池充电完毕，操作程序要记牢。
>
> 先断充电机电源，后取端头上夹钳。　　　　　　　　(4-9)

📖 **说明**　在蓄电池使用中，充电是一个重要的工作。新蓄电池和新修复的蓄电池必须进行初充电才能使用，使用中的蓄电池也要进行补充充电。

蓄电池充电进行到一定的程度时，电池开始冒气，并逐渐加剧。这是电流对电解液的电解作用而产生出的氢气和氧气。如果室内空气中的氢气达到约4％时，遇到火焰或电火花，就会着火引起爆炸。因此，充电室内要有良好的通风设备，以便及时排出室内的氢、氧两种气体。同时一定要遵守操作规程，先切断充电的电源，然后再取下电池端头上的夹钳，这样就可以避免带电切断电路而产生的电火花，防止空气中的氢气爆炸。

### 4-10　保证电工作业安全的技术措施实施顺序

📋 **口诀**

工作区域保安全，技术措施四项全。

停电验电装地线，装设遮栏标示牌。

且一定按此顺序，不间断连续进行。　　　　　　　　(4-10)

📖 **说明**　在全部停电或部分停电的电气设备上工作，必须完成下列措施：①停电；②验电；③装设接地线；④悬挂标示牌和装设遮栏。

上述措施由运行人员或有权执行操作的人员执行，且一定按顺序连续进行，即停电→验电→装设接地线→悬挂标示牌和装设遮栏。技术措施是保证电气设备在停电作业时切实断开电源、防止接近带电设备、可靠防止工作区域有意外突然来电的可能的有效措施。

1. 停电

切断工作的电气设备的电源，是保证在电气设备上安全工作的基础技术措施。必须使工作地点的电气设备与各电源点保持至少有一个明显的断开点，如拉开隔离开关就能保持有一个明显断开点。禁止只经断路器断开电源就让工作人员在设备上工作。工作地点必须停电的设备为：

(1) 被检修的设备。

(2) 工作人员在进行工作中的正常活动范围的距离小于表 4-1 规定的设备。

(3) 在 35kV 及以下的设备上工作，安全距离虽大于表 4-1 中的规定值，但仍小于表 4-2 中规定的安全距离，同时又无安全遮栏措施的设备。

表 4-1　　　　工作人员工作中正常活动范围与带电设备的安全距离

| 电压等级（kV） | 安全距离（m） | 电压等级（kV） | 安全距离（m） |
|---|---|---|---|
| 10 及以下 | 0.35 | 154 | 2.00 |
| 20～35 | 0.60 | 220 | 3.00 |
| 44 | 0.90 | 330 | 4.00 |
| 60～110 | 1.50 | 500 | 5.00 |

表 4-2　　　　　　　　　　　　　设备不停电时的安全距离

| 电压等级（kV） | 安全距离（m） | 电压等级（kV） | 安全距离（m） |
|---|---|---|---|
| 10 及以下 | 0.70 | 154 | 2.00 |
| 20～35 | 1.00 | 220 | 3.00 |
| 44 | 1.20 | 330 | 4.00 |
| 60～110 | 1.50 | 500 | 5.00 |

（4）带电部分在工作人员的背后或两侧，又无可靠安全措施的设备。

（5）与停电设备有关的变压器、电压互感器的高、低压两侧断路器或熔断器。

按上述要求断开电源的断路器和隔离开关，同时应将它们的操作电源切断，隔离开关的操作把手上加锁，以防止误合。

2. 验电

设备从供用电系统退出运行后，必须用合格的验电器再次证明该设备已确无电压。验电时必须注意：

（1）使用的验电器必须是符合被测设备运行电压等级的。用高于或低于被测设备运行电压等级的验电器验电都是不允许的。

（2）验电前应确认该验电器在有效使用期内（即经试验合格后未超过规定预试周期），否则不准使用。

（3）验电器使用前，要先在有电设备上测试，确认验电器处于良好状态。

（4）验电时应戴绝缘手套，操作人员与被验设备的安全距离仍应按设备带电的情况执行。

（5）验电应在设备进出线两侧分别进行。往往由于误操作等原因会使设备一侧或两侧都未停电，因此只验一侧是不妥当的。

（6）不能将表示设备断开或允许进入间隔的信号、指示回路电压的电压表等作为无电压的根据。但是如果这些信号或表针指示有电，则应禁止在该设备上工作。

（7）验电必须在三相上分别进行，不能只验了一相就认为三相都无电压。

3. 装设接地线

要表明设备确已无电、允许工作人员工作的最重要一项是在要工作的设备上装好接地线。它是保证工作人员在工作地点防止突然来电的可靠安全措施。同时，设备断开部分（如电缆、电容器等）的剩余电荷也可经接地放尽。装设接地线应注意：

（1）设备经验明无电压后，应立即将设备接地并三相短路。在接地线装设过程中，应将尚未接地的设备视为有可能突然来电，因而工作人员仍需注意与它保持规定的安全距离。接地线的任何部分也需与带电部分保持安全距离。

（2）对可能送电至停电设备的各方面或停电设备可能产生感应电压的都要装设接地线。例如一台断路器检修，则断路器母线隔离开关侧和线路隔离开关侧都要装设接地线。又例如检修部分若分为几个在电气上不相连接的部分（如分段母线以隔离开关或断路器隔开分成几段），则各段应分别验电、装设接地线。

（3）检修过程中如果需要临时拆除全部或一部分接地线后才能进行工作，例如进行一些电气试验或测量项目，必须取得值班人员或调度员（根据装设接地线的许可权限）的许可。工作完毕后应立即将接地线恢复。

（4）接地线承受短路电流的时间以 1s 为准。当保护动作时间不为 1s 时，应对实际动作时间接地线的允许承受短路电流进行核算。

（5）装设接地线必须有两人进行，一人监护一人操作。装设或拆除接地线应戴绝缘手套。装设时先接接地端，后接设备端；先接邻近工作人员的一相，后接远端的一相。拆除时顺序相反。接地线的线夹必须紧固在导体上，严禁用缠绕的方式接地或短路。

（6）为了防止发生未拆除接地线就随便送电的情况，每组接地线应固定按编号存放在指定的地点便于检查。可以在存放地点设置记录牌记录接地线装设地点，以便提醒和检查。装设接地线后应做好记录，内容包括装设地点和接地线编号。

4. 悬挂标示牌和装设遮栏

工作地点及周围的有关设备上应悬挂标示牌；禁止工作人员通行或接近的区域应设遮栏。工作负责人和工作人员不准擅自移动或拆除已装设的遮栏和标示牌。悬挂标示牌和装设遮栏按下述要领执行：

（1）一经合闸即可送电到工作地点的断路器和隔离开关的操作把手上，均应悬挂"禁止合闸，有人工作"的标志牌。如果线路上有人工作，则应悬挂"禁止合闸，线路有人工作"的标示牌。这些部位的标示牌应与操作把手加锁配合，防止误合。

（2）部分停电的工作，安全距离小于表 4-2 规定的距离以内，未停电设备处应设临时遮栏。临时遮栏与带电部分的距离应大于表 4-1 规定的距离。这些遮栏还包括禁止通行的通道处和工作地点两旁或对面间隔的遮栏。这些遮栏上应悬挂"止步，高压危险"标示牌，标示牌的正面朝向工作地域，以引起工作人员警戒。

（3）允许工作的地点，应悬挂"在此工作"标示牌。允许工作人员上、下用的构架或梯子上，应悬挂"由此上下"标示牌。反之，禁止人员上、下的构架或梯子处，应悬挂"禁止攀登，高压危险"的标示牌。

### 4-11　高压断路器操作法

📝 口诀

操作高压断路器，远方控制开关时，

既不得用力过猛，也不得返回太快；

就地操作断路器，则要迅速而果断。

操作后随即检查，有关信号灯指示。

运行中的断路器，禁止手动慢分合。　　　　　　（4-11）

📖 说明　操作断路器的远方控制开关时，不得用力过猛，以防损坏控制开关；也不得返回太快，以防断路器机构未及时动作。就地操作断路器时，要迅速果断。有条件时应做好防止断路器故障威胁人身安全的必要措施。禁止运行中手动慢分、慢合断路器。

在断路器操作后，应随即检查有关信号灯及测量仪表的指示，以判断断路器动作的正确性，但不得以此为依据来证明断路器的实际分、合位置，还应到现场检查断路器的机械位置指示器，才能确定实际分、合位置，以防止操作隔离开关时发生带负荷误操作事故。

### 4-12　高压隔离开关操作法

📝 口诀

手动闭合刀闸时，必须迅速而果断。

合闸行程终了时，可不能用力过猛。

刀片进固定触头，检查接触严密性。

手动拉开刀闸时，应该缓慢而谨慎。

分闸时可动刀片，刚离开固定触头，

此时如发生电弧，须随即反向操作。

将刀闸迅速合上，并立即停止操作。　　　　　　（4-12）

📖 说明　在手动合入隔离开关（俗称刀闸）时，应迅速而果断。但在合闸行程终了时，不能用力过猛，以防损坏支持绝缘子及合闸过头。在合闸过程中如果产生电弧，要毫不犹豫地将隔离开关继续迅速合上，禁止将隔离开关往回拉。因为往回拉会使弧光扩大，造成设备更大的损坏。隔离开关合好后，刀片应完全进入固定触头内，并检查接触的严密性。

在手动拉开隔离开关时，应缓慢而谨慎。特别是刀片刚离开固定触头时，此时如发生电弧，应立即反向操作将隔离开关合上，并停止操作。

在用隔离开关进行下列操作时，如切断小容量变压器的空载电流、切除一定长度的架空线路、电缆线路的充电电流及小量的负荷电流，用隔离开关解环操作等，都将有一定长度的电弧产生。此时应迅速将隔离开关拉开，以便顺利消弧。

### 4-13　电力线路上的倒闸操作

🗨️✅ 口诀

> 倒闸操作众规定，使用例闸操作票。
>
> 倒闸操作须两人，操作人和监护人，
>
> 执行监护复诵制，按顺序逐项操作。
>
> 经传动机构操作，必须戴绝缘手套。
>
> 使用合格绝缘棒，雨天要有防雨罩。
>
> 登杆应戴安全帽，并且使用安全带。
>
> 操作柱上断路器，应有防爆炸措施。
>
> 操作过程有疑问，不准擅自作更改，
>
> 必须报告调度员，弄清楚后再操作。
>
> 若遇雷鸣闪电时，则严禁倒闸操作。
>
> 配变跌落熔断器，更换其熔丝工作，
>
> 应先断低压开关，及高压隔离开关，
>
> 摘挂跌落熔断器，必须使用绝缘棒。　　　　　　(4-13)

📖 **说明**　倒闸操作应使用倒闸操作票。倒闸操作人应根据值班调度（线路工区值班员）的操作命令填写倒闸操作票。操作命令应清楚明确，受令人应将命令内容向发令人复诵，核对无误。

倒闸操作应由两人进行，一人操作，一人监护，并认真执行监护复诵制。发布命令和复诵命令都应严肃认真，使用正规操作术语，准确清晰，按操作票顺序进行逐项操作，每操作完一项，做一个"√"记号。操作机械传动的断路器或隔离开关时，应戴绝缘手套。没有机械传动的断路器、隔离开关和跌落熔断器，应使用合格的绝缘棒进行操作。雨天操作应使用有防雨罩的绝缘棒。凡登杆进行倒闸操作时，操作人员应戴安全帽，并使用安全带。

操作柱上油断路器时，应有防止油断路器爆炸的措施，以免伤人。

操作中产生疑问时，不准擅自更改操作票，必须向值班调度员或工区值班员报告，待弄清楚后再进行操作。

更换配电变压器跌落熔断器熔丝的工作，应先将低压开关和高压隔离开关拉开。摘挂跌落熔断管时，必须使用绝缘棒，并有专人监护。其他人员不得触及设备。

遇雷电天气时，严禁进行倒闸操作和更换跌落熔断器熔丝的工作。如果发生严重危及人身安全情况时，可不等待命令即行断开电源，但事后应立即报告领导。

### 4-14 七项电气误操作须预防

📑 口诀

> 电工作业实践中，七项电气误操作：
>
> 开关柜后接地线，忘了拆除就送电；
>
> 多台同型号设备，跑错位置拉错闸；
>
> 设备投入运行前，保护电源忘送上；
>
> 电动机开关闭合，电机不转忘拉闸；
>
> 断路器闭合位置，就投送隔离开关；
>
> 电缆线做试验后，相位接错却投入；
>
> 停电检修配电箱，相线中性线接反。 (4-14)

📖 说明 确保安全供用电，操作是重要的一环。发生电气误操作会直接造成人身伤亡、设备损坏或停电事故。从事电气工作的前辈们，花费时间和精力总结出"防止电气误操作七项预防办法"。

（1）送电前忘了拆除有关的接地线，特别是开关柜后面电缆线头上的接地线。

预防办法：实行安全工作制度、安全操作规范，送电前一定要重点检查接地线是否全部拆除，并要用绝缘电阻表摇测电气设备及线路的绝缘电阻。严防带接地线闭合开关。

（2）跑错位置，拉错刀闸。特别是两台以上的同型号规格电气设备排列在一起的情况下，更易跑错位置拉错闸。

预防办法：坚持执行电气操作的监护制度，核对设备编号正确无误后再进行操作。设备编号要清楚醒目，严防带负荷拉刀闸。

（3）设备投入运行前，忘记了送上保护电源的熔断器或忘记了将转换开关转到接通的位置，使设备在无保护的状态下运行。特别是手动合闸的油断路器，更容易忘记将控制、保护电源的熔断器送上。

预防办法：坚持操作步骤标准化、规范化，把检查项目编写入操作票中。油断路器大修后应做其跳、合闸试验，严防电气设备脱离保护。

（4）闭合电动机开关时，电动机不转，忘记立即断开电源开关。结果两相运行烧坏电动机。

预防办法：预先提醒操作人员，当合上开关时，如果发现电动机不转或电动机有异常声响，不论情况如何，都应立即断开电源开关。检查设备，消除故障后才能恢复送电。严防电动机两相运行。注意电动机的过负荷保护整定。

（5）投送隔离开关时，忘记了检查断路器是否在断开位置，结果闭合隔离开关时发现火花，又不自主地拉开，造成相间短路。

预防办法：坚持操作票制度。闭合隔离开关前一定要先检查断路器确在断开位置。要养成良好的习惯。

（6）电缆做试验后，重新投入，相位容易接错。特别是原先有交叉引线的电缆头更易接错。

预防办法：拆电缆头之前，先系上白布带，在电缆头引线及桩头上标明标清 $L_1$(A)、$L_2$(B)、$L_3$(C)，并坚持谁拆谁恢复。严防电源相位接反引起非同期并列事故。

（7）配电箱低压出线停电检修后，将中性线误接到相线上，送电后烧坏单相电气设备。特别是柱上变压器配电箱的出线更容易接错。

预防办法：配电箱中的接地线、中性线要有明显标记，不允许与相线一样包上绝缘带。电缆线头应刷相序色漆，并坚持谁拆谁恢复。

## 4-15 装拆汽车上蓄电池电桩的方法

🗨 口诀

往车上装蓄电池，先接相线后再接，

两蓄电池间连线，最后接接铁电桩。

从车上拆蓄电池，按相反顺序进行。 （4-15）

📖 说明　往汽车上装蓄电池时，应先接相线，再接两蓄电池之间连线，最后才装接铁电桩（接线柱。蓄电池的接铁极性应与同车发电机的接铁极性相同）。这样操作程序的目的，主要是防止扳手万一接铁而发生火花引起蓄电池爆炸；从车上拆下蓄电池时，应按相反步骤进行，即首先拆下接铁线。

连接电桩前，螺栓螺母的螺纹应涂凡士林油膏或润滑脂，以防氧化生锈，并且便于以后拆卸。如果电桩小夹头大，需垫金属皮时，最好用铅皮或铜皮，并且只垫半圈，如果整圈都是垫，会因电桩氧化导致通电不良；拆卸时，切莫锤击钳敲，否则将使极板上的作用物质掉落、焊接断脱、蓄电池损坏。如果铜制夹头无法取下时，只有同电桩一道锯下，重新浇铸桩头。

## 4-16 高压试验

💬 口诀

高压试验进行时，应遵守十项规定。
填第一种工作票。工作不少于两人。
因试验工作需要，断开设备接头时，
拆前应做好标记，接后应进行检查。
试验装置金属壳，应进行可靠接地；
高压引线尽量短，绝缘物支持牢固。
试验现场的周围，装设遮栏或围栏，
向外悬挂标示牌，并应派专人看护。
加压前认真检查，接线调压器零位，
表计倍率量程等；加压负责人许可；
整个加压过程中，应有人监护呼唱。
变更接线或结束，先断开试验电源，
升压器高压部分，应放电短路接地。
大电容被试设备，应先放电再试验。
高压直流试验时，每一段落或结束，
将设备放电数次，并进行短路接地。
试验结束后拆除，自装接地短路线；
检查被试验设备，恢复试验前状态，
经负责人复查后，就可以清理现场。　　　　　　(4-16)

📖 说明　高压试验工作应填写第一种工作票。

在一个电气连接部分同时有检修和试验时，可填写一张工作票，但在试验前应得到检修工作负责人的许可。在同一电气连接部分，高压试验的工作票发出后，禁止再发出第二张工作票。如加压部分与检修部分之间的断开点，按试验电压有足够的安全距离，并在另一侧有接地短路线时，可在断开点的一侧进行试验，另一侧可继续工作。但此时在断开点应挂有"止步，高压危险！"的标示牌，并设专人监护。

高压试验工作不得少于两人。试验负责人应由有经验的人员担任；开始试验前，试验负责人应对全体试验人员详细布置试验中的安全注意事项。

因试验需要断开被试设备接头时，拆前应做好标记；接后应进行检查。

试验装置的金属外壳应可靠接地；高压引线应尽量缩短，必要时用绝缘物支持牢固。试验装置的电源开关应使用明显断开的双极刀闸。为了防止误合刀闸，可在刀刃上加绝缘罩。试验装置的低压回路中，应有两个串联电源开关，并加装过载自动掉闸装置。

试验现场的周围应装设遮栏或围栏，向外悬挂"止步，高压危险！"的标示牌，并派人看守。被试设备两端不在同一地点时，另一端还应派人看守。

加压前必须认真检查试验接线、表计倍率和量程、调压器零位及仪表的开始状态，均正确无误，通知有关人员离开被试设备，并取得试验负责人许可，方可加压。加压过程中应有人监护并呼唱。高压试验工作人员在全部加压过程中，应精力集中，不得与他人闲谈，随时警戒异常现象发生，操作人应站在绝缘垫上。

变更接线或试验结束时，应首先断开试验电源、放电，并将升压设备的高压部分放电、短路接地。

未装地线的大电容被试设备，应先行放电再做试验。

高压直流试验时，每告一段落或试验结束时，应将设备对地放电数次并短路接地。

试验结束时，试验人员应拆除自装的接地短路线，并对被试设备进行检查，恢复试验前的状态，经试验负责人复查后，就可以进行清理现场。

### 4-17　变电站内使用喷灯

💬 口诀

> 变电站内用喷灯，必须遵守的规定。
>
> 油断路器变压器，带电导线和设备。
>
> 其上附近严禁用，加油点火都不准。
>
> 其他地点使用时，火焰调整应适当。

火焰带电部分距，万伏电压分界线。

以下大于一米五，以上大于三米整。 (4-17)

📖 **说明** 喷灯是火焰钎焊的热源，外形如图 4-1 所示。电工常用喷灯来焊接铝包电缆的外皮（铅护层）、制作电缆，大截面铜导线连接处的加固搪锡，以及其他电连接表面的防氧化镀锡等。

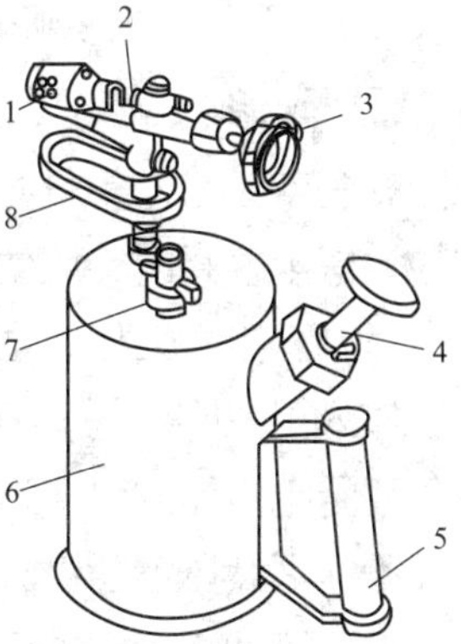

使用喷灯要预热喷头，在燃烧室（杯）中加煤油或汽油燃烧，然后打气加压（打气时应先将油门关闭）。加压切勿过度，在喷头达到预热温度后应立即放阀喷油。喷油嘴堵塞时，用专用的通针疏通，并根据需要调节火焰到适当程度，过大过小都会影响焊接质量。要防止火焰烧坏工件，对离焊接处较近的绝缘结构件，要采用有效的隔热措施，如垫石棉纸或裹以耐火泥等。

使用喷灯要注意，喷灯点火时喷头嘴不准对人，火焰喷头前方不准有易燃品，点火阶段在喷火嘴烧热后逐渐打开喷火嘴油门时注意不可过急。使用过程中，油壶（筒体）内压力应调整适当，切不可过高，以防爆灯；发现喷火不正常或喷灯有毛病时，要立即停用。喷灯需加油、放油或修理时应先关闭，待喷头嘴冷却并放尽油壶（筒体）内压力后再进行。

图 4-1　喷灯示意图

1—火焰喷头；2—喷油针孔；
3—放油调节阀；4—打气阀；
5—手柄；6—筒体；7—加油阀；
8—预热燃烧杯

在变电站（所）内使用喷灯作业，必须遵守《电业安全工作规程》中的规定。禁止在带电导线、带电设备和充油设备（变压器、油断路器等）上使用喷灯，也不准在上述设备附近以及在电缆夹层、隧道、沟洞内对喷灯加油及点火。使用过程中，火焰应调整适当，喷出的火焰与带电部分的距离：电压在 10kV 及以下者，不得小于 1.5m；电压在 10kV 以上者，不得小于 3m。此外，在制作环氧树脂电缆头时，应采取有效的防毒和防火措施。

## 4-18　配电变压器台上工作

💬 **口诀**

变台停电检修时，用第一种工作票。

高压线路不停电，负责人在作业前，

必须向大家说明，加强监护人监护。

先断低压总开关，后拉跌落熔断器。

停电高压引线上，验电装设接地线。

起吊放落变压器，变台结构须牢固。

邻近带电体工作，遵守安规中规定。

配变做耐压试验，台架上面禁有人。

地面上有电部分，装设围栏标示牌。 (4-18)

📖 **说明** 配电变压器台（变压器台分为杆上式和落地式两大类，而在杆上式台中又分为单杆和双杆两种。适用于小城镇居民住宅区、工厂生活区和农村）停电检修时，应使用电力线路第一种工作票；同一天内几处配电变压器台进行同一类型工作，可使用一张工作票。高压线路不停电时，工作负责人应向全体人员说明线路上有电，并加强监护。

在配电变压器台上进行工作，不论线路已否停电，必须先拉开低压隔离开关（不包括低压熔断器），后拉开高压隔离开关或跌落式熔断器，在停电的高压引线上接地。上述操作在工作负责人监护下进行时，可不用操作票。

在吊起或放落变压器前，必须检查配电变压器台的结构是否牢固。吊起或放落变压器时，应遵守邻近带电部分有关规定。如在邻近带电导线的工作中规定：在带电的电力线路邻近进行工作时，有可能接近带电导线至危险距离以内时，必须做到以下要求：①采取一切措施，预防与带电导线接触或接近至危险距离以内。牵引绳索和拉绳等至带电导线的最小距离应符合表 4-3 的规定。②作业的导、地线还必须在工作地点接地。绞车等牵引工具必须接地。

表 4-3 　　　　　　　邻近或交叉其他电力线工作的安全距离

| 电压等级（kV） | 安全距离（m） | 电压等级（kV） | 安全距离（m） |
| --- | --- | --- | --- |
| 10 及以下 | 1.0 | 154～220 | 4.0 |
| 35（20～44） | 2.5 | 330 | 5.0 |
| 60～110 | 3.0 | 500 | 6.0 |

配电变压器停电做试验时，台架上严禁有人，地面有电部分应设围栏，悬挂"止步，高压危险！"的标示牌，并有专人监护。

## 4-19 起立电杆

💬 **口诀**

重大施工起立杆，制定措施经批准。

统一指挥定信号，明确分工配合好。

交通道路居民区，设置警牌专人看。

起重设备须合格，严禁过载替代用。

顶杆叉杆立轻杆，人员均分杆两侧。

吊车起立重型杆，绳套杆身位适当。

抱杆立杆抱杆顶，主牵引绳及尾绳，

电杆中心一直线，抱杆稳固受力匀。

临时拉线固定牢，拉绳控制要协调。

杆身离地后暂停，全面检查吃力点。

确无问题继续立，六十度后需减速。

杆已竖直回填土，夯实杆基拆拉绳。　　　　　　　　(4-19)

📖 **说明**　电杆的起立是架空线路施工中极为重要的一个环节，必须予以高度重视，故《电业安全工作规程》中有明确规定。立（撤）杆塔等重大施工项目应制定安全技术措施，并经局主管生产领导（总工程师）批准。立杆要设专人统一指挥。开工前，讲明施工方法及信号，工作人员要明确分工、密切配合、服从指挥。在居民区和交通道路上立杆时，应设专人看守。立杆要使用合格的起重设备，严禁过载使用。立杆过程中，杆坑内严禁有人工作。除指挥人员及指定人员外，其他人员必须在远离杆下1.2倍杆高的距离以外。顶杆及叉杆只能用于竖立轻的单杆，不得用铁锹、桩柱等代用；立杆前，应开好"马道"；工作人员要均匀地分配在电杆的两侧。使用吊车立杆时，钢丝绳套应吊在杆的适当位置，以防止电杆突然倾倒。使用抱杆立杆时，主牵引绳、尾绳、电杆重心及抱杆顶应在一条直线上；抱杆下部应固定牢固，抱杆顶部应设临时拉线控制，临时拉线应均匀调节并由有经验的人员控制；抱杆应受力均匀，两侧拉绳应拉好，不得左右倾斜；固定临时拉线时，不得固定在有可能移动的物体上，或其他不可靠的物体上。杆塔起立离地后，应对各吃力点处做一次全面检查，确无问题后再继续起立；起立60°后，应减缓速度，并注意各侧拉绳。已经立起的电杆，只有在杆基回土夯实完全牢固后，方可撤去杈杆及拉绳。杆下工作人员应戴安全帽。

架空线路施工中，常用的立杆方法有：杈杆法（又称架腿立杆法，或架杆立杆法）、抱杆立杆法、三脚架法立杆、汽车吊立杆等几种。

杈杆（架腿）立杆施工简单、速度快，但劳动强度大；仅适用于立杆少，又缺乏立杆机具的情况，并且竖立的电杆为木杆或9m以下的混凝土电杆。杈杆法采用的主要工具是顶板（或顶杆。采用无裂绞和未腐朽的木材加工而成，长度约 1.5m）和权杆（一般采用三副长度不等的权杆，长度分别为 4m、5m、6m，用梢径不得小于 100mm 的结实木杆制作）。起立电杆时先将电杆梢部抬起，并借助顶板支撑杆身的质量，每抬起一次就将顶板向杆根移动一次，待杆身起立到一定高度后，即可支上权杆撤出顶板。如图 4-2 所示，用两副权杆交替推顶电杆并向其根部前进（利用权杆两边用力的大小来调整电杆方向），使电杆向坑心移动（移动时，要移完一副权杆使其吃上力，再移另一副，防止移动时互相碰撞），并逐渐竖立起来。电杆竖立起直后，两副权杆中要移一副到反面去，防止电杆向前倾倒，并调整电杆的根部使其中心位于线路中心线上。电杆立正、立直以后，立即回填土夯实。

滑板

图 4-2　权杆法立杆示意图

固定抱杆立杆法是把电杆顺线路摆在杆坑的正上方，使电杆重心对准杆坑最深的一点。在杆坑的甲桩一侧立好抱杆（抱杆可以是人字抱杆，也可以是单柱抱杆），抱杆用临时拉线固定牢稳。电杆上拴好拉绳，其作用是电杆起立过程中及立于坑中后，能调整电杆的位置和垂直度。抱杆顶上挂滑轮组，滑轮组的下端吊钩吊住电杆，吊电杆的吊点应按甲杆重力选取，其位置应比电杆重心略高。如图 4-3 所示，固定抱杆立杆现场布置示意图。其具体起立方法、注意事项等，这里不再赘述。

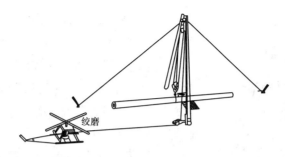

图 4-3　固定式人字抱杆立杆法示意图

　　倒落式抱杆立杆法（搬立法）不同于固定式人字抱杆立杆法（吊立法），其抱杆在立杆过程中随电杆起立不断后扬，最后抱杆脱落，但立杆还在进行中。如图 4-4 所示，倒落式抱杆立杆现场布置示意图。电杆顺线路摆放，杆根对准坑的最深处。用人字抱杆骑在电杆上，抱杆高度可比电杆长一半略短或杆长之一半，顶部穿入抱杆帽子中，抱杆帽子比抱杆顶略粗，使抱杆可以从帽子中自由脱落。两个抱杆帽子连在一起，顶部前后各有拉环，前吊点绳、后吊点绳分别连于环上。前吊点绳另一端接滑轮组，后吊点绳另一端吊住电杆，吊点高度一般在电杆重心与杆顶之间。后吊点绳长度按抱杆角度确定，以后吊点绳刚吃力时抱杆对地夹角 55°为宜。夹角太大时，抱杆脱落过早，造成立杆费劲。如果夹角过小，电杆刚起立时抱杆受力过大，必然使抱杆加大直径变得笨重。采用倒落式抱杆立杆时，必须加电杆制动装置。制动绳为钢丝绳，拴牢杆根，顺电杆引向杆顶，再后移 3m 左右。将制动绳一端的环套钩在一单轮滑车上，单轮滑车轮上通过一条钢丝绳，钢丝绳一端环套钩在制动器的一个钩上，另一端绕在制动器的滚筒上（滚筒为圆锥形），制动器另一个钩用钢丝绳与桩锚连接起来。

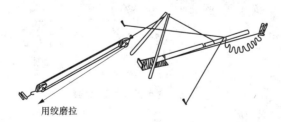

图 4-4　倒落式人字抱杆立杆法示意图

　　三脚架法立杆，是一种比较简易的立杆方法。它主要依靠装在三脚架上的小型卷扬机，上下两只滑轮以及牵引钢丝绳等来吊立电杆，如图 4-5 所示。立

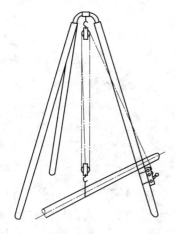

图 4-5　手摇卷扬机吊杆示意图

杆时，首先将电杆移到坑边，立好三脚架，做好防止三脚架根部活动和下陷的措施；然后在电杆梢部拴三根拉绳，以控制杆身；在电杆杆身 1/2 处，栓套一根短的起吊钢丝绳，并套在滑轮吊钩上。准备工作做完善，即可开始吊杆。起吊电杆时，手摇卷扬机手柄，当杆梢离地约 0.5m 时，应对绳扣等做一次安全检查。认为确无问题后，方可继续起立电杆。

汽车吊立杆是一种施工效率高、安全性能好、适用范围广的立杆方法，只要是汽车吊能承载电杆荷重，并且能对其稳固的地方均可采用。立杆时，首先将汽车吊开到距杆坑适当的位置并进行稳固；然后起重工持证上岗，在电杆上从根部量起的 1/2～2/3 处系一根起吊钢丝绳，再在杆顶下 0.5m 处拴三根调整拉绳。起吊时，由两人负责电杆杆根部进坑，另外由三人各拉一根调整绳，以坑为中心站位呈三角形，再由一人负责统一指挥，如图 4-6 所示。当将杆顶吊离地面 0.5m 时，暂停起吊，再对绳扣、钢丝绳及汽车吊稳固情况等进行一次安全检查，确认各部分均无问题后再继续起吊。

图 4-6　汽车吊立杆示意图

## 4-20　登杆作业

💬✅ 口诀

登杆之前须检查：安全帽系下颌带，

杆根杆基全牢固，登杆工具全牢靠。

杆上须用安全带，系在牢固构件上，

检查扣环要扣牢，转位不失去保护。

上横担前应检查，腐朽锈蚀诸情况。

须用工具和材料，绳索传递不乱扔。

应防杆下有行人，防掉东西有措施。 (4-20)

📖 **说明** 上木杆前，应先检查杆根是否牢固。新立电杆在杆基未完全牢固以前，严禁攀登。遇有冲刷、起土、上拔的电杆，应先培土加固、支好杆架或打临时拉绳后再行上杆。凡松动导、地线及拉线的电杆，应先检查杆根，并打好临时拉线或支好架杆后，再行上杆。

上杆前，应先检查登杆工具，如脚扣、升降板、安全带、梯子等是否完整牢靠。攀登杆塔脚钉时，应检查脚钉是否牢固。

在杆、塔上工作，必须使用安全带和戴安全帽。安全帽是用于保护头部，防撞击、挤压伤害的有效防护安全用具。因此《电业安全工作规程》中规定：任何人进入生产现场，应戴安全帽。安全帽使用前，应检查帽壳、帽衬、帽箍、顶衬、下颌带等附件完好无损。安全帽使用时，应将下颌带系好，防止工作中前倾后仰或其他原因造成安全帽滑落。

安全带又名安全腰带，是防高空摔跌的主要安全用具。它是高处作业时防止由于操作人员失误或设施有缺陷而发生人身伤亡的救命带。因此，一切高处作业人员必须使用安全带。高处作业者活动面积小，四面临空，作业时受外界的影响大，是一项复杂、危险的作业。但在具体使用安全带的过程中，违章进行高处作业的人很多，有的人认为离地面不算太高，系用安全带工作不方便，即使坠落也无多大危险，不想使用安全带；还有的人在作业项目简单、任务急、操作时间短的情况下，忘记使用安全带。另外，高处作业前对大、小带及保险绳的检查也较粗心。安全带应系在电杆及牢固的构件上，应防止安全带从杆顶脱出或被锋利物伤害。系安全带后必须检查扣环是否扣牢。在杆塔上作业转位时，不得失去安全带保护。杆塔上有人工作时，不准调整或拆除拉线。

上横担时，应检查横担腐烂锈蚀情况，检查时安全带应系在主杆上。

现场人员应戴安全帽。杆上人员应防止掉东西，使用的工具、材料应用绳索传递，不得乱扔（杆上作业时，应将较小的工具、螺钉、螺母、线鼻子、垫圈等一律装入工具袋，较大的工具应用绳子拴在牢固的构架上，严禁随意乱放。不准将工具、材料上下或水平投掷，以免器材或工具打伤人员或打坏设备，应用绳子系好传递）。杆下应防止行人逗留（作业地点的下方应设置围栏或采用其他措施，并设专人监护，以防止落物伤人）。

### 4-21　防止在同杆架设多回线路中误登有电线路的措施

📣 **口诀**

> 同杆架设多回路，部分线路停电修。
>
> 防止误登碰触电，安全措施须完善。
>
> 线路全线每基杆，杆号明显线名晰。
>
> 区分识别各线路，应用标志和色标。
>
> 线路相对应标记，预告发给工作班。
>
> 杆号线名及标记，核对无误后登杆。
>
> 验明线路确停电，立即挂置接地线。
>
> 杆上作业和登杆，杆杆均设监护人。　　　　　　　(4-21)

📖 **说明**　在同杆共架设的多回线路中，部分线路停电检修。为防止工作人员发生误登、误碰有电线路而造成触电，应采取有效可靠措施。其中线路全线每基电杆必须做到名称清晰、杆号明显（多回线路中的每一回线路都应有双重称号，即线路名称、左线或右线、上线或下线的称号。面向线路杆塔号增加的方向，在左边的线路称为左线；在右边的线路称为右线。杆号和线路的双重名称在每基杆身上均标注明显，并加强维护保持清晰），每个工作人员在登杆前必须认真核对线路名称和杆号，确认线路再登杆。这是防止误登有电线路的基本措施之一。为了防止在同杆塔架设多回线路中误登有电线路，《电业安全工作规程》中明确规定"还应采取如下措施"。

（1）各条线路应用标志、色标或其他方法加以区别，使登杆塔作业人员能在攀登前和在杆塔上作业时，明确区分停电和带电线路。

（2）应在登杆塔前发给作业人员相对应线路的识别标记。

（3）作业人员登杆塔前核对标记无误，验明线路确已停电并挂好接地线后，工作负责人方可发令开始登杆、杆上作业。

（4）登杆塔和在杆塔上作业时，每基杆塔都应设专人监护。

为防止工作人员发生误登、误碰有电线路而造成触电事故，有些地区除实施俗称"对号入座""对牌登杆"辅助措施外，还实施给每个线路工作人员配备一个手表式近电报警器，或配备带报警的安全帽。

同杆塔架设多回线路中，部分线路停电检修。在杆塔上进行工作时，应与带电导线保持规定的安全距离；严禁进入带电侧的横担，或在该侧横担上放置任何物件；绑线要在下面绕成小盘再带上杆塔上使用，严禁在杆塔上卷绕绑线或放开绑线；断开引线时，应在断引线的两侧接地；遇有 5 级以上的大风时，应执行工作间断制度，停止杆上检修工作。总之，加强"安全第一"意识，严格做好监护工作。

### 4-22　滑线母线绝缘子填料

📋 **口诀**

> 滑线母线绝缘子，绝缘子孔中填料：
>
> 应采用氧化铅粉，加二分之一细沙，
>
> 两者混合搅拌匀，甘油调成混合物。　　　　　　(4-22)

📖 **说明**　滑线和明母线是工矿企业车间里最普遍应用的动力线路，这些动力线路一般都是采用电车绝缘子作为绝缘材料。绝缘子和螺丝中间的填料，有的采用纯铅灌注的方法，但这种方法在铅冷却后，绝缘子边上产生孔隙，螺丝有活动现象，不太结实。如果用氧化铅粉和甘油的混合物来做填料，机械强度是很高的，但是这种方法成本很高。经过试验和实践，在氧化铅粉中加½的细沙，混合搅拌均匀后用甘油调成混合物，然后填到绝缘子孔中去。这种方法在机械强度上没有减低，但可以降低成本。凝固的强度和周围温度有关，温度越高，凝固得越快。

### 4-23　交流电焊机作低压行灯照明电源

📋 **口诀**

> 电焊机二次绕组，中间三十六伏处，
>
> 引出一根电源线，在接线板上固定。
>
> 接成两低压电源，各接三十六伏泡。　　　　　　(4-23)

📖 **说明**　交流电焊机实际上就是一台特殊的降压变压器，它除可作焊接金属件外，还可在缺少低压变压器（行灯变压器）场合利用其二次电压作低压照明电源。这样可以一机两用。

电焊机的二次电压一般为 70V 左右，为此需在电焊机二次绕组中间 36V 左右处引出一根电源线，在接线板上打孔，用螺栓固定引出线头。利用由此引出的公用线头与原电焊机焊接用两接线柱，可接成两路低压电源，各接上 36V 低压白炽灯灯泡，便可使用。

用交流电焊机作低压行灯照明电源的方法，特别适合工作环境潮湿的建筑工地，尤其在夜间浇注混凝土时，使用低压照明既安全又方便。

### 4-24　室内照明明线改暗线的施工经验

**口诀**

室内照明明敷线，改敷暗线施工法：

先定家电安装位，导线敷设定位置；

家电照明分布线，都采用布管敷线；

先埋管子后穿线，采用独股绝缘线；

禁止铜铝线混用，最好全部用铜线；

导线互相连接处，装设分线接线盒；

选择适当熔断器，并装漏电保护器；

改造工程完竣后，必须细查接电源。　　　　　　　(4-24)

**说明**　一般家庭内搞装修，多将室内照明明线改成了暗线敷设，使得整个家庭看起来显得整洁、大方、美观。然而在明线改暗敷敷设时，有些人不注意方式方法，不测算用电负荷，不规范盲目乱改，结果后悔不及叫苦连天："暗线不如明线好，出现故障无处找；要想找到故障处，必须先把墙来凿。"现介绍八点明线改暗线施工的经验。

（1）先确定好各种家用电器的安装位置，然后导线敷设的位置（包括走向）就可以确定了。导线走向最好成直线，近距离，这样既节约材料又降低压降。插座安装高度应符合规格规范要求。

（2）大功率家用电器与照明灯具最好分开布线。现代家庭使用的电饭锅、电磁炉、微波炉、空调器等高能耗电器，功率都比较大；与照明灯具比较起来，发生故障相对也多一点。如果分开布线，容易查找故障线路，而且在发生故障时，互不影响。

（3）应采用布管敷线。禁止采用直接凿墙敷设导线方法；要先埋管子后穿线，操作要规范。

（4）导线应采用独股绝缘线。禁止采用护套线和花线。因为护套线两芯线距离较近，且绝缘电阻低，容易发生短路事故；花线和护套线的载流量较小，容易发生断线。

（5）禁止铜、铝线混用。在选择购买导线时，铜、铝线只能选择一种线，但最好是铜线。

（6）导线互相连接处应装设分线盒或接线盒。因为一般发生断线故障，多在导线互相连接处。接线盒内导线要留有一定长度，这样有利于检修维护。

（7）熔断器选择要合适，熔丝不能过大或过小。同时应该加装低压漏电保护器。

（8）室内照明明线改暗线工程安装完毕后，要经过认真仔细地检查，确无错误才可以接上电源。

## 4-25　三先操作法

📋 **口诀**

安全三先操作法，做活之前先想想。

停送电前先通知，操作之前先检查。　　　　　　　　（4-25）

📖 **说明**　要确保安全供用电，操作是重要的一环。如果操作不正确，就可能直接造成人身伤亡、设备损坏或停电事故，所以要重视研究电气设备的操作方法。在执行操作票、工作票制度的基础上，要认真实施"三先操作法"。

（1）先想后做。电子运动有很严密的规律，但眼睛看不见，因此，更需要电工善于思考，用心探索，尊重它的客观规律。电工当接到一项操作任务时，要先想好它的操作次序；按照规程要求写好操作票；预想可能发生的问题，以及防患的措施；然后再动手去操作，这样就比较有把握了。"先想后做"坚持几个月似乎不难，但自觉地坚持几年、几十年确实是不容易的；在正常的情况下去实施也许不难，但在外界因素的干扰下实施就不容易了。因此，"先想后做"要牢记在心，互相提醒。

（2）先通知后停送。电气设备及线路停电前，必须先通知有关变电站和用户，使他们事先有充分的准备，能按时切除负载。送电前更应进行先通知，严防触电事故。如果不通知就送电，往往会出大问题，甚至会发生触电事故。

（3）先检查后操作。操作开始前，首先，要对现场情况进行认真的全面检查。例如，一条线路送电，一定要检查清楚是否全部检修工作均已结束，人员已全部下杆，地线已全部拆除，相位正确，绝缘电阻合格，保护装置已投入，断路器在断开位置等。

## 4-26　低压带电作业时安全操作三原则

📋 **口诀**

低压带电作业时，安全操作三原则。

做到与大地隔绝，避免线地间触电。

先分断电流回路，防介入回路触电。

采取单线操作法，避免两线间触电。                    (4-26)

📖 **说明**  低压带电作业多为万不得已情况下检修低压电气装置，在检修工作中容易发生的工伤事故有两类，即触电事故和高处摔跌事故。其中，高处摔跌事故往往也由触电引起，并会造成重伤或死亡。在带电检修低压电气装置时，为了避免形成触电回路，必须同时严格贯彻以下三点安全操作原则。

（1）做到与大地隔绝。在带电检修时，人体各部分必须与大地（包括与大地有连通的可导电的建筑物及管道）有可靠的绝缘隔离。因此，电工必须严格按照安全工作的规定穿着电工绝缘胶鞋、防护工作服，带有绝缘手柄的工具，以及采用竹或木结构的干燥梯子（或用干燥的木凳）登高。即使不登高，也应用干燥的木板或橡皮等绝缘物垫在足下。同时在操作时人体不可触及建筑物。此外，在接受未与大地隔离绝缘者递交的工具或零件时，检修人员必须停止操作，双手必须脱离检修点。这样才能避免形成线地间的触电回路（当检修人员的身体同时触及一根带电相线和导电的地面、墙柱、自来水管等，电流就会通过人体、建筑物和大地形成电流回路）。

（2）先分断电流回路。在检修用电器具的个别电路时，应首先杜绝电流可能形成的闭合回路。如在检修电灯开关时，必须先卸下灯泡。这样，即使人体同时分别触及开关的两个接线端子，也不会因人体介入而形成触电回路。在检修灯头或挂线盒等时，必须把电灯开关分断，这样可以避免同时触及两个接线端子时形成人体介入电路的触电回路（当电工检修单极控制开关、熔断器或导线连接点时，人体同时触及两个接线端子或断开的两个线头，这时电路带电，人体就串入用电器具的电流回路或代替了用电器具）。

（3）采取单线操作法。在检修工作时，人体在任何时间都不可分别触及两个线头，或两个接线端子，或两个触点。操作时必须一个线头一个线头地操作。凡有可能因不慎而触及的邻近带电裸导体，必须预先加以遮护。这样就可避免形成两线间的触电回路（当检修人员身体的两个不同部位同时触及两根导线的裸露部分或两个接线端子时，人体就接通了两线间的电路，形成电流回路）。

这里需要指出的是：电工在万不得已而带电检修低压电气装置时，上述三种避免形成各种触电回路的安全措施，必须同时采用。如果只采取一种或两种措施，仍然会发生触电事故。例如，如果没有采取与大地隔离绝缘这一安全措施，即使严格采用了单线操作和分断电流回路两项措施，仍会形成线地间的触电回路。因此，上述三种措施必须同时采用，才能确保电工的安全作业。

### 4-27　电气设备检修经验六先后

**口诀**

> 电气设备有故障，检修经验六先后。
> 设备机电一体化，先机械来后电路。
> 实施方式和方法，先简单来后复杂。
> 先外部调试排除，后处理内部故障。
> 先静态测试分析，后动态测量检验。
> 遵循先公用电路，后专用电路顺序。
> 先检修常见通病，后攻克疑难杂症。　　　　　　　　　(4-27)

**说明**　当一台电气设备发生故障时，不要急于动手拆卸，首先要了解该电气设备产生故障的原因、经过、范围、现象，熟悉该设备及电气系统的基本工作原理，分析各个具体电路，弄清原理中各级之间的相互联系以及信号在电路中的来龙去脉。应善于透过现象看本质，善于抓住事物的主要矛盾。结合实际经验，经过周密思考，确定一个科学的、符合实际的检修方案。为此现介绍行之有效的检修经验六先后。

（1）先机械。后电路。电气设备都以电气—机械原理为基础，特别是机电仪—体化的先进设备，机械和电气在功能上有机配合，是一个整体的两个方面。往往机械部件出现故障，影响了电气系统，许多电气部件的功能就不起作用了。因此不要被表面现象迷惑，应透过现象看本质，电气系统出现故障并不全是电气本身的问题，有可能是机械部件发生故障引起的。所以先检修机械系统所产生的故障，再排除电气部分的故障，往往会收到事半功倍的效果。

（2）先简单，后复杂。此经验有两层含义：一是检修故障时，要先用最简单易行、检修人员自己最拿手的方法去处理，然后再用复杂、精确的或是自己不熟悉的方法；二是排除故障时，先排除直观、显而易见、简单常见的故障，后排除难度较高、没有处理过的疑难故障。

（3）先外部调试，后内部处理。外部是指暴露在电气设备外壳或密封件外部的各种开关、按钮、插口以及指示灯。内部是指在电气设备外壳或密封件内部的印制电路板、元器件及各种连接导线。先外部调试，后内部处理。就是在不拆卸电气设备的情况下，利用电气设备面板上的开关、按钮、旋钮等调试检查，压缩故障范围。首先排除电气设备外部部件所引起的故障，再检修设备内部的故障，尽量避免不必要的拆卸。

（4）先静态测试，后动态测量。静态是指发生故障后，在不通电的情况下，对电气设备进行检修；动态是指电气设备通电后对电气设备的检修。大多数电气设备发生故障后检修时，不能立即通电。如果通电的话，可能会人为地扩大故障范围，损毁更多的元器件，造成不应该的损失。因此，在故障电气设备通电前，先进行电阻的测量分析，采取必要的预防措施后，方可通电检修。

（5）先公用电路，后专用电路。任何电气设备的公用电路出现故障，其能量、信息就无法传送，分配到各具体电路、专用电路的功能、性能就不起作用。如果一台电气设备的电源部分出了故障，整个系统就无法正常运行，向各种专用电路传递的能量、信息就不可能实现。因此只有遵循先公用电路，后专用电路的顺序，才能快速、准确无误地排除电气设备的故障。

（6）先检修通病，后攻疑难杂症。电气设备经常容易产生相同类型的故障，这就是通病。由于通病比较常见，处理的次数和排除的方法均多，积累的经验较丰富，因此可以快速地排除。这样可以集中精力和时间排除比较少见、难度高、复杂的疑难杂症，简化步骤，缩小范围，有的放矢，提高检修速度。

### 4-28 适可而止七操作

🗨 口诀

> 作业科技含量高，需适可而止操作。
> 电动机滚动轴承，加注矿物润滑油，
> 填充量过多过少，会加速轴承磨损。
> 油断路器充油量，若是偏多或偏少，
> 开断能力会下降；能导致本体烧损。
> 少油断路器油箱，内加注变压器油，
> 油面过高或过低，会造成爆炸事故。
> 蓄电池的电解液，实质就是稀硫酸，
> 比重过高或过低，使用寿命受影响。
> 热继电器出线端，连接导线细或粗，
> 均会发生误动作，不能任意换导线。
> 低压漏电保护器，安全保护性能高，
> 对其灵敏度要求，不是越高就越好。

配电装置汇流排，实施螺栓连接法，

要保持适当压力，不是越大则越好。                    (4-28)

📖 **说明**　(1)电动机滚动轴承里加注的润滑脂是一种油膏状矿物润滑油，其作用是润滑，减少摩擦和磨损，同时还有冷却、传热和防尘，防锈、减震等作用。滚动轴承里的润滑脂很少要更换（6～12个月更换一次），如果轴承没有异常发热现象，最好不更换。如果发现轴承发热，又听到"咕噜、咕噜"的杂音，则说明轴承中缺油。原因多为原加注油过少，轴承得不到全部润滑，而加速了轴承磨损、产生高热，使润滑脂熔化、渗漏流失，造成恶性循环，引起轴承过热。更换油脂时，轴承内润滑脂的填充量一般为盖内容积的 $1/3～1/2$。轴承内外圈内的润滑脂，2极电动机加 $1/3～1/2$ 空腔容积，2极以上电动机加 $2/3$ 空腔容积，润滑脂用量不能超过轴承室容积和 $50\%～70\%$，转速高时加脂量应少些。绝对不能加足油脂，过多会增大滚珠的滚动阻力。增加机械损耗、产生高温，使润滑脂熔化而流入绕组。即油脂液化外流，使轴承因缺油而损坏。

（2）油断路器油位的高低，即充油量的多少，会直接影响断路器的灭弧性能和开断特性。当运行中断路器的充油量超过油位最高油位线时，断路器内部的空气垫将减小。断路器开断电流达到或接近断路器的额定开断值，由于电弧的高温作用，油被迅速分解老化，造成断路器内部的压力迅速增高，因油位过高，空气垫较小，内部压力将会超过标准，就很有可能超压而导致断路器本体的爆炸。充油量低于油位计下油位线时，断路器内部的空间体积增大。当开断小电流时，由于空间较大，很容易造成断路器内部的压力不足，灭弧室内的油气流吹弧能力不强，故不利于电弧的熄灭；如果开断较大的故障电流，由于电弧强，断路器内的油分解气化量大，使得开关的触头或灭弧室部分地露出油外，造成部分电弧相当于在空气中燃烧，也不利于电弧熄灭，甚至有可能导致断路器本体烧损或爆炸。

（3）少油断路器的油箱内注有一定数量合格的变压器油。断路器在接通或断开负荷电流时必然会产生电弧，强烈的电弧所造成的高温使得周围的绝缘油被迅速分解气化，产生很高的压力。所以断路器内应有合理的缓冲空间，以调节油箱内的压力。油面过高时，油面与油箱顶部的空间太小，当切断电弧时，油面随气体压力的增大而迅速上升，会造成油、气外溢和油箱受压过高而变形，甚至爆炸事故。油面过低时，切断负荷电流会使断弧时间加长或难以灭弧，触头和灭弧室会被烧坏；又由于电弧不易熄灭或冲出油面、进入箱体的缓冲空间，这个空间内的油气遇上电弧会发生燃烧爆炸。另外，油面过低，会使断路器的绝缘材料露出油面、暴露在空气中，容易受潮，降低绝缘强度。

（4）蓄电池电解液比重过高，其极板容易硫化、隔板容易损坏，特别是木质隔板。比重过低开始是影响蓄电池的容量，随后发展到不蓄电。根据维修汽车的老电工经验：我国南方地区夏天或夏季前后，新充蓄电池的电解液比重可用 1.20～1.25，使用中的蓄电池电解液比重可保持在 1.15～1.18，秋末逐渐增高电解液比重，由 1.18 上升到 1.25。冬天可调到 1.285。春天再逐步增加蒸馏水，以调低比重。按照这个办法进行季节调整，并加强维护保养后，大部分蓄电池能用二三年，有的甚至可用四五年。

（5）热继电器出线端的连接导线过细，其轴向导热差，热继电器的热元件通过电流对双金属片加热后，升温快，使双金属片提前发生弯曲，通过动作机构使热继电器提前动作；热继电器出线端的连接导线过粗，轴向导热快，热继电器可能滞后动作。为保证热继电器不发生误动作，所以其出线端的连接导线应由电流大小决定。

（6）漏电保护器的动作电流越小，安全保护性能越高。但任何供电线路和用电设备都有一定的正常泄漏电流，当漏电保护器的动作电流小于线路及用电设备正常工作的泄漏电流时，漏电保护器会因频繁动作无法投入运行；或因为误动作而破坏供电的可靠性。即漏电保护器的灵敏度过高，可能因电网微小的对地漏电而造成漏电保护器频繁动作，使电网无法工作；灵敏度过低，又可能在发生人体触电时，漏电保护器还不动作，失去保护作用。从保护人身安全的观点出发，根据运行经验，漏电保护器的起动电流一般应在 15～30mA。所以选用漏电保护器时不可无限制地提高保护器的灵敏度。

（7）在发电厂、配电站的配电装置中，螺栓连接是母线（也叫作汇流排）和电器及其他母线连接的基本方法。母线与母线、电器的平板接头用螺栓连接时，接触压力大，母线接触很紧密，接触电阻就小。但拧紧螺栓的压力并非越大越好。因压力过大将导致连接板变形，而使连接板之间的接触面减少，接触电阻增大，投入运行后，接头发热。又因钢螺栓与铝（或铜），热膨胀系数不同，运行时将进一步在母线上形成凹痕。当通电电流降低或气温下降后，在螺栓与母线之间出现间隙，造成接触电阻进一步增大。如此恶性循环，将使接触处氧化、烧损。要防止过度地拧紧压力，可以在拧紧螺栓时选用定力矩扳手；

若使用活络扳手，一般用 8in（200mm）活络扳手拧紧，人力应控制在 6～8kgf（1N＝1kgf）左右。

### 4-29　电工操作八大怪

💬 口诀

> 电工操作八大怪，似怪非怪情理在。
>
> 变压器注油放油，都用下面底油阀。
>
> 配变电压呈现低，分接开关换低挡。
>
> 拉掉跌落熔断器，抵住鸭嘴向上捅。
>
> 塑壳断路器合闸，有时须再扣操作。
>
> 晶闸管整流装置，不接负载无电压。
>
> 安装单相电能表，定位螺钉不拧紧。
>
> 低压带电作业时，强调一只手操作。
>
> 电容器组重合闸，强调须等三分钟。　　　　　　　　(4-29)

📖 说明　在电工作业中，有些操作（按照一定的程序和技术要求进行的活动），对于非电工人员和初干电工行业的人来说感到奇异反常，其实似怪非怪情理在。

（1）往电力变压器大量注油时，从下面的油阀门注油，并将进油管接地，使油靠本身压力慢慢地注入。这样就可以避免静电危害，保证注油的安全。如果将变压器油通过储油柜，以比较大的流速注入油箱内，就会在变压器油内积聚静电。尤其当变压器油黏度较大或夹杂微量小固体，或在干燥的冬天更容易积聚静电。静电积聚到一定程度，就会发生火花放电，甚至引起火灾。所以一般不宜从上部往变压器中注油，但从上部补油是可以的。

（2）电网电压是随运行方式和负载的大小变化而变化的。电压过高或过低，都会直接影响变压器的正常运行、用电设备的功率以及使用寿命。为了使变压器能够有一个额定的输出电压，大多数是通过改变变压器一次绕组分接抽头的位置实现调压的（改变了变压器一次绕组的匝数，二次电压也相应改变了，从而达到了调节电压的目的）。一般情况下，中小型容量配电变压器，为调整二次电压，常在每相高压绕组末段的相应位置留有三个（有的是五个）抽头，并将这些抽头接到一个开关上，这个开关就叫作分接开关，如图 4-7 所示。变压器一次绕组的三个分接抽头，中间一个对应于额定电压，其余两个则和额定电压相差±5%。这些抽头标志为 X1、X2、X3；Y1、Y2、Y3；Z1、

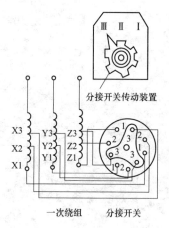

图 4-7 分接开关原理示意图

Z2、Z3。它们分别是高压绕组额定电压时匝数的 105%、100%、95%。抽头与分接开关的相互绝缘的静触头连接起来，动触片是由铜片或其他良导体制成，有三个突出部分，互成 120°。转动动触片把三个不同相的相应静触头短接，这样就能改变变压器一次绕组的匝数，二次电压也相应改变，从而达到了调整电压的目的。

调整电压时，分接开关的位置应视电网电压而定。当电网电压（以 10kV 线路为例）低于额定电压 10kV，接近 9500V 时，将分接开关放在"Ⅲ"的挡位（低挡）上。这时变压器一次绕组匝数为额定时的 95%，所以变压器二次侧电压就接近达到额定电压 380V 了。相反，当电网电压高于额定电压，接近 10.5kV 时，应将分接开关放在"Ⅰ"的挡位（高挡）上，这时变压器二次侧电压才能为额定电压 380V，此乃外人看电工操作一怪：变压器低压侧电压已偏低，调整电压时却将分接开关调节到低挡"Ⅲ"的位置（95%）。

（3）跌落式熔断器的构造如图 4-8 所示。其主要由瓷绝缘子、熔丝管和触头几部分组成。触头分上下动、静触头，上静触头俗称为鸭嘴。拉合跌落式熔断器时动作要准确、迅速、果断，特别是拉开跌落式熔断器时，是用绝缘棒顶端横钩抵住鸭嘴（上静触头）向上轻轻一捅，熔丝管就跌落下来。切记不是将绝缘棒顶端横钩伸入熔丝管上端铁环中用力向下拉，其结果是拉得横担晃动，熔丝管也不会跌落下来。此乃电工操作中一怪：拉掉跌落熔断器，抵住鸭嘴向上捅。

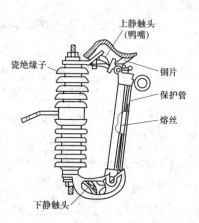

图 4-8 跌落式熔断器的构造

（4）具有脱扣器的塑壳低压熔断器的分断，有两种情况：一种是人为操作手柄分断；另一种是在运动中因电路故障而进行保护性分断。这两种分断，根据手柄所处位置往往不易明确地分辨出来。由于后一种分断会使合闸操动机构与触头系统之间的机械联锁脱扣，因此在电路故障排除后欲重新合闸前，必须将操作手柄往下扳，使其"再扣"。否则，塑壳断路器就合不上闸。

（5）如图 4-9 所示，晶闸管整流装置输出端开路不接负载时，没有直流电压输出。晶闸管控制极触发电压正常时，如果不接负载或负载很大，晶闸管阳、阴极之间没有维持电流通过，晶闸管就不能被触发导通；只有当晶闸管阳、阴极之间构成闭合回路，且回路中的电流大于维持电流时，晶闸管在触发电压作用下，阳极才导通，有直流电压输出。

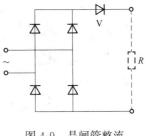

图 4-9　晶闸管整流
装置示意图

（6）家用单相电能表应安装在干燥和不受振动的地方，要装得正。最忌湿、热、雾、烟及有害气体。此外，为了使抄表员读数方便应装在明亮的地方，并注意适当的安装高度。电能表应装在平整和涂有防潮漆的木板上，如图 4-10 所示。固定时起悬挂作用的上螺钉应拧紧，而下面两只螺钉起定位作用，不能拧紧。否则，木板稍有不平整时，电能表的底壳可能引起变形，使铝盘不能灵活地转动。

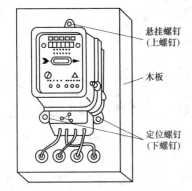

悬挂螺钉
（上螺钉）

木板

定位螺钉
（下螺钉）

图 4-10　装置电能表示意图

（7）电工带电作业时应养成只用右手操作的习惯。低压带电作业时，易发生触电事故。如果只用一只手操作，即使发生触电事故，触电电流一般不会流经心脏，故不会造成很快死亡。两只手操作，如果触电电流由一只手流到另一只手，电流必经过心脏，会很快造成死亡。再据医生考证，用右手操作时，一旦触电，其电流只在心脏边缘穿过，危险性要小得多。

（8）电力电容器组每次重合闸，必须在电容器组断开了 3min 后再进行。电力电容器和电力系统解列后，电容器便成了一个单独的电源。这个电源是静电电荷，不能和系统并列。电力电容器每拉合一次，在每极间便产生较高的电压；当拉开后马上再合上，就可能产生电压的重叠，会使电力电容器击穿。也就是说电容器组切除后还带有残余电荷时，不能将电容器组再投入电网。这是为了避免投入电容器组时，如果断路器合闸瞬间的电压极性与电容器上残余电荷的极性正好相反而会引起电容器爆炸事故；同时也会造成很大的冲击电流，有时会使熔丝熔断或断路器跳闸。因此，要求电容器组每次拉闸后，必须随即进行放电，待电荷消失后再行合闸。一般电容器经放电电阻放电 1min 左右即可满足要求。规程规定 3min 后再进行合闸，以确保安全。

## 4-30  得不偿失九做法

💬 **口诀**

捡了芝麻丢西瓜，得不偿失九做法。

跌落熔断器熔丝，使用钢铝线代替。

油开关外壳接地，借用配变中性线。

水泥电杆中钢筋，兼作接地引下线。

架设低压架空线，不装拉线绝缘子。

水泥石灰粉层墙，直接埋置塑料线。

同台直流电动机，装不同牌号电刷。

自耦调压变压器，两极插头接电源。

交流电焊接设备，接线螺钉铁垫圈。

家电保安接地线，引接避雷针接地。　　　　　　　　　　(4-30)

📖 **说明**　(1) 高压跌落式熔断器内纽扣熔丝一般用铜和银等材料制成，其均采用人为的方法（冶金效应）使熔丝的熔点降低，即在熔丝中部温度最高的部位焊上一个小锡球。当熔丝加热到锡的熔点（232℃）时，小球珠熔化，使熔丝中断，中断点所形成的电弧使熔丝朝两边熔化。从而保护了线路或电气设备不受过大电流的发热损坏。如果采用自己选制的铜铝线作熔丝，一是熔点高（铜：1083℃；铝：660℃），又未采用任何方法和措施使铜铝线的熔点降低；二是不知道选用的铜铝线熔丝的熔断特性。所以，铜铝线是不能代替高压跌落式熔断器内的熔丝的。另外，自己选制的铜铝线熔丝，即使经过计算或实践试验，碰巧其额定电流、熔断电流与额定电流的倍数等，均近似与纽扣熔丝相等，也不能使用。因为铜铝线做的熔丝截面积比导线小，电阻比较高，散热面积较小，运行时铜铝线熔丝温升太高，表面氧化而缩小了其截面积，使容量减小，在不应当熔断的时候熔断（同时伴随烧坏整个熔断器），增加运行中的麻烦。简言之，自己选制的钢铝线熔丝，既不知其反时限保护特性，也无法谈其具有选择性（不能起熔丝作用），故钢铝线不能作为高压跌落式熔断器内的熔丝。

(2) 配电变压器的中性线绝对不可作油断路器金属贮油箱外壳的接地线。这是因为变压器的中性线当三相不平衡时会有电流流过，因而有对地电压产

208

生。油断路器的外壳接地主要目的在于保护人身安全，如有对地电压存在是非常不安全的，尤其是当变压器发生短路或断线时，中性线上的对地电压就更大。油断路器的外壳必须就地直接接地，且其接地电阻必须小于 $10\Omega$。

（3）预应力钢筋水泥电杆中的钢筋不能兼作接地引下线。因为预应力钢筋预先受到拉伸处理，钢筋内部的晶体排列发生了变化，使之能承受比一般钢筋较大的应力。如果兼作接地引下线，当发生雷击时，雷电流大量流过钢筋，钢筋发热会使内部结构又起变化而减小钢筋的强度。

（4）DL/T 499—2001 中明确规定："穿越或接近导线的拉线必须装设与线路电压等级相同的拉线绝缘子。拉线绝缘子应装于最低导线以下，高于地面 3m 以上。"但在实际工作与生活中，因低压架空线路未装绝缘子或因绝缘子安装不符合规程要求而使拉线带电，造成人身触电事故时有发生。

有些地方只考虑降低线路造价而忽视了安全。不仅拉线未装绝缘子，而且还把拉线和固定横担撑铁用同一个包箍。这样把撑铁、横担和拉线三者连在一起，一旦导线落担或绝缘子破裂击穿，都会造成拉线带电。另外，拉线不装绝缘子，当拉线下部锈蚀断落而溜回靠近电杆，此时上部与导线相碰即带电；导线的过引线风偏后碰及拉线，也会使拉线带电。

（5）不允许将塑料绝缘导线直接埋置在水泥或石灰粉层内作暗线敷设。因为塑料绝缘导线使用日久后会发生老化龟裂，使绝缘水平大大降低。当线路发生短时过载或短路时，更会加速绝缘损坏。如果将塑料绝缘导线作暗线直接埋置在水泥或石灰粉层内，一旦粉层受潮就会引起大面积漏电，危及人身安全。此外，直接埋置也不利于线路的检修和保养。

（6）同一台直流电动机不准同时使用不同牌号的电刷。一台直流电动机如果同时使用不同牌号的电刷，则由于电刷的硬度不同，造成磨损的程度不一，从而不能保证电刷在整流子上有相同的接触情况；同时不同牌号的电刷导电能力不同，即使接触情况相同，电阻也不同。这些都会造成电流分配不均匀。电流不平衡，又会使直流电动机换向困难。

（7）自耦调压变压器是工矿设备维修和电子仪表、器具检验常用的调节交流电压的供电设备。自耦调压器的正确接线如图 4-11 所示。调压器应通过电源插头接地，也不宜使用两极插头。因普通两极插

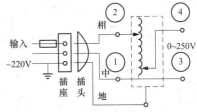

图 4-11 自耦调压器的正确接线

头无法固定"相、中"接线。当接线柱①是相线时，在调压器手柄位于 0V 处，③、④两个端子与相线直通，将会造成输出不应有的带电。在这种接线情况下，如将输出两端间的电压调为 36V，就会错认为是安全电压，从而造成触电或电击损坏电器。单相三极插头和插座上都标有"相、中、地"的标志，插座与插头有统一的接线，这种接线情况下就较安全了。

（8）交流焊接设备的接线螺钉通过电流时，在其周围存在交变磁场。如果在接线螺钉上套上铁垫圈，由于铁既是导磁体又是导电体，磁力线就会被引向铁垫圈，从而在铁垫圈上产生涡流而发热，烧坏线头。铜垫圈不导磁，就不会像铁垫圈那样产生很大涡流和发热。所以只能用铜垫圈，不能用铁垫圈。

（9）绝对不允许在避雷针的接地引下线上并联一根导线引入住宅作为家用电器的保安接地线。虽然避雷针与大地的接触电阻只有几欧，但当雷云对避雷针放电时，瞬时泄放电流可达几千安或几万安。如此强大的电流流入大地，就会使避雷针及其接地系统呈现很高的瞬时电压。这个电压通过引接线作用在家用电器的外壳上，起到了引雷入室的作用，其后果是机毁人亡。

### 4-31　画蛇添足九误区

📣 **口诀**

> 弄巧成拙做蠢事，画蛇添足九误区。
> 防雷装置引下线，套入钢管加保护。
> 单芯高压电缆线，铅包两端都接地。
> 矿井供电总开关，自动重合闸装置。
> 三相四线制线路，中性线装熔断器。
> 新电动机要使用，更换轴承润滑油。
> 银基合金银触头，刮掉黑色氧化物。
> 接触器铁芯极面，防锈涂抹一层油。
> 机床工作台照明，改造换成日光灯。
> 新式彩色电视机，装设接地保护线。　　　　　　　　　（4-31）

📖 **说明**　（1）有很多建筑物，特别是一些新建高楼的避雷针接地引下线在入地端往往都套有一人高的镀锌钢管或铁管加以保护，实际上是有害而无益的。

雷电流是一种波头陡度很大的高频电流。当其流过套有钢管的一段接地引下线时，高频雷电流产生的磁场在钢管中会引起涡流，而涡流所产生的反磁通会抵抗雷电流磁场的变化；这就增加了雷电流通路中的电感，人为地增大了接地装置的冲击阻抗，不利于雷电流的尽快泄放，且会使接地装置产生较高电压，危及周围人、物的安全。

（2）三芯高压电缆两端要接地，而单芯电缆的两端不能接地。正常运行中三芯高压电缆流过三条芯线的电流总和为零，在铅包外面基本上没有磁场，这样铅包两端基本上没有感应电压，故铅包两端接地后不会有感应电流流经铅包。而单芯电缆的芯线通过电流时，必定会有磁力线铰链铅包，使铅包两端出现感应电压。此时如将铅包两端接地，铅包中将会流过很大的环流，其值可达芯线电流的 50% 以上，造成铅包发热。不仅浪费了大量电能，降低了电缆载流量，而且加速了电缆主绝缘的老化。因此，单芯高压电缆两端不能接地。

（3）自动重合闸装置是当馈电线路发生暂时性故障引起跳闸后不进行判定故障立即自动重合闸，如确实是瞬时故障就可重合成功，减少停电事故。但煤矿井下使用的均为电缆，一般很少发生瞬时性故障；同时煤矿井下最重要的是避免电气火花，如装置自动重合闸装置，一旦电缆发生故障引起跳闸，很快自动重合闸动作，再一次向故障部位送电，这样会再一次造成电火花，致使故障扩大，甚至有可能造成瓦斯爆炸的严重事故。因此，向井下供电的开关是禁止使用自动重合闸的。

（4）单相线路的中性线（零线）和相线上都有熔断器。一是线路检修后，即使相线与中性线调换，仍都有熔断器保护；二是熔断器是个明显断开点，可保证检修时的人身安全；三是便于寻找故障。故单相线路的中性线上装设熔断器是正确的。

有单相负荷的低压三相四线制供电线路的中性线上，如果装有熔断器，一旦熔断器的熔丝熔断，就会造成与中性点断开，会使三个相电压因三相负荷的不平衡情况而有的升高有的降低。相电压升高的那相会烧毁接于该相上的用电设备，造成损失，影响安全供电。所以三相四线制供电线路的中性线上不允许装置熔断器。

（5）有些电工认为电动机出厂时轴承室中加的是保护性黄油（润滑脂），不是运行时用的润滑脂。因此，新电动机投入使用前都得拆开清洗轴承，重新加注润滑油。其实这种做法是多余的。电动机出厂时，轴承室内的润滑脂是根据电动机不同的运行温度和工作环境选用的，不需要清洗换油。而拆开换上去的润滑脂如果耐温过高，会增加电能损耗、过低容易流失。因此，使用新电动机时更换润滑脂是既浪费人力、物力，又有可能产生不良后果的错误做法，是不可沿用的做法。

(6) 低压开关电器中用银或银基合金触头（常见小容量接触器的触头），在使用过程中会氧化或硫化而表面发黑（黑色薄膜）。这层黑色氧化膜的接触电阻很低，基本上不会造成接触不良，相反它却能起保护触头的作用（氧化银或硫化银的导电性能良好，且在电弧的作用下还能还原成银）。若用锉刀锉或磨的方法去掉它，反而会造成不必要的触头磨损；而且触头表面轻微的烧毛凹凸不平并不影响触头的良好接触。如果过于锉磨光滑平整，实际接触点既小又少，反而会造成电流集中而发热。故银触头表面的黑色物质不要刮掉和锉磨平。

(7) 接触器铁芯和衔铁在出厂时都是经过精心研磨加工的，表面十分平整光滑。为了防止接触器铁芯生锈，在铁芯表面涂抹上一层油脂，当接触器铁芯吸合时，吸合面之间的空气很容易被油脂全部挤出去而产生吸附现象，每平方厘米约产生 9.8N 吸引力，使接触器线圈断电后衔铁不能及时复位而发生事故。因此，为防止接触器铁芯产生此种衔铁不能释放的现象，必须把铁芯吸合面上的油脂擦拭干净（运行中的接触器要经常清除灰尘和油垢）。

(8) 金属切削机床的工作台照明，采用白炽灯而不用日光灯。白炽灯属于热辐射电光源，由于热惯性，灯丝温度来不及随着交流电的频率变化而变化，故白炽灯的光线明暗变化不太显著。而日光灯属于气体放电光源，灯管的光线明暗程度与电子的发射有密切关系，当交流电过零点时，电极就停止发射电子，故日光灯的明暗变化比较显著。

工件在机床上加工时是旋转物体，若其转速恰是或接近灯光明暗变化频率的整数倍时，人的视觉会产生旋转物体不转或转得缓慢的错觉。这就是交流电光源的频闪效应，车工操作可能发生事故。这是机床工作台照明采用白炽灯而不用日光灯的基本原因。所以，电工在维修机床工作灯时，千万不能随意更换成日光灯。

(9) 不少人购买电视机后，特别是彩色电视机，愿意接上接地保护线，以防止万一出现漏电发生触电事故。但是，新式的、进口的彩色电视机千万不要接地线，接上地线反而会有危险。新式的彩色电视机采用开关电源的供电系统电路。这种电路具有省电、自重轻、简单等特点。用开关电源的彩电机芯都是悬浮接地的，即在交流电源输入端，不用与 220V 交流电网相隔离的电源变压器，而是直接送入机内整流后供电。由于机内的地线悬浮于大地，所以就不能再装接地线。否则一旦电源插头接反（地线接在电源的相线上），地线就会带电，人体触及时造成触电事故；同时，机内还会产生感应高压电而烧坏集成电路和其他元件。凡悬浮接地机器的各种功能开关、天线插口、旋钮，人体所能触及的螺钉等导电体与电源部分均有可靠的绝缘措施，尽可放心使用。

### 4-32　电动机直观接线法

📢 口诀

> 单路绕组电动机，宜用直观接线法。
>
> 定子嵌好极相组，六个分成一群剖。
>
> 分开首尾出线头，隔两一对头连接。
>
> 先接同群三对头，后连群间三对头。
>
> 剩余相邻六线头，相隔成为相尾首。　　　　　　(4-32)

📖 说明　直观接线法很适用于单路绕组电动机，既方便又不易接错。如图 4-12 所示，把嵌好的三相异步电动机定子的极相组（每一相在一个磁极下的线圈串联成的线圈组）六个分成一群。将各级相组的首端和尾端分开，在这些首端和尾端中，隔两个出线头把一对出线头连接起来；先接同群的三对线头，然后再接群间的三对线头（六个线圈组的两极电动机只有群内连接）；余下六个相邻的出线头成为相的首端和尾端。例如 1、5、3 分别为 U、V、W 相的首端；4、2、6 分别为 U、V、W 相的尾端。再按星形或三角形连接。

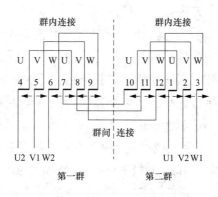

图 4-12　直观接线法示意图

## 4-33　母线连接处过热的处理方法

**口诀**

> 母线连接处过热，迅速转移其负荷。
>
> 电风扇强制冷却，应尽快安排检修。
>
> 拆开母线排接头，接触处涂导电膏。
>
> 非接触部分刷漆，以提高散热系数。
>
> 对接螺栓旋紧时，松紧程度要适当。
>
> 如果更换新母排，搭接长度达要求。
>
> 接触面上宜搪锡，麻面处理也可以。　　　　　　　　(4-33)

**说明**　母线连接处过热的原因：①母线排接触表面工艺处理不好，接触不良；② 对接标准件镀锌螺栓拧得过紧或过松。母线排连接处的长期允许工作温度为：裸铝为 70℃；裸铜为 85℃。在运行中应监视母线排接触处的温度，常采用贴示温蜡片（熔化温度有 60、70、80℃ 三种）。一旦发现示温蜡片开始熔化应引起警惕，迅速转移负荷，用电风扇对准接触处进行强制冷却，并应尽快安排检修处理。

　　检修时，无论拆开处理或更换新母线排，为防止接触处电化腐蚀和降低接头的接触电阻，应在母线排接触处涂敷导电膏。其非接触部分应涂刷漆，以提高散热系数，降低本体温升。选用适当大小的螺栓、平垫圈（采用放大垫圈可以克服薄垫圈因变形而引起的压力集中的现象，使接触压力的大小比较均匀）、弹簧垫圈，在旋紧母线排对接螺栓时，其松紧程度要适当。一般在安装时先用较大的力将螺栓拧紧。然后放松，再将螺栓拧紧到弹簧垫圈压平，保持一个适当的压力即可（有条件的话，用 0.05×10mm 的塞尺检查或用力矩扳手进行扭矩试验）。经过一段时期运行后，再进行一次松紧程度和接触面情况的复查（母线排接头用螺栓连接时，接触压力大，母线接触很紧密，接触电阻就小，但拧紧螺栓的压力并非越大越好。因为压力过大将导致连接板变形，而使连接板之间的接触面减小，接触电阻增大，投入运行后接头发热。又因钢螺栓与铝或铜的热膨胀系数不同，运行时将进一步在母线排上形成凹痕。当通电电流降低或气温下降后，在螺栓与母线之间出现间隙，造成接触电阻进一步增大。如此恶性循环，将使接触处氧化、烧损）。如果更换新母线排，搭接长度应按要求实施，其接触面加工要平坦而略粗糙（麻面处理）、宜搪锡。

## 4-34　大电流接触器触头发热的处理办法

**口诀**

连接铜辫动触头，先用螺栓来压紧；

再使黄铜焊条焊，气焊焊接三个面；

焊好螺栓要去掉，锉刀修整很必要；

触头若有烧伤点，银合金焊条可补。　　　　　　(4-34)

**说明**　　在生产实践中，经常发生大中型设备上配套的大电流接触器动触头过热现象。有时即使一台新的接触器，也运行不到半年就烧坏了动触头与铜辫连接处的胶木架。其发热多数情况是由于大电流接触器的动触头做成插入式，如图 4-13 所示。带口部分与铜辫叠在一起用螺栓固定在胶木架上。由于豁口存在，减少了与铜辫及胶木架之间的接触面积，在吸合时触头受到冲击，次数一多，螺栓处就容易松动。触头一松动，接触电阻就增大。造成触头发热，再使铜辫上的搪锡受热流出，加剧发热，形成恶性循环，直至把动触头烧红，最终烧焦胶木架，铜辫也受到损伤。

解决此类大电流接触器动触头发热的关键在于使动触头与铜辫连接紧密，使之不再松动。最有效的防治办法是用气焊把动触头和铜辫焊在一块。具体操作方法是：先把动触头和钢辫用螺栓压紧，然后再用黄铜焊条分三个面焊接，如图 4-14 所示；焊接好后去掉螺栓，用锉刀修整。如果触头有烧伤的麻点，可用银合金焊条进行修补；没有麻点的旧触头最好也用银合金焊条薄薄地挂上一层，然后用细砂布打磨光滑。经过上述办法处理，大电流接触器动触头就不会发热了。此法对延长接触器的使用寿命有显著效果，也保证了配套设备的安全运行。除此之外，防治大电流接触器触头发热的方法如下。

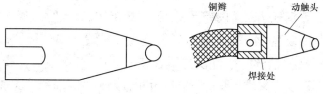

图 4-13　插入式动触头　　　　4-14　触头和铜辫焊一块

（1）铜辫和动触头接触处用 60%锡、40%铅混合物搪头，搪头长度比触头与胶木架叠固处稍短一点，可避免铜辫过长变硬而引起折断。

（2）触头与铜辫接触处涂上一层导电膏。在确保吸合动作不碰触灭弧盖的前提下，尽可能换上长一些的螺杆，去掉弹簧垫圈，用两个螺帽固定触头，以防弹簧垫圈受热退火而失去弹性，起不到紧固作用。

（3）胶木架与铜辫交接处放两层无碱石棉白纱带，万一发热也不会烧坏胶木架。

### 4-35 高压跌落式熔断器熔丝防挣断法

💬 **口诀**

> 高压跌落熔断器，熔丝防止挣断法。
> 标准熔丝选配好，安装之时放松些。
> 熔丝熔丝管两端，保证良好电接触。
> 采用适当尼龙线，拉紧熔丝管两端。
> 尼龙线绳的股线，拉紧操作时不断。　　　　　　　　　（4-35）

📖 **说明**　　高压跌落式熔断器的作用，是当过载电流或短路电流通过其熔丝（熔体）时，熔丝在高温下熔断，而熔丝管是由其本身结构和安装倾斜度，在熔丝熔断后使动、静触头脱扣后的自重作用下自行跌落，使被保护物与电源明显断开。通常熔丝的安装，是利用熔丝在熔丝管两端的张拉紧固来实现的。若拉紧过度时，往往在推合过程中使熔丝挣断；而张力过松，又可能合不上闸，即使勉强合上，稍受风吹、振动而便自动跌落。对此问题的解决办法如下。

按照规定选配好标准熔丝，安装熔丝时可以放松些，只要保证熔丝和熔丝管两端有良好的电接触即可。这时用尼龙线绳来拉紧熔丝管两端，尼龙线绳的股线以拉紧操作时不挣断为宜。当熔丝因故障电流通过而熔断时，其产生的高温和电弧迅速烧断尼龙线绳，熔丝管便因脱扣失重而跌落。这种解决方法是让熔丝只负担过载或短路的电气保护作用，而让辅助拉索（尼龙线绳）承担机械拉力。

户外高压跌落式熔断器长期受风、雨、雪的侵蚀，细长的熔丝管内潮气排出较慢，熔丝安装在导电辫子线的中间，正好是严重锈蚀的部位，运行数月就会严重锈蚀；又因熔丝的截面仅为辫子线的 $1/7 \sim 1/6$（辫子线截面积约为 $6mm^2$），截面积较小又遭到腐蚀就很易折断，如不及时检查更换就可能造成误判，影响安全供用电。针对上述现象，解决的办法是：在每次更换新熔丝时，在新熔丝上涂一层绝缘清漆以加强防锈性能；并把熔丝下移到锈蚀较轻的部位，如图 4-15 所示。这样就可使熔丝避免遭受严重锈蚀。这种方法不影响过载或短路时熔断，所以对高压跌落式熔断器的熔丝均可采用。

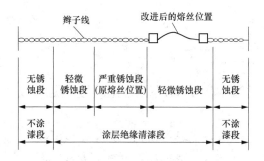

图 4-15　熔丝管中锈蚀程度示意图

### 4-36　更换农用电动机轴承应内紧外松点

💬 **口诀**

农用电动机轴承，内紧外松更换法。

过盈配合内圈轴，过渡配合外圈孔。　　　　　　　　　(4-36)

📖 **说明**　滚珠轴承局部磨损是农用电动机的主要机械故障。不少电工在更换轴承时，为了防止轴承与转轴及端盖孔工作时打滑（俗称轴承转套），往往习惯于将轴承的内外圈一律采用相同的过盈配合，其实这样处理是不恰当的。因为农用电动机上的滚珠轴承局部磨损，是由于农用电动机所带负荷为定向载荷，从而导致固定不动的轴承外圈局部长时间受力。如果固定不动的轴承外圈与端盖孔的配合松一些，那么该轴承在工作中就能做微量的缓慢转动，局部磨损变为均匀磨损，轴承的使用寿命便可得到延长。因此，更换农用电动机轴承的正确方法是：工作时转动的轴承内圈与轴的配合要紧一些（过盈配合），而固定不动的轴承外圈与端盖孔的配合应适当地松一点（过渡配合）。

### 4-37　柱上油断路器进线电缆应做滴水弯

💬 **口诀**

柱上多油断路器，进线电缆滴水弯。

电缆弯悬下垂弧，弧底切皮开个口。　　　　　　　　　(4-37)

📖 **说明**　户外柱上多油断路器（俗称柱上油开关，如 DW10-10 型）进线电缆要弯成 U 形，并且在 U 形底部要切掉一段绝缘防护层。柱上多油断路器，因外接导线比断路器高，如进线电缆不弯成底部开口的 U 形，就可能在下雨时使雨水经电缆接头处的裸露接线头，沿导线流入油断路器内，使起绝缘和灭弧介质作用的变压器油绝缘强度大大降低，引起断路器内绝缘损坏，甚至发生爆炸事故。在进线电缆弯成 U 形并开口后，雨水可通过下垂部分往下滴，故下垂弧形称为滴水弯。U 形底部开口：一是阻止雨水往前再滑动而往下滴，可避免雨水浸入断路器箱内；二是绝缘层与导线间空隙的水滴，可在开口处流出，不致通过虹吸作用流入断路器箱内。

## 4-38　电气设备平板接头连接时正确拧紧螺栓法

💬 **口诀**

电气接头接触面，压力越大非越好。

平板接头紧螺栓，应用定力矩扳手。

倘若使用活扳手，正确旋紧螺母法。

先用较大力旋紧，然后将螺母起松。

用力再旋紧螺母，紧至弹簧垫压平。　　　　　　　　　　(4-38)

📖 **说明**　电气设备的平板接头（铝或铜母线）连接时，拧紧螺栓的压力并非越大越好。因压力过大将导致连接板变形，而使连接板之间的接触面减小，接触电阻增大，投入运行后接头发热；又因钢螺栓（包括铁垫片）与铝（或铜），热膨胀系数不同，运行时将进一步在母线上形成凹痕。当通电电流降低或气温下降后，在螺栓与母线之间出现缝隙，压力减弱，造成接触电阻进一步增大。如此恶性循环，将使接触处氧化、烧损。要防止过度的旋紧压力，可以在拧紧螺栓时选用定力矩扳手。倘若使用活扳手（普通扳手），正确的做法是：在安装时先用较大的力将螺母拧紧，然后放松；再将放松螺母拧到弹簧垫圈压平，保持一个适当的压力即可。

## 4-39　桥式起重机操作中四不宜

💬 **口诀**

门式桥式起重机，操作注意四不宜。

换挡中途的停留，时间不宜太长久。

下降较重负载时，转子不宜串电阻。

若遇制动器不灵，不宜打反挡制动。

大车带负载行驶，不宜长时间偏重。　　　　　　　　　　(4-39)

📖 **说明**　大中型工矿企业里，桥式起重机在操作过程中，常因操作不当而造成设备损坏或发生事故，这就促使了人们对操作技术进行研究和探索。为此根据桥式起重机操作人员的经验和众多事故教训分析，得出桥式起重机操作中四不宜。

（1）换挡操作过程中，中途停留时间不宜过长。桥式起重机上的电动机都是绕线型异步电动机，由转子串电阻调速。电动机转子串联不同电阻后的机械特性曲线如图 4-16 所示。电阻 $r_2'' > r_2' > r_0$，三条曲线分别代表主令控制器处于第 1、2、3 挡的情况。$T_L$ 为负载转矩。当电动机刚启动在第一挡行驶时，运行在曲线 $r_2''$ 上，转速迅速上升（即转差率减小到 $S_1$），并获得最大转矩 $T_{max}$，电动机转差率向 $S_2$ 过渡，此时电动机的转矩迅速地减小到低于负载转矩，如曲线 $a$ 点上。如果此时不立即换到第二挡运行，即换到特性曲线 $r_2'$ 上运行，则电动机会因出力不够而电流过大，只有立即

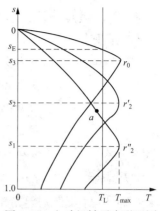

图 4-16  电动机转子串联不同电阻后的机械特性曲线

换到曲线 $r_2'$ 上，才能使电动机继续获得最大转矩，并继续升速。因电动机在启动过程中，启动电流远大于额定电流，并且运行在不稳定区，只有换挡到 $r_0$ 曲线上，达到额定转差率 $S_E$，电动机才能进入稳定区运行。所以换挡时，也就是电动机启动时，中途停留时间不宜过长。

（2）下降较重负载时，转子不宜串电阻。在下降较重负载时，由于负载的位能力矩带动电动机旋转，使电动机转速超过同步转速。此时转差率为负，但转向仍为正，产生的电磁转矩为负，与转向相反，进入发电制动状态。这时如果在转子中串入电阻，反而使速度增加，造成飞车降落，容易发生事故。所以下降较重负载时，主令控制器的手柄可从零位直接推到下降 3 挡，以实现发电制动下降。

（3）制动器不灵常相遇，不宜打反挡代替制动。在制动器不灵时，桥式起重机操作人员就从第三挡飞快地操作到反挡 2 或反挡 3。这样不但使电动机遭到很大的反向电动力的冲击，而且使传动的机械部分受到不同程度的损坏。故即使在制动器失灵情况下，也只能打向一挡，使机械部分慢速换向。

（4）连续生产的行车，不宜偏重负载行驶。桥式起重机的大车带负载行驶时，由于大车两驱动电动机的转子串入相同的电阻，故机械特性相同。有的操作人员因起重物在双梁边上，既怕费事又无明文操作规程规定，有时就让桥式起重机的大车长期连续偏重行驶，使偏重端的电动机电流过大。特别是跨度长的门式起重机，应使之避免偏重行驶。

## 4-40　检修户内式少油断路器操作中四不能

💬 **口诀**

> 户内少油断路器，拆卸检修四不能。
>
> 发生事故跳闸后，不能立即拆检查。
>
> 拆卸检修组装时，不能漏装止回阀。
>
> 调整导电杆行程，无油不能速分闸。
>
> 放净脏油注新油，油箱不能加满油。　　　　　　　　　　(4-40)

📖 **说明**　　SN10-10 型断路器是三相户内式高压少油断路器，适用于 10kV 输配电系统作为电力设备及线路的控制与保护作用，也可以用于操作较频繁的场所进行快速自动重合闸操作。在定期及发生事故跳闸后检修的操作中，应特别注意四项不能的规定，以确保少油断路器的正常、安全运行。

(1) 少油断路器发生事故跳闸后，不能立即拆开检查，主要是为了防止发生"事后爆炸"。因为断路器切断故障电流后，在其油箱内油面上仍存在着温度较高的可燃性气体。如果断路器跳闸后立即拆开检查，则外部空气就会迅速进入油箱内，同箱内的气体以某种比例混合，万一不慎出现火源（包括静电和电容可能产生的放电火花），将可能引起油箱的爆炸。事后爆炸不仅损坏设备，还会使检修人员受伤。所以在少油断路器发生事故跳闸后，应待其内部的气体冷却或大部分散入空气后方可拆开检查。

(2) SN10-10 型少油断路器灭弧室的上部装有止回阀，此阀虽小，但作用很大。当断路器开断时，动、静触头一分离就会产生电弧，在电弧的高温作用下，油分解成气体，使灭弧室内压力增高。这时止回阀内的钢球迅速上升堵住其中心孔，让电弧继续在近似封闭的空间里燃烧，使灭弧室内压力迅速提高，产生气吹而熄弧断流。如果漏装止回阀，在断路器开断时，电弧产生的高压气流就会从灭弧室的上端装止回阀的孔中向空间释放而不能形成高压气流，电弧就不能熄灭，少油断路器也就可能被烧毁。

(3) SN10-10 型少油断路器分闸时，靠导电杆下部的贮油空腔与底座的阻尼轴一起组成阻尼油缓冲器来缓和分闸时的冲击力。如果断路器检修时（如导电杆行程的调整、三相合闸一致性的调整等）没有油就分闸，因油阻尼器不起作用，就可能使传动零件发生变形、损坏，以至于以后分闸时不能达到规定的开距而发生危险。所以规定无油时不能快速分闸。

(4) 少油断路器的油箱上部不充油的空间称为缓冲空间。当灭弧室产生的油气穿过油层进入缓冲空间后，油气在缓冲空间靠体积膨胀得到充分冷却，然后才经油气分离器排入大气，故不致引起自燃和降低外部绝缘。如果缓冲空间体积过小，则油气冷却差，缓冲空间压力也会过高，可引起上帽炸裂；同时由于缓冲空间压力过高，会使油气不易分离而产生喷油。因此少油断路器不能充油过满，油箱上部应有合理的缓冲空间。

### 4-41　巡线任重道远经验谈

**口诀**

> 架空线路五巡视，任重道远事烦琐。
>
> 三查明四方面看，围绕杆基转一圈。
>
> 档距中间站一站，顺着线路看两边。　　　　　　　　　(4-41)

**说明**　巡线是架空线路运行管理的一个重要内容。巡线分定期巡视（一般每月一次）、特殊巡视、夜间巡视、故障（事故）巡视和监察巡视五种。每次巡线均需沿线路走很长的路，所干的事多而琐细。所以"士不可以不弘毅，任重而道远"。

(1) 查明沿线路环境：沿线路有无威胁线路安全的爆破、挖土等工程；有无堆积易燃易爆物和腐蚀性液、气体，以及违反电力线路保护条例的建筑物等；有无江河泛滥、山洪及泥石流等异常现象，以及有可能触及导线的树木、铁烟囱等。

(2) 对每一根杆基应做到：向上四方面看，围绕杆基转一圈。一看横担及金具有无锈蚀、变形（木横担有无腐蚀、烧损、开裂），螺栓是否紧固、有无缺帽，开口销有无锈蚀、断裂、脱落等；二看绝缘子有无脏污、损伤、裂纹和闪络痕迹，铁脚、铁帽有无锈蚀、松动和弯曲；三看导线（包括架空地线、避雷线）有无断股、损伤和烧伤痕迹，绝缘子上固定导线用的绑线有无松弛或开断现象，三相导线弧垂是否平衡等；四看杆上开关设备、防雷设施是否完好。然后围绕杆基转一圈，检查杆塔是否倾斜，基础有无损坏和下沉（或上拔），查看护杆设施是否完好，杆号标志是否清晰，防雷接地是否良好等。

(3) 站在档距中间顺着线路看两边。看导线对地、对建筑物等的距离是否符合规定；看导线有无断股、损伤、烧伤痕迹，以及有无腐蚀现象（有接头时要看有无变色、雪先熔化的过热现象）；看导线上有无风筝及杂物等。

巡线内容应详细记录，特别是巡视检查中发现的缺陷应视其性质分类按所在的线路、杆塔、相别登记清楚，以利处理。

## 4-42  检修电气设备时的 "拉郎配"

> 理论知识学得少，常犯下面这些错。
>
> 六千伏供电系统，十千伏级避雷器。
>
> 保护配变避雷器，装设管型避雷器。
>
> 纺织专用电机坏，竟用一般电机代。
>
> 行灯变压器损坏，自耦变压器替代。
>
> 晶闸管过流保护，普通低压熔断器。
>
> 室内塑料管配线，配套装铁接线盒。
>
> 交流直流继电器，电压相同互代替。
>
> 同一电源系统中，不同材料接地体。
>
> 电烤箱门玻璃坏，用普通玻璃替换。
>
> 不同瓦数日光灯，镇流器互换使用。　　　　　　　(4-42)

**说明**　替代法，也就是替换法，是在诊断电气故障和检修电气设备时行之有效的工作方法。但有些维修电工理论知识学得少，学问浅薄，常在检修电气设备时犯"拉郎配"。结果旧毛病未除，新故障发生；甚至会造成重大损失，严重时还会造成事故。

(1) 在 6kV 供电系统上采用 10kV 等级的避雷器保护设备是不适宜的，效果不好。6kV 电气设备的雷电冲击耐受电压为 60kV。FS-6 避雷器的雷电冲击电流时的残压不大于 30kV，雷电冲击放电电压不大于 35kV。FS-10 避雷器的雷电冲击电流时的残压不大于 50kV，雷电冲击放电电压不大于 50kV。

避雷器动作后，可以认为有一个等于避雷器残压的过电压波沿导线向前传播。当这个过电压波遇到变压器、断开的杆上隔离开关等电气设备时，会发生反射，一般情况下，反射作用都将使入侵的过电压波峰抬高，严重时可达到 $1.5 \sim 1.8$ 倍（理论上最高可达 2 倍）。用 FS-6 避雷器时，上述入侵过电压波反射后可达到 $30 \times (1.5 \sim 1.8) = 45 \sim 54kV$，略低于 6kV 电气设备的耐受冲击强度 60kV。用 FS-10 避雷器时，上述入侵过电压波反射后可达到 $50 \times (1.5 \sim 1.8) = 75 \sim 90(kV)$，超过了 6kV 电气设备的耐受冲击强度 60kV，将使设备损坏。由此可见，用 10kV 等级的避雷器保护 6kV 级电气设备是不适当的。

(2) FS 型避雷器主要用于 10kV 及以下的配电变压器、柱上油断路器、隔离开关、电缆头和电容器等电气设备的保护，因而又叫配电型避雷器。不能用管型避雷器来保护变压器或电动机等有绕组的电气设备的原因：①管型避雷器的伏秒特性陡，即冲击系数很大，而变压器伏秒特性是比较平坦的，即冲击系数较小，两者绝缘配合不理想；②管型避雷器动作后会产生截波，截波会在无特殊保护措施的变压器首端的匝间绝缘上造成很大的电位差，引起绝缘损坏，甚至危及相间绝缘。所以管型避雷器一般只用在线路上或变电所的进线段上，而不能用来保护变压器或电动机等有绕组的电气设备。

（3）纺织专用电动机适用于多纤维、湿度大、有腐蚀性和爆炸性气体的环境。具有软启动、大惯量、恒张力控制等机械特性。因此，它的结构特殊，通常设计成全封闭自扇或它扇；为防纤维堵塞，采用净流风罩；为防酸，定子采用钟罩式等。故不能用一般用途的电动机替代纺织专用电动机。

（4）行灯变压器是为了保证安全而使用的，因此，除了二次侧有较低的电压外（一般为 24、36V），还要求其不与原来线路接通。自耦变压器在一次侧间有电气连通，不能和原电路隔开，因而不能作为行灯变压器。如图 4-17（a）所示，行灯变压器的一、二次侧绕组在电路上是相互绝缘的，一次绕组的高电压不会传到二次绕组，因此，低压端是安全的，而自耦变压器的二次绕组就是一次绕组中的一部分，输出电压的一个接线端就是一次绕组的一个进线端，如图 4-17（b）所示。当 A 端接在相线时，即 A、C 之间的电压只有 36V，但 A 端对地电压有 220V，如操作人员触及 A 点，极易造成触电事故。所以自耦变压器不能替代行灯变压器来使用。

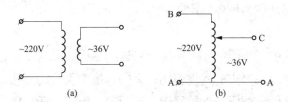

图 4-17　行灯、自耦变压器原理示意图

(a) 行灯变压器；(b) 自耦变压器

（5）晶闸管整流装置中，晶闸管元件的保护，应该用快速熔断器。晶闸管元件过电流时，因其热容量小，温度上升快，可使 P-N 结烧坏，造成元件内部短路或开路。因为其允许过载的时间非常短，因此，必须采用快速熔断器作过电流保护。快速熔断器熔断时间短，当过电流为额定电流的 3 倍时，可在 0.3s 内熔断，能满足晶闸管元件的要求。而保护普通低压电器的 RM 和 RTO

型熔断器，在同样过电流倍数下，其熔断时间长得多，不能满足保护晶闸管元件的要求。因此，不能用普通低压熔断器来代替快速熔断器。

（6）室内塑料管配线时，如果使用铁接线盒，则在铁接线盒内部有漏电的时候，铁接线盒会带电。由于铁接线盒连接的塑料管是绝缘体，铁接线盒不能利用管路进行接地，使铁接线盒无保护接地，如触及铁接线盒就很不安全。为此，塑料管配线禁止使用铁接线盒。

（7）交流继电器接入交流额定电压时，线圈的总阻抗是由电阻和电抗组成的。如接在直流额定电压上，则线圈无电抗，只有电阻，使总阻抗减小。因线圈两端的电压不变，线圈中的电流增大较多，超过允许电流，容易把线圈烧坏。直流继电器接入直流额定电压时，线圈的总阻抗只是电阻。当接在交流额定电压上时，线圈的总阻抗要加上电抗部分，所以总阻抗增大。因线圈两端的电压不变，线圈中的电流就减小，电磁力也将减小，使铁芯不易吸合。因此，额定电压相同的交、直流继电器不能互相代替。

（8）为降低工作接地的接地电阻，采用了铜接地体；而对重复接地，为了降低造价采用角钢接地体。这种做法是错误的。因为不同材料在土壤中呈现的电位是不同的，铁（Fe）为 $-0.44V$，铜（Cu）为 $+0.337V$。如果工作接地用铜接地体，重复接地用铁接地体，这两个电极之间就存在 $0.777V$ 电位差。此电位差在电力系统中虽是微不足道的，但在土壤中会引起电腐蚀，使负极逐渐腐蚀，这是电气工作中不希望发生的。在电气工程设计中，为避免出现这种情况，当工作接地的接地体采用铜接地体时，地下接地线及重复接地都应该采用铜质材料。

（9）电烤箱的门玻璃坏了，不能用普通的平板玻璃替换。因为电烤箱的门玻璃是一种经过高温淬火的钢化玻璃，其内外各个部位的热应力经过高温淬火后，可减少到最低的程度，能承受较大的温差。电烤箱在烘烤食品时，门玻璃内侧承受到 $180\sim250℃$ 的箱内高温烘烤，外侧感触到的却是 $20℃$ 左右的室温，门玻璃内外侧温度差高达 $200℃$ 之多。如果用普通平板玻璃作电烤箱门玻璃，会因内外温度差造成的热应力而即刻炸裂，甚至会造成人身伤害事故。

（10）日光灯正常工作时，镇流器与灯管相串联，起着限流作用，使灯管能在设计要求的工作电压和电流下工作。瓦数不同的灯管应配用不同阻抗的镇流器。例如，40W 镇流器的阻抗为 $264\Omega$，使 40W 灯管的工作电压为 112V，通过的电流为 0.41A；20W 镇流器的阻抗为 $457\Omega$，使 20W 灯管的工作电压为

60V，通过的电流为 0.35A。因此，不同瓦数的日光灯镇流器不能互换使用，否则会使日光灯不能启动或使灯管烧坏。

### 4-43　接地技术学问深，似怪非怪有讲究

📋 **口诀**

> 接地技术学问深。似怪非怪有讲究。
> 农村配电变压器，中性点直接接地；
> 矿井配电变压器，中性点不许接地。
> 三相自耦变压器，中性点必须接地；
> 三相电力变压器，中性点可不接地。
> 机床照明变压器，二次绕组必接地；
> 机床控制变压器，二次绕组不接地。
> 三芯高压电缆线，铅包两端都接地；
> 单芯高压电缆线，铅包只一端接地。
> 高压电流互感器，二次回路应接地；
> 低压电流互感器，二次回路不接地。
> 低压照明三十六，电源一端必接地；
> 安全电压的电路，保持悬浮不接地。　　　　　(4-43)

📖 **说明**　接地是电气安全技术工作之一。接地是否合理、完善，不仅影响电力系统的正常运行，而且关系到国家财产和人身安全。因此，正确地选择接地方式及安装方法，也是电工作业的主要内容。在城乡电网改造工程中，电子、电气设备的安装工程中，接地技术是电工技术的重要组成部分。

（1）农村地区具有负荷小而分散、供电距离长、负荷密度低、动力负荷有较强的季节性等特点，所以农村低压电力网宜采用 TT 系统（在低压配电系统中，把配电变压器低压侧中性点直接接地，并且引出中性线 N 实施单、三相混合供电，供电网络内所有电气设备的外露可导电部分作单独的或成组的保护接地。此种接地制式称为 TT 系统）。采用 TT 系统，供电灵活性好，可单相、三相混合供电，从而节省导线；由于中性点直接接地，发生单相接地故障时可以限制电网对地电压的升高；容易实现过流保护措施；整个系统可实施漏电分级保护，即漏电总保护、漏电中级保护、漏电末级保护；用电设备外壳金属部分发生带电故障时，不会延伸到其他用电设备外壳上。

煤矿井下配电系统禁止采用中性点接地。这是为了防止人身触电、火灾及

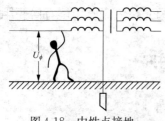

图 4-18　中性点接地，
人体触及一相电线

爆炸事故的发生。如图 4-18 所示，配电变压器中性点直接接地，当矿井工作人员不慎触到一相电线时，人身跨接于相电压上。在矿井作业条件差（潮湿、流汗等）的情况下，人身的电阻 $R$ 可能只有 $1k\Omega$ 左右，所以一旦触电是极其危险的。目前，有许多小煤矿均为 $380/220V$ 供电，当人体触及 $220V$ 相线上时，通过人体的电流 $I = \dfrac{U_\phi}{R} = \dfrac{220}{1000} = 0.22(\text{A}) = 220(\text{mA})$。根据有关资料介绍，通过人体电流达到 $10\text{mA}$ 在 $1\text{s}$ 内就有死亡的危险，那么这样大的电流（$220\text{mA}$）会使生命很快断送。另外，中性点接地系统中，当任何一相接地或碰壳（即构成单相短路）时，将会产生很大的电流而引起过热，并在接地处还会产生电弧。这在煤矿井下可能造成严重火灾或瓦斯爆炸事故。所以矿井配电系统禁止中性点接地（我国煤矿安全规程中规定：井下应采用矿用变压器，若用普通变压器时，禁止中性点接地）。

（2）三相自耦变压器的高压绕组与中压绕组间除了有磁的联系外，还存在电的联系；所以其中性点必须直接接地，而不能像普通三相电力变压器那样中性点可以不接地（如 $3 \sim 60kV$ 的电网沿全线不装设架空地线，因单相接地故障占线路故障的比重很大，如采用中性点不接地，单相接地时故障电流很小，一般故障可自动消除，电网还允许带单相故障运行 $2\text{h}$，以增加供电的可靠性。因此，$3 \sim 60kV$ 电网均采用中性点不接地的运行方式）。三相自耦变压器如果中性点不接地运行，一旦高压系统发生单相接地，则中压系统正常相对地电压将会升高到不允许的倍数数值（中压侧出现的过电压倍数与自耦变压器的变比 $K$ 有关：$K = 2$，过电压为 $2.64$ 倍；$K = 3$，过电压为 $3.6$ 倍）；这个过电压将会对中压系统带来危害。所以为了避免出现上述这种过电压，三相自耦变压器运行时，其中性点必须可靠直接接地。

（3）机床电路中，照明变压器的二次绕组如果不接地，则绕组绝缘损坏时，高、低压绕组就有可能短路接通，触及二次回路时就会造成触电事故。若照明变压器的二次绕组接地，在发生高、低压绕组短路接通故障时，照明变压器的保护熔丝就会熔断，可避免触电事故发生。

采用控制变压器隔离并降压供电的机床电路往往所用的控制电器较多，控制线路的分支又较复杂。如果控制变压器的二次绕组接地，当线路发生接地故障时，就有可能造成某些电器的误动作（如图 4-19 中 a 点发生接地故障时，接触器 1KM 就会误动），这就降低了机床工作的可靠性。所以机床电路中控制变压器的二次绕组不应接地。

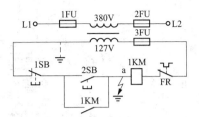

图 4-19　控制变压器二次线路
发生接地故障示意图

（4）正常运行中，三芯高压电缆流过三根芯线的电流矢量和为零，在铅包外面基本上没有磁场，这样铅包两端基本上没有感应电压，故铅包两端接地后不会有感应电流流经铅包。因此，三芯高压电缆的铅包（包括金属外皮）允许两端都接地。

单芯高压电缆的芯线通过电流时，必定会有磁力线交链铅包，使铅包两端出现感应电压。此时，如将铅包两端接地，铅包中将会流过很大的环流，其值可达芯线电流的 50% 以上，造成铅包发热，不仅浪费了大量电能，降低了电缆载流量，而且加速了电缆主绝缘的老化。因此，单芯高压电缆的铅包只允许一端接地（铠装电缆的铅包与钢带必须用软铜线连接后接地）。

（5）为了防止电流互感器一、二次回路的绝缘损坏而使高电压窜到二次回路和外壳，危及仪表和人身的安全，高压电流互感器的二次回路和外壳一定要接地。其二次回路接地的原则是一点接地。对于高压电流互感器的二次电路为一独立回路时，这个独立回路可在电路上任意一点接地，通常采用在二次回路"－"端（K2 端）或"＋"端（K1 端）接地。如果二次回路上有两点接地，则可能形成分流或短路，影响二次回路的正常工作。每只高压电流互感器的外壳上都有专用的接地螺栓，可由此对外壳进行接地。

低压电流互感器二次回路是否接地，并无一定要求。因为一次电路不是高电压，而且低压的绝缘裕度又很大，一般不会发生绝缘击穿事故；再则二次回路和仪表的绝缘能承受一次电路的电压，实际运行经验证明：低压电流互感器二次回路可以不接地。这样既可以简化接线，还可以避免一些事故。因为二次回路不接地，可提高二次系统、仪表的对地绝缘和仪表的防雷性能；降低了低压电能表雷击时的放电烧坏事故率，所以在使用中很多低压电流互感器采取了二次回路不接地的方式。由于低压测量仪表和二次回路的绝缘能力能直接承受一次电路的工作电压，仪表的电压线圈又是直接取用一次回路电压，于是在有些测量仪表的接线中，利用了不接地的电流互感器二次线同时给仪表提供电流、电压的方法。这就是如图 4-20 所示的电流、电压共线进表法。在这种情况下，电流互感器二次侧的任一端是绝对不能进行接地的。

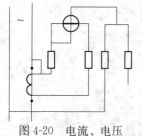
图 4-20 电流、电压
共线进表法

（6）作为局部照明用的 36V 电源回路中的灯架、灯头、开关等部位与人的接触较多，为了安全起见，使用时必须一端接地（如降压变压器供电线路为接地系统时，降压变压器一次及二次绕组的一端都应接地）。如果二次侧 36V 碰到了 220V 或 380V 的相线（一、二次侧间短路），由于一端接地，则控制回路中的熔丝烧断，变压器断电，防止了触电事故的发生。如果不接地，则此时变压器二次侧对地电压将为 220V，人体一旦触及就可能发生触电伤亡事故。

GB/T3805—2008 中指出："工作在安全电压（对人体无致残致命的电压称为安全电压）。我国确定的安全电压规范是：42、36、24、12V 以下的电路，必须与其他电气系统和任何无关的可导电部分实行电气上的隔离。"即安全电压电路不接地。其主要有两个原因：①减少触电机会。一般来说，人体同时触及电路两极的可能性较小，现在运行的安全电压电路均不接地，触碰到电路的一极，就不会造成触电事故。②防止引入高电位。大地或中性线并不是始终保持零电位的。由于线路负荷的严重不平衡或中性线断线等原因，都有可能使这些部位的电位升高到危险电位。因此，为了保障安全电压电路的安全，要求安全电压电路相对独立，保持"悬浮"不接地状态。

### 4-44　"三点连在一起"接地法

💬 **口诀**

配电变压器外壳；其低压侧中性点；

配变高低压两侧，避雷器接地引线。

三点连接在一起，然后再共同接地。　　　　　　　　（4-44）

📖 **说明**　全国各地有许多配电变压器经常因遭受雷击而烧坏，其主要原因之一是配电变压器防雷保护没有按技术要求施工。

根据技术要求，3～10kV 配电变压器的高、低压侧都应靠近变压器装设防雷避雷器，保护变压器正常运行。FS 型 3kV 阀型避雷器 5kA 下的残压 $U_5$ 不大于 17kV，其避雷器的等值电阻为 3.4Ω。FS 型 10kV 阀型避雷器 5kA 下的残压 $U_5$ 不大于 50kV，其避雷器的等值电阻为 10Ω。一般配电变压器的工频接地电阻小于或等于 4Ω，最大不超过 10Ω（10Ω 适用于 100kVA 及以下的配电变压器），它和避雷器的等值电阻几乎一致。当雷电流流过接地电阻 $R$ 时必然

会产生压降 $IR$，同时雷电流流过避雷器时产生残压 $U_5$，两者叠加后一起作用在变压器绝缘上。如 $3\sim10\text{kV}$ 配变落雷时，雷电流以 $5\text{kA}$ 计，接地电阻为 $5\Omega$，则 $10/0.4\text{kV}$ 变压器主绝缘上所承受的电压为 $U_5+IR=50+25=75\text{kV}$。如将避雷器的接地线和变压器的外壳连在一起后再接地，那么只有避雷器的残压 $U_5$ 作用在 $3\sim10\text{kV}$ 变压器主绝缘上，可避免叠加的高压损坏变压器绝缘。但是，接地线和接地引下线上的压降 $IR$ 会使配电变压器的铁壳电位大大提高，有可能发生由铁壳向低压侧逆向闪络。因此必须将低压侧的中性点连接在变压器的铁壳上，这样低压侧电位被提高了，铁壳与低压侧之间就不再发生闪络。

另外，在接地电阻上产生的压降 $IR$ 大部分都加在低压绕组上，通过电磁感应，在高压绕组上将按变比出现高电压，如 $10/0.4\text{kV}$ 变压器的变比 $K$ 为 25，在高压绕组两端的冲击电压会达到 $IR \cdot K=25\times25=625\text{kV}$，这时高压绕组出线端因安装了避雷器，出线端电位受避雷器限制，因此 $625\text{kV}$ 的高电位沿高压绕组分布，在尾端达最大值，会将中性点附近的绝缘高压绕阻层间或区间绝缘击穿，造成变压器损坏。由此可见，还应在低压侧装设避雷器，限制低压侧绕组可能出现的过电压，从而也就保护了高压绕组。总之，为了防止雷电冲击波击穿变压器绝缘，必须将变压器高、低压两侧的避雷器接地引下线、变压器外壳及低压侧中性点，三点连在一起后共同接地，这样可以保障配电变压器的安全运行，确保供电的连续性和可靠性，减少国家和用户的经济损失。

### 4-45 户外用锁防锈防冻处理法

📋 **口诀**

> 变电站户外用锁，防锈防冻处理法。
> 新锁放电炉旁烤，烧到一百二十度，
> 迟延十几分钟后，向锁孔里注油脂。
> 旧锁烤火时稍长，加注润滑油脂后，
> 锁钩处滴红色油，最后滴出本色油。　　　　　(4-45)

📖 **说明**　变电站户外开关应加锁，这是必不可少的安全措施。但一把新锁在户外受一段时间风吹雨淋的侵蚀后，锁孔内不但油干了，而且逐渐生锈。更严重的像北方寒冷地区的初冬及开春季节，经常雨雪混合，在钥匙孔内残留的水珠当气温降到零度以下时，就会结成冰。在倒闸操作开锁时，致使锁打不开。有时为了进行倒闸操作，迫不得已，只好把锁砸坏。这当然是规程所不允许的。对此的解决办法是：把新锁加热到 $100\sim120℃$ 左右（不得进入灰尘），10min 后可向锁孔里注入润滑油脂，如图 4-21 所示。对于用过的旧锁加温时间可稍长一些。注油后会从锁勾处先滴出红色锈蚀油滴，最后滴出本色油滴即可，其他与新锁的处理法相同。

经上述方法处理过的户外用锁，不怕雨雪冰冻，都能开锁自如，安全可靠。

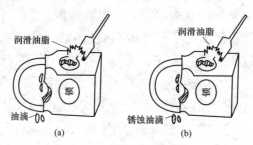

图 4-21　向加热后的锁孔中注润滑脂示意图

（a）新锁；（b）旧锁

### 4-46　电吹风烘烤取断丝白炽灯灯泡

📣 **口诀**

灯泡灯丝烧断后，灯泡却拧不下来。

这时手持电吹风，风口略靠近灯头，

绕着灯头慢旋转，时间一分钟左右，

灯头略烫手为止，趁热可拧取灯泡。 　　　　　(4-46)

📖 **说明**　白炽灯灯泡灯丝烧断后，更换新灯泡时，发现坏灯泡拧不下来。若用力拧取，灯泡容易破碎，很不安全。这时可用电吹风烘烤灯头一分钟左右，至灯头略感烫手为止。仍拧不下来时，可继续加热。注意加热要均匀，即手持电吹风绕着灯头慢慢旋转，风口不要距灯头太近，以免温度过高，烧坏灯头。

如果更换灯丝末断的好灯泡时，遇到灯泡拧不下来的情况，可把控制开关闭合，让灯泡正常工作，给灯头加热几分钟，就能把灯泡拧下来。

### 4-47　滴上两滴润滑油排除拉线开关失灵故障

📣 **口诀**

拉线开关控制灯，开闭失灵灯失控。

塑料控制轮两侧，控制铁拨轮之间。

滴上两滴润滑油，失灵故障便排除。 　　　　　(4-47)

📖 **说明**　用拉线开关控制的照明灯，因每天操作较频繁，故障也较多。其中常见的故障之一是开闭失灵，即铁拨轮挂不住塑料控制轮，铁拨轮空转而塑料控制轮不动，使电路不能通断，照明灯失控。对此故障的处理办法是：旋开开关的盖子，在塑料控制轮的两侧和塑料控制轮与铁拨轮之间滴上 2~3 滴润滑油（如缝纫机油、变压器油等均可）。一个即将报废的拉线开关就修复了，还能继续使用一段时间。

### 4-48　灯泡头涂层耐温润滑脂防止生锈

💬 **口诀**

> 有煤气蒸汽场所，装换灯泡防生锈。
>
> 泡头金属锌皮上，涂层耐温润滑脂。
>
> 灯座寿命得延长，锈牢现象不发生。　　　　　　　　　　(4-48)

📖 **说明**　有腐蚀性气体的车间，如锅炉、厨房间等煤气、蒸汽较大的场所，灯泡断丝后，不论是螺口灯泡还是卡口灯泡，由于灯泡与灯座受气体浸入后生锈结牢，很难取下。所以只得连灯座一起更换，非常不便，灯座损坏率也较大。根据检修和运行实践经验，在灯泡头金属锌皮上先涂上一层耐高温润滑脂（或凡士林油）再装上去（油脂不要涂得太厚，以免受热后熔化滴下来）。这样，在下次更换灯泡时就非常便利，不再有锈牢现象，可延长灯座的使用寿命。

# 第5章
# 窍门技巧简捷法

## 5-1 錾截冷拆法拆除电动机旧绕组

📋 口诀

拆除电动机绕组，手工錾截冷拆法。

木工凿子扁平錾，錾铲绕组任一端。

紧贴铁芯逐槽铲，切口与槽口齐平。

铁皮剪刀或钢锯，断开绕组另一端。

锤击合适径铜棒，冲出槽中漆包线。　　　　　　　　　　(5-1)

📖 说明　电动机旧绕组拆除工艺好坏与修复后电动机质量密切相关。拆除绕组时，使用的拆除工具都要采取防范措施，以免损伤定子齿形和定、转子铁芯内外圆表面而产生毛刺及划痕，造成铁芯损耗增加。同时应记录好槽数、线圈匝数、导线类别、线径大小、接法等有关数据。必要时还要绘制出单相或三相绕组的接线简图，供修复时接线参考。拆除绕组可采用冷拆和热拆两种方法。现介绍錾截冷拆法。

用一把木工凿子（或将扁平錾子在砂轮机上磨成 30°，其宽度、长度要适应电动机定子线圈錾截的需要）紧贴铁芯（最好在端部伸出绕组与机壳之间垫好小块弧形金属薄板，以防凿子滑动时铲伤机壳），自铁芯朝机壳方向将线圈端部逐槽錾截，錾截绕组线圈的切断面一定要与定子槽口齐平。绕组的另一端用铁皮剪刀（或用钢锯）剪开，然后用一根粗细合适的直圆铜棒（棒能在定子槽内自由拉动）顶于槽底部打入，将槽中的漆包线绕组整个推出。此拆法可省去拆前的烘软工序，节省时间，节约电能，且拆起来比较省力。此拆法适用于容量为 7.5kW 以上的电动机，其拆除效果良好。

## 5-2 检测电动机定子绕组端部与端盖间空隙大小

📋 口诀

电机大修换绕组，定子绕组嵌完线。

绕组端部端盖间，空隙大小巧测检。

绕组端部等距离，粘贴四块小纸板。

端盖扣上转一周，取下端盖看纸板。

没有磨碰损痕迹，空隙正常不碰壳。

纸板碰坏空隙小，绕组重绑扎整形。　　　　　　　　　　(5-2)

📖 **说明**　电动机大修，更换定子绕组。电动机定子绕组嵌完线，浸漆前需检查绕组端部与端盖间的空隙，以免发生绕组碰壳（接地）故障。但是这个空隙比较特殊，既看不见又无法测量。对此可采用下述方法检测：根据电动机大小，将 3 或 4 小块厚 0.8～1mm 纸板用透明胶带或塑料胶带等距离粘在绕组端部；将端盖扣上（端盖内凹面有毛刺等应先铲除），轻轻转动一周后取下端盖。如果发现所粘的纸板未被端盖转动时碰坏，则说明绕组端部与端盖间空隙正常，不会发生定子绕组碰壳故障；反之，应重新将绕组绑扎、整形。

## 5-3　用交流电焊机干燥低压电动机

💬 **口诀**

交流焊机作电源，干燥受潮电动机。

抽出电动机转子，定子绕组吹干净。

绕组接成一路串，并接焊机二次侧。

进行通电干燥前，输出调到最小值。

启动焊机调铁芯，均匀调节电流值。

观察钳形电流表，逐步达到规定值。

如此干燥一小时，然后断电测绝缘。

直至绝缘达标准，并需稳定数小时。　　　　　　　　(5-3)

📖 **说明**　交流电焊机用作低电压电源对绝缘电阻不符合标准的中、小型低压电动机进行干燥，是一种比较方便、安全的方法。其工作原理是利用交流电焊机输出端低压电流直接通过电动机定子绕组，产生铜耗发热（此热量由绕组里向外扩散），以达到驱潮、恢复电动机绝缘性能的目的。

具体方法步骤是把受潮电动机转子抽出后，先用压缩空气（吹尘器、打气筒等）把电动机定子绕组吹干净。然后将三相定子绕组接成一路串联，并接在交流电焊机的二次侧（输出端），如图 5-1 所示。为了保温和防止异物落入定子绕组内，可以用帆布将其围起来，但要留有出气孔，以利潮气排出。在绕组

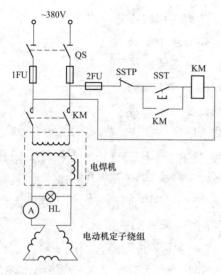

图 5-1 电焊机干燥电动机接线示意图

端部和铁芯等处，插入 3～5 支温度计。进行通电干燥前，应使交流电焊机二次侧输出调节到最小值，然后启动电焊机，此时电动机定子绕组两接线端即有 30V 以下的电压。接着调节电焊机动铁芯位置，改变漏磁分路的大小，从而均匀地调节电流（也可改变电焊机二次侧空载电压，粗调电流），在调节时须观察钳形电流表，使电流达到规定的数值。一般在电动机定子绕组上施加的低电压为额定电压的 7%～15%，并控制绕组中的电流为其额定电流的 50%～70%（或每千瓦容量应为 1A 的电流）。

如此干燥若干小时（视电动机绕组受潮程度而定），当绕组的绝缘电阻达到标准，并在 5～8h 稳定不变时，即可认为干燥完毕。

用交流电焊机干燥低压电动机时应注意事项：①每小时断电测量电动机绝缘电阻一次，并记录绕组、铁芯温度和电流数值；②电动机绕组允许最高温度一般不超过 70～75℃，尤其要注意绕组上部的温度，因为它比别处的温度高；③温度要逐步增高，升温速度以 5～8℃/h 为宜；④被水浸过的电动机不能用此法，应采用外加热法，以避免电动机绕组绝缘击穿；⑤电焊机的容量选择，可按其所需二次侧电流、电压进行估算。

## 5-4　电动机大小端盖安装的固定螺孔对齐组装法

### 口诀

电动机大小端盖，固定螺孔对齐法。

小端盖装转轴上，接着安装上轴承。

取段熔丝或软线，小端盖两孔穿出。

大端盖装轴承上，随即将熔丝两头，

穿过大端盖两孔，拉紧熔丝并捆扎。

三攀固定大端盖，拿固定螺钉穿入，

没有熔丝螺钉孔，将大小端盖拧紧。

熔丝从孔中拉出，两孔拧上两螺钉，

　　　　然后用扳手紧固，端盖就组装完毕。　　　　　　　　　　　　(5-4)

　📖 **说明**　　电动机检修好了之后，常常因大小端盖的固定螺孔不易对齐而装不上固定螺钉，要反复卸下大端盖多次。这样不但耽误时间，有时还会损坏大端盖，而且常常使人为这点小事搞得心烦意乱。如按下列方法安装大小端盖，则会很顺利地一次组装成功。

　　首先将小端盖装在电动机转轴上，装上轴承，用一段熔丝（或用其他类似的软线）从小端盖的任两个孔中穿出（熔丝长度以平行拉齐后，比转子端部稍长一点即可），如图 5-2（a）所示。再将大端盖打在轴承上的同时，将熔丝两头穿过大端盖的任两个孔，如图 5-2（b）所示。拉紧熔丝并捆扎，使大小端盖的固定螺孔对齐，此时便可转动大端盖，用螺钉将大端盖固定。取一颗固定螺钉穿入没有熔丝的螺钉孔中，拧紧大小端盖。这时将熔丝从孔中拉出，把剩下的两个固定螺钉穿入拧上，然后用扳手将螺钉紧固。电动机的端盖就算组装好了。

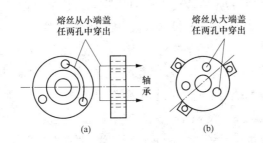

熔丝从小端盖任两孔中穿出　　　熔丝从大端盖任两孔中穿出

轴承

(a)　　　　　　　(b)

图 5-2　熔丝穿大小端盖任两孔组装法示意图

(a) 小端盖；(b) 大端盖

　　此处再介绍"先在内轴承盖上旋专用螺杆方法"。假设固定螺钉的丝扣规格为 5×0.8mm，照图 5-3 所示用直径 5mm、长 100～120mm 的圆钢棒，用规格是 5×0.8 的扳牙丝扣 10mm 左右长。在组装时先将小端盖装在轴上、装上轴承，再把制作好的螺杆拧在小端盖的一个丝扣上，然后把大端盖打在轴承上，并使拧在小端盖上的配制螺杆从大端盖的任一个螺钉孔中穿出，这样大小端盖的固定螺钉孔就对齐了。把大端盖安装固定好后，再将两个螺钉从大端盖的螺钉孔穿进拧在

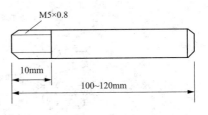

M5×0.8

10mm

100～120mm

图 5-3　专用螺杆示意图

小端盖的丝扣上，退出配制螺杆，把剩下的一个螺钉拧上，然后用扳手将三个螺钉拧紧。这样，电动机的端盖就很顺利地一次组装成功了。如果电动机的小端盖的丝扣规格是 6×1 或 8×1.25 的，只要按同样的方法用直径 6mm 或 8mm 的圆钢棒配制螺杆就行了。这种专用螺杆小工具能减少"摸瞎"工时，提高效率。

### 5-5　吊扇电容电动机旧绕组速拆法

📋 口诀

吊扇电动机定子，从机壳中拆出来。

将其固定台钳上，锯去轴伸端绕组。

取下定子并翻转，把它悬空架起来。

用根和定子线槽，相宜弹簧钢销子，

冲打顶槽里线圈，绕组槽楔被挤出。

(5-5)

📖 说明　绝缘老化、损坏或烧毁的吊扇电容电动机，修复时需拆除旧绕组，这是一项十分麻烦且必须做的前期准备工作。拆除旧绕组的常用方法有：通电加热法；明火烧软法；冷拆法（即是先打去槽楔，再从线槽中用钢丝钳一根一根地将绕组拔出）。前两种方法，容易破坏电动机硅钢片的层间绝缘，使修复后的电动机铁损增加，还浪费能源。后一种方法，麻烦费时效率低。现介绍一种快速拆除吊扇电容电动机旧绕组的方法。

把不能运转的吊扇电动机定子从机壳中拆出，在确认所要拆除旧绕组不可修复后，可将其固定于台钳上，锯去轴伸端半边绕组（包括起动、运转绕组）。然后翻转电动机定子，把它悬空架起，用和定子线槽相适宜的销子（最好是弹簧钢的）把一个个剩余的固化成型的线圈从槽里向另一侧挤出，如图 5-4 所示。这时，槽楔一般可以同时被挤出。如果少数不能同时被挤出，可待绕组清除完毕后再用钳子夹出。此外，如果能借助机械设备（如倒链），亦可在锯去吊扇电动机定子轴伸端半边绕组后，将剩余的绕组整体拉出，则更为省力。

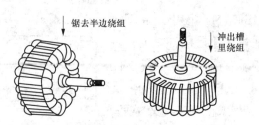

图 5-4　拆除吊扇电机绕组示意图

## 5-6 油煮法拆除手电钻转子绕组

💬 **口诀**

> 修理手电钻转子，拆除绕组油煮法。
>
> 槽楔锯割开转子，放在金属容器里。
>
> 注入柴油加热煮，热至绝缘漆软化。
>
> 夹住转子轴取出，绕组端部速剪断。
>
> 接着手持尖嘴钳，趁热拉出绕组边。
>
> 如此反复热煮拆，线圈全部拉出来。　　　　　　(5-6)

📖 **说明**　电动工具手电钻，使用损坏后转子需要修复，但转子绕组漆灌得很实，拆除很难。用烘箱（有些企业单位还没有此设备）加热法拆除手电钻转子绕组费时费力又费电，而用油煮法则省时省力又经济。

具体做法是先用钢锯将槽楔锯割开，再取一个金属容器（不要太大，能横向放下转子且深度为转子直径的 2.5 倍即可），注入适量柴油（只需浸没转子），加热至绝缘漆软化。然后一手持钢丝钳夹住转子轴的一端取出转子，另一手持斜口钳快速剪断绕组端部，接着用尖嘴钳趁热逐步拉出绕组边。若一次拆不完，可再加热煮，反复几次，一般 1h 左右即可拆完。热源用电炉较方便，但操作中一定要注意安全，如在取出转子前，应切断电炉的电源。

## 5-7 快速去除直流电动机转子旧线圈端部焊锡法

💬 **口诀**

> 直流电动机转子，利用旧线圈重绕。
>
> 烧去线圈绝缘前，去除线头部焊锡。
>
> 线头先浸锡锅内，取出甩掉附着锡。
>
> 后将线圈穿一起，端部朝下并排齐。
>
> 头浸硝酸溶液中，时间三至五分钟。
>
> 取出清水冲干净，线头去锡显出铜。　　　　　　(5-7)

📖 **说明**　大修直流电动机转子时，利用拆卸下来的旧线圈重绕。拆除下来的旧线圈要烧去绝缘，同时使导线软化便于修复时整形。通常在烧线圈绝缘前必须将线圈端部的焊锡全部锉净。这是因为经过烧绝缘后，线圈端部焊锡将变为合金，硬得锉不动，而且合金上是无法附着锡的。一台矿井下的矿用电机车的直流电动机的转子线圈头有 260 个，都要一一锉净，费时费力，况且每锉一次，铜线就受到损失，有的线圈修不了几次就报废了。对此，现介绍一种快速去除直流电动机转子旧线圈端部焊锡法。

拆卸下来的旧线圈在烧绝缘前，先将线圈头部在锡锅内浸一次，取出甩掉附着的锡。然后将线圈穿在一起，将线头部分浸入硝酸溶液中（工业用浓硝酸，用同等容积的水稀释，将稀释的溶液放在塑料盆或塑料槽内），时间约3~5min（不宜时间太长），取出后用清水冲洗干净，线头即显出光亮洁净的铜金属。整个过程只需 1h 左右，可大大提高工效（用过的硝酸溶液还能再用，只需保持一定浓度）。

### 5-8　挖空示温蜡片中心处粘贴法

📣 口诀

监视接头发热状，示温蜡片粘贴牢。

金属贴面擦干净，蜡片贴面刀削平。

蜡片中心挖空洞，挖去部分涂厚漆。

按贴蜡片稍用力，蜡片底部溢出漆。

挖空部分油漆干，蜡片牢粘接头处。　　　　　　　　　　（5-8）

📖 说明　电气设备在运行中都要产生一定的热量，引线连接桩头则是发热的重点部位。为监视接头的发热程度，保证设备安全运行，通常的办法是在连接处粘贴示温蜡片。

如何粘贴好示温蜡片并保持一定的使用时间，实践中贴法不尽相同。粘得牢、保持时间长久的贴法是挖空蜡片中心处粘贴法。具体方法是先把需要粘贴蜡片处的金属粘贴面用干布擦净，然后把蜡片粘贴面用小刀削平，在蜡片粘贴面中心挖去一小部分（约占蜡片体积的 1/6，以增加蜡片粘贴面的面积），在挖去的部分涂满普通调合漆（厚漆）稍用力将蜡片粘贴在设备接头处，使油漆从蜡片底部溢出。待数日蜡片挖空部分油漆干燥后，蜡片便牢牢地粘贴在接头处。

### 5-9　热碱水溶液清除瓷套管污垢

📣 口诀

瓷套管表面污垢，碱水溶液清除法。

碱水溶液九十度，套管放置溶液中。

浸泡三至四小时，取出水洗净烘干。　　　　　　　　　　（5-9）

📖 说明　在检修配电变压器及多油断路器时，经常遇到瓷套管上结有一层很坚固的污垢，若用金属片铲刮，不仅多花劳动力，而且易使瓷套管表面受伤，形成纹路。简易清除瓷套管污垢的方法为：将污垢的瓷套管浸于温度为80～90℃左右的碱水溶液中，放置3～4h，然后用清水冲洗干净、烘干。碱水可用氢氧化钠溶液或土碱溶液，一般浓度便可。这种溶液在上述温度下也能清除配电变压器油箱上的油垢，其效果很佳。

## 5-10 银浆覆盖充油设备基础面油污脏迹

**口诀**

充油设备基础面，油污脏迹银浆盖。

银浆配制三种料，一份浮性铝银浆，

加同份稀料溶开，八份清漆搅拌匀。

刷蘸银浆混合液，涂刷一遍基础面。

油污脏迹全覆盖，晾干牢固有光泽。　　　　　　　　　(5-10)

**说明** 发电厂、变电站的充油设备（如变压器、互感器、油断路器等）的基础大多用混凝土抹面。在设备安装调试过程中，难免有绝缘油溢出或渗漏，使构架基础脏污，既不整洁又不美观。通常用汽油、清洗剂擦洗，费工费时，效果不好。采用银浆覆盖的办法，操作简便且费用低廉。

银浆配制：浮性铝银浆、醇酸稀料和醇酸清漆三种料以1：1：8配制。具体操作时，先用稀料把银浆溶开，再加入清漆搅拌均匀，便可使用。

银浆覆盖法：用油刷蘸银浆混合液均匀地涂刷一遍构架基础整个表面，则可将油污脏迹覆盖。刷后晾干2h就很牢固、整洁，并有光泽，而且不再吸附绝缘油。

## 5-11 聚氯乙烯管加热套接法

**口诀**

聚氯乙烯管管路，连接加热套接法。

管口锉圆滑斜面，另管端用火烤软。

拿稳锉斜面管端，插入烤软端管口。

慢慢转动稍用力，旋钻纵深烤软管。

推进管口六厘来，两管端包衬相连。

分开两管相反转，同时用力向外拉。

两管再需相连接，此时只需直接插。　　　　　　　　　(5-11)

**说明** 在配电线路管道安装上，常采用聚氯乙烯管。应用效果良好，然而在管子的连接问题上还存在一些问题。如先在相接的两管端套扣，然后用铁箍连接起来，这种方法在实际运用中有两个缺点：一不易将扣套好；二是安装时不牢固，很容易折断。对此实践中采用了加热套接法。聚氯乙烯管加热套接法步骤如下：

（1）两管相连接时，一管的一端用火烤，而另一管的相连接端用木锉锉成圆滑的斜面。

（2）当发现管子端部烤软了的时候，一人拿稳已烤好的管子端部靠后些部位；另一人拿着锉好了斜面的管子端头，将有斜面管口插入烤软端管口，慢慢转动，并用较小的力往前推钻。这样由于聚氯乙烯管的可塑性，锉成斜面的管口端就旋钻进烤软管端，烤软管端包裹住另一管子的端头，两者包衬相连接在一起，如图5-5所示。

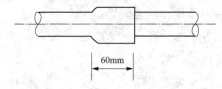

图 5-5　聚氯乙烯管加热套接示意图

（3）两管接口长度约 60mm 即可，如果要将它们分开，可左右相反地转动，并用力向外拉，这样很快就分开了。若要再连接起来，只需直接插入即可。

## 5-12　蛇皮管作填充材料热弯硬质塑料管

**口诀**

> 蛇皮管作填充料，热弯硬质塑料管。
>
> 选用蛇皮管外径，略小塑料管内径。
>
> 自由穿进塑料管，管置电炉盘上方。
>
> 均匀加热弯曲段，待烤软后即可弯。
>
> 自然冷却定形后，抽出管内蛇皮管。　　　　　　　　（5-12）

**说明**　电工安装工程中广泛使用聚氯乙烯管，俗称硬质塑料管。热弯硬质塑料管子时必须在管子内灌黄沙，效果既不理想，运用又很麻烦。其实用金属软管（柔软且很长的形似蛇皮节的管子，俗称蛇皮管），作填充材料是行之有效的办法。即将稍小于硬质塑料管内径的蛇皮管（细塑料管还可以用拉门的弹簧）穿进塑料管内，然后把塑料管置于电炉上方（或用喷灯），旋转均匀加热需弯曲管段；待弯曲段烤软后即可弯曲，冷却定形后再将蛇皮管抽出。应用此法必须注意选取蛇皮管大小（外径粗细规格）以能自由放进硬质塑料管和能抽出为准，不能过小，否则弯曲出的塑料管易产生皱褶。

### 5-13　金属软管截断法

金属软管锯割断，须用木块作夹具。

根据软管外直径，木块钻个略大孔。

垂对圆孔直径面，中部开条锯口槽。

固定木块穿软管，软管断位恰对槽。

锯条顺槽缝下锯，轻松自如推拉锯。

金属软管易截断，断口整齐不松散。　　　　　　　　　　(5-13)

**说明**　金属软管有防锈蚀而镀锌或涂漆的保护层。在机床及机械设备上广泛采用金属软管保护连接电气的导线，以防止机械损伤。经常碰到要按所需长度截断金属软管，如截断方法不妥当，容易造成软管松散、变形，影响质量。一般是用手将软管按螺旋方向旋开，用斜口钳剪断软管的筋部，对剪断口不齐的现象稍加修整即可。

在使用数量多的场合，可用木块制作成如图 5-6 所示的简易夹具。木块上开一个比金属软管外径稍大一些的圆孔，在木块中部开一条锯口槽。使用时将木块固定在一个适当的地方，将软管穿入圆孔中，所需尺寸的标记对准锯口槽，顺锯口槽方向采用细牙钢锯就能轻松自如地截断金属软管了。锯割口整齐不松散，再用圆锉将断口的毛刺锉掉，便可以使用了。以金属软管的系列规格尺寸多准备几个锯割软管的简易夹具，能提高工作效率和质量。切记软管不宜夹在台钳上锯割。夹紧些软管损坏；夹松些，锯割起来前后活动，锯割的结果常常是断口不齐，还会松散。

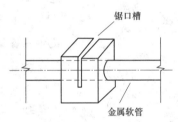

图 5-6　锯割金属软管时简易夹具

### 5-14　用电切割磁棒法

用电切割磁棒法：先在磁棒欲截处，

软性铅笔画一圈，画线用作导电环；

交流电源二百二，取万用表两表笔，

红笔串接百瓦泡，在连接到相线上，

黑笔接至中性线，两笔尖触导电环；

接通电源几秒钟，灯泡发亮磁棒断。　　　　　　　　(5-14)

241

📖 **说明**　磁棒很硬，不易加工，如需要截断磁棒，可用电切割办法。如图 5-7 所示，电源采用 220V 交流电，取用万用表的红黑两支表笔做电极，电路中串接一个 100W 的电灯泡，以防两电极（两表笔）相触及，发生电源短路故障。切割时，先在磁棒欲截处，用 2B 铅笔（软性铅笔）画一圈做导电环，然后用两电极接触导电环（铅笔画圈线）的两边，通电几秒钟，待百瓦灯泡发亮时，磁棒就沿铅笔画迹断开。用这种方法切割磁棒，既整齐又迅速，但要特别注意操作时的安全，以防发生触电事故。

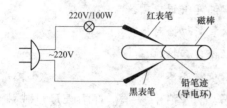

图 5-7　电切割磁棒示意图

## 5-15　绝缘棒加装隔弧板

💬 **口诀**

绝缘棒顶端侧面，加焊八个粗螺帽。

用八乘五十螺杆，装置电工胶木板。

尺寸三百乘二百，三个厚度隔弧板。

拉合跌落熔断器，运用绝缘棒操作：

拉时先断迎风相，熔管跌落后移开；

棒板翻转一百八，再拉掉背风边相；

最后拉断中间相；合时顺序恰相反。　　　　　(5-15)

📖 **说明**　绝缘棒，也叫绝缘操作杆，俗称闸杆。是电工用来闭合或断开高压隔离开关、跌落式熔断器的工具，绝缘棒也可用来安装和拆除临时接地线；以及用于测量和试验工作。

农村、小型企业 10kV 配电变压器低压侧不少没装设总断路器，当配电变压器需要停、送电操作时，常因变压器低压侧负荷电流较大或拉、合 10kV 跌落式熔断器时风大，造成相间弧光短路，变电所断路器跳闸。为解决此类配电变压器的高压跌落式熔断器拉、合时易引起弧光短路问题，有些电工给绝缘棒加装隔弧板。即在绝缘棒顶端侧面加焊一个 $\phi 8mm$ 螺帽，用 $\phi 8 \times 50mm$ 的螺杆把一块 $300mm \times 200mm \times 3mm$ 的电工胶木板装在绝缘棒顶端的侧面，如图 5-8 所示。当拉开、合上 10kV 跌落式熔断器时，将胶木板放置在边相熔断器与中相熔断器之间，若电弧较大，风将电弧吹向胶木板，胶木板把电弧隔开。电弧燃烧时间很短，不会一下子烧穿胶木板，胶木板绝缘经试验也能够承受 10kV 电压，也就烧不到另一相。因此，避免了相间弧光短路。

运用加装隔弧板的绝缘棒的操作方法：拉闸操作时，先拉掉上风一个边相 10kV 跌落式熔断器，拉掉后绝缘棒不要马上移开，待熔丝管自动跌落后再将绝缘棒移开；拉掉上风一相后，将绝缘棒翻转 180°，再拉掉下风另外一个边相熔断器；最后拉中相熔断器。拉中相熔断器时，因高压无回路电流电弧基本没有。闭合跌落熔断器时，操作顺序

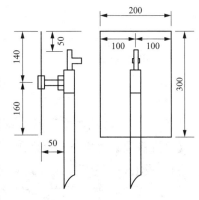

图 5-8　绝缘棒加装隔弧板示意图

与此相反，先合中相，再合下风边相，最后合上风边相。运用加装隔弧板的绝缘棒操作跌落式熔断器，其拉合顺序与未加装隔弧板的基本相反。

### 5-16　水浮泥汤擦洗绝缘子

💬 **口诀**

> 水浮泥汤易调制，取细淤泥土层土。
>
> 放清水桶中浸泡，半个小时后搅拌。
>
> 稀泥汤后停止搅，静置三四分钟后。
>
> 砂粒硬物沉水底，取用上层浮泥汤。
>
> 倒入干净桶使用，破布蘸水浮泥汤。
>
> 细心擦洗绝豫子，残留泥污蘸水擦。
>
> 最后使用干破布，擦拭干净绝缘子。　　　　(5-16)

📖 **说明**　众所周知，污秽绝缘子在运行中极易发生污闪或雾闪，影响供用电安全。擦洗绝缘子通常用黄砂、石英砂或酸性溶液，不仅工作量大，不易擦干净，而且会损伤绝缘子釉面。而用水浮泥汤擦洗方法，既能擦掉污秽又不损伤绝缘子光洁度，此方法简便易行又很经济。

水浮泥汤是利用大地下的细淤泥土，加清水搅拌制成的。水浮泥是一种粉末状物体，因其呈碱性经水溶解后，不但具有一定的黏度，而且有一定的硬度。由于其硬度远远低于瓷绝缘子的硬度而又高于污秽的硬度，所以它能将绝缘子上污秽擦掉，又不致损伤绝缘子的光洁度和绝缘强度。又因水浮泥汤含有一定的碱性和黏度，所以在擦洗过程中能将带有一定黏性的油垢、灰尘以及多种成分的混合物溶解擦掉。这就是运用水浮泥汤擦洗绝缘子的原理。

水浮泥汤的调制和擦洗绝缘子的方法：将大地下的细淤泥土层的土挖出之后，放进清水桶中浸泡约 0.5h，将其搅拌成稀泥汤，而后停止搅拌 3～4min，使土内带有砂粒之类的硬物沉淀到底层，然后再把上层的水浮泥汤倒入干净的桶内，即可使用；擦洗绝缘子时，用破布沾着水浮泥汤细心擦绝缘子的各部分，一直擦到各处恢复原有的颜色为止；再用破布蘸着清水将覆在绝缘子上的泥污擦洗干净；最后用比较洁净的干布擦拭一次，使绝缘子不留有泥污痕迹。

**【注意事项】** 擦洗室外绝缘子，一般宜在春秋两个季节进行；在调制水浮泥汤时，禁止使用带有腐蚀性化学成分的水进行调制，否则会使绝缘子、架线金具、导线等受到腐蚀；要防止绝缘子上留有擦洗的泥污，以免发生放电事故。

### 5-17 用石蜡煮清除镇流器沥青

📋 口诀

> 清除镇流器沥青，应用石蜡熔液煮。
>
> 粘有沥青硅钢片，连同固态石蜡块，
>
> 同放一个容器内，放置炉火上加热。
>
> 石蜡沥青都溶解，沥青漂浮石蜡上，
>
> 除掉沥青溶液后，捞出硅钢片甩干。　　　　　　　　　(5-17)

📖 **说明** 20W 以上的日光灯镇流器的封装，多用灌注沥青固定，这虽有利于固定和防止电磁振动，但却给修理带来了困难。因为沥青的附着力很强，又黏又韧，不仅拆卸困难，并且在重绕后，残留的沥青会使硅钢片不易叠紧。其实，对粘有沥青的硅钢片，只要将其和石蜡（普通白蜡烛也可）同放在一个容器内煮一下便可清除。当石蜡和沥青都溶解后，沥青会浮到石蜡熔液的上面，只要将沥青去掉即可。加热时，炉火不宜太旺，以免容器内沥青和石蜡熔液发生燃烧，一般以石蜡熔液不冒烟为宜。

### 5-18 玻璃屑连接电热丝烧断的接头

📋 口诀

> 玻璃砸成玻璃屑，米粒大小或粉末。
>
> 电热丝烧断断头，清除干净氧化物，
>
> 再把这两个断头，互缠两三圈连接。
>
> 在电热丝通电后，玻璃屑放接头处，
>
> 功率大用米粒状，功率小用粉末状，
>
> 待玻璃屑熔化后，接头则连接牢固。　　　　　　　　　(5-18)

📖 **说明**　用缠绕法或叠压法以及金属导体连接法处理电热丝烧断后的接头，均存在着两个缺点：①接头处易氧化；②热胀冷缩，接头易松动。这样在使用中，接头处电阻会增大，发生弧光，再次烧断。

现介绍用玻璃屑连接电热丝的接头方法：首先准备些砸成米粒大小或粉末状的玻璃屑，而后把断头处的氧化物清除干净，再把两个断头小心地互缠2～3圈；通电后，把准备好的玻璃屑放到接头处（功率大的用米粒大小的玻璃屑；功率小的则用粉末状的玻璃屑）；待玻璃屑熔化后，接头则牢牢地连接在一起。这种连接法既不改变原电热丝的电功率，又不会在原接头处再次烧断。

### 5-19　烧毛的电气接线螺桩用尖嘴钳套丝

🗨 **口诀**

遇接线螺桩烧毛，造成螺母难拧紧。

扳牙铰手圆板牙，取出套在螺桩上。

尖嘴钳插切削孔，旋转钳柄来套丝。

太紧借助活扳手，唇夹钳转轴上扳。　　　　　　　(5-19)

📖 **说明**　在日常电气维修中，常会遇到电气接线螺桩（即接线螺栓，多数为 M12～M16）烧毛，尤其是交流电焊机接线螺桩、电炉控制柜进线或出线螺桩，造成螺母难以拧紧，导线不能紧固。这时，不得不卸下接线螺桩重新套丝。这一拆卸往往要大动干戈，拆得一塌糊涂。对此可将圆扳牙从扳牙铰手内取出，直接把圆板牙套在烧毛的螺桩上；将 6in（160mm）尖嘴钳钳头套入切削孔内，如图 5-9 所示。用手旋转尖嘴钳手柄来套丝。若太紧，还可以借助活扳手，卡夹在尖嘴钳旋转轴上扳。这方法是可行的：因螺纹烧毛是局部损坏，用力较小；而且一般通过大电流的螺桩（如电焊机接线螺桩）是铜质的，材质较软，所以用力不必太大。实践证明，此法省工省时，简单实用，效果明显。

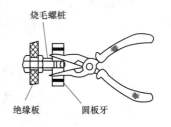

图 5-9　用尖嘴钳套丝示意图

圆板牙切削孔有的是 3 个孔（一般为 M3～M5），有的是 4 个孔（M6～M12）、5 个孔（M14～M22）和 6 个孔（M24～M32）。如果切削孔是 4 个孔或 6 个孔，当然最好，套丝时受力对称均匀；如果是 5 个孔或 3 个孔，尖嘴钳照样可套丝，受力不对称影响不大，有时遇到轻微的烧毛，甚至可用手抓住圆扳牙套丝。

### 5-20  青铜连接电炉丝接头

💬 **口诀**

废电源插头插脚，截取一点五厘米。

插脚青铜条两端，各锯出一圈小沟。

对接电炉丝接头，用钳拧紧在沟里。　　　　　　　(5-20)

📖 **说明**　取 $\phi$3mm～$\phi$4mm 实心青（黄）铜条（如风焊条、废电源插头的插脚等），用电工钢丝钳截取长 1～1.5cm 一段，在其两端用钢锯各锯出一圈小沟，然后把要对接的电炉丝用钢丝钳拧紧在两端小沟里，如图 5-10 所示。要对接的电炉丝间加青（黄）铜的目的是利用青（黄）铜不易氧化，并且和电炉丝有良好的导电性能，从而减少了接触不良引起的电弧；另外利用青（黄）铜条的储热本领自动灭弧。所以这种连接法在初期不产生电弧，在后期即使产生微弱电弧，也会自行熄灭，不易引起烧断电炉丝的强电弧，从而使其寿命延长。

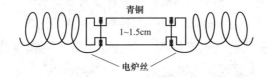

图 5-10　青铜条连接电炉丝接头示意图

### 5-21  玻璃和电料瓷的混合粉末处理电烙铁电热丝断头连接点

💬 **口诀**

烙铁电热丝熔断，从烙铁筒中取出。

清除断头氧化物，再把两头紧绞接。

碎玻璃和电料瓷，六比一研成粉末。

取少许混合粉末，放在连接点周围。

然后通电几分钟，粉末很快就熔化，

附着在接点上面，接点牢固而耐用。　　　　　　(5-21)

📖 **说明**　电烙铁的电热丝烧断后，最简单的修理方法是把断处两头绞接。不过经这样处理后，常因接点处松动而有火花出现，用不了多久，便又在连接点处烧断了，对此简便有效的修理方法是：把电烙铁里的电热丝从筒中取出，先清除断头处附近的氧化物，再把两头紧紧的绞接。然后，在连接点周围放少许碎玻璃和电料瓷（6∶1 研成粉末），装好后通电几分钟，粉末就熔化而附着在连接点上。这样修理后，接点就不会出现火花，并且比较耐用。

## 5-22　静铁芯座槽内垫纸片消除交流接触器噪声

**口诀**

小型交流接触器，还有中间继电器。

使用日久有噪声，扰人不安减寿命。

静铁芯座定位槽，内衬绒布片变薄。

加入两层纸垫片，立选竿影除噪声。　　　　　　(5-22)

**说明**　各种系列 40A 以下的交流接触器以及中间继电器，使用一段时间后常产生噪声。轻则扰人不安，重则会大大缩短接触器使用寿命，所以消耗量极大。

虽然刮除接触器铁芯接触面油污层可消除电抗噪声，但此属常规的处理方法，且仅能在一段时间内有效。若遇到运用上述方法无效时，则一般是因为静铁芯底部定位槽内衬的绒布片受力一段时间后变薄造成吸合位下沉。遇此情况，只要将底盖打开给静铁芯座槽内加入 1～2 层 0.3mm 左右的纸垫片即可。几分钟内便能排除故障，消除噪声，大可不必换新。否则既耽误生产，又造成不必要的浪费。

## 5-23　使用医用橡皮膏更换指示灯泡

**口诀**

取下指示灯外罩，剪块医用橡皮膏，

面积略大于灯泡，贴在玻璃泡顶部。

用手指按之旋转，坏灯泡便拧下来。

采用同样的方法，换上新指示灯泡。

然后撕掉橡皮膏，玻璃泡上有粘胶，

蘸点酒精擦干净，装上指示灯外罩。　　　　　　(5-23)

**说明**　维修常用电器和电测仪器仪表，如交直流稳压器、示波器、电子真空计等，常常需要及时更换损坏的指示灯。这些仪器的指示灯泡多数是螺口的，有的灯口很深，指示灯泡露在灯口外边很少，用手不能把它取下来，只好把仪器拆开。有些仪器结构复杂，有的较笨重，因此，更换一个小小指示灯泡经常是费时费力，很不方便。

使用医用橡皮膏来更换损坏的指示灯泡，方法简单，效果很好。先取下指示灯外罩，剪取一块比指示灯泡略大一些的医用橡皮膏贴在指示灯玻璃泡上，然后用手指按着旋转就可将指示灯泡拧下来。如果指示灯泡很小，而且露出的部分非常少，有的甚至凹在灯口里时，要用稍大一点的医用镊子，将橡皮膏贴在指示灯玻璃泡上，然后用医用镊子夹着指示灯泡使劲旋转，就可轻易把指示灯泡拧下来。

取下坏灯泡后，采用同样的方法，换上新的指示灯泡。有些设备仪器因使用年限长，灯头接触部分已经氧化，需要用大一点的劲才能把新换上的指示灯泡拧紧，使其接触好。这样有时橡皮膏上的粘胶可能会沾到灯泡玻璃上，这时可用医用镊子蘸酒精或汽油将其擦干净。但有的指示灯凹进灯口较多，擦的时候不方便，对此在更换新指示灯泡前，可提前用酒精擦一下指示灯玻璃泡，然后用干布把灯泡擦干，再用上述方法将指示灯泡换上。这样，指示灯玻璃泡上基本不会带上医用橡皮膏的粘胶。

### 5-24　自锁电路串开关启动按钮具有启动和点动两功能

📢 口诀

　　　　　　电力拖动电动机，单只接触器控制。

　　　　　　自锁电路串开关，启动按钮两功能。

　　　　　　开关闭合能自锁，开关断开能点动。　　　　　(5-24)

📖 说明　　电力拖动是指用电动机来带动生产机械运动的一种方式。电力拖动由三部分组成，即电动机、电动机的控制和保护电器、电动机与生产机械的传动装置。生产实际中常见的继电器—接触器控制线路（用继电器、接触器、按钮等有触点电器组成的控制线路）在控制系统中是比较简单的，但是须知继电器—接触器控制是控制系统中最基本的控制方法。

普通牛头刨床的主电动机是由一只交流接触器控制的，并带有自锁装置（具有自锁的控制电路则具有欠电压与失电压保护作用）。在进行调刀架或其他一些需要点动控制的工作时，要反复操作启动、停止两个按钮，给操作人员带来不便。对此可在原自锁电路上加串一个钮子开关 SA，如图 5-11 所示，则启动按钮就可具有启动和点动两项功能。当 SA 闭合时电路仍能自锁，在 SA 断开时便可进行点动操作。

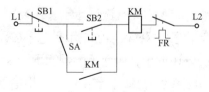

图 5-11　启动按钮具有启动和点动
两功能控制电路示意图

## 5-25　厚皮塑料管固定木螺钉的电路安装

**口诀**

> 水泥墙或砖墙上，用手枪电钻打孔，
>
> 孔内径为七毫米，孔深为四十毫米。
>
> 取厚一点五毫米，长度三十八毫米，
>
> 外径七个塑料管，塞入孔内不外露。
>
> 安装管卡或瓷夹，木螺钉旋入管内。　　　　　　　　(5-25)

**说明**　在室内安装电气设备的动力及照明线路时，必须在水泥墙或砖墙上钉水泥钉。但水泥钉昂贵，且使用时既不方便又不易掌握。现介绍一种简易方法：可用手枪电钻根据需要选择好锋钢钻头打孔，孔径为 7mm、深度为 40mm；然后取长度为 38mm、厚度 1.5mm、外径为 7mm 的塑料管塞入孔内，不露出墙外；当安装管卡或瓷夹时，用木螺钉旋入厚皮塑料管内。其可靠和稳定耐用性都优于木榫。此法省料又省时，简捷易实施。

## 5-26　多尘环境中的微动开关外壳缝隙用透明胶带严封

**口诀**

> 在多粉尘环境中，微动开关常失灵。
>
> 开关外壳缝隙处，用透明胶带严封。
>
> 内腔与外界隔绝，粉末进不了内腔。
>
> 失灵故障会减少，开关寿命可加长。　　　　　　　　(5-26)

**说明**　多粉尘环境中的微动开关多发生失灵故障，开关失灵既不是触头烧坏，也不是机械原因，而多是粉末进入微动开关内腔，并附着在动、静触头上造成。绝缘性能好的粉末使微动开关不导通；而导电性能好的粉末则使微动开关一直导通，失去控制功能。解决的办法很简单：在微动开关外壳缝隙处用透明胶带将它严严封住，使其内腔与外界隔绝，粉末不能进入内腔。经这样处理后，微动开关失灵故障大大减少，使用时间明显加长。

## 5-27　在运行仪表盘上钻孔时防止钻屑散落法

**口诀**

> 仪表盘上打钻孔，防止钻屑散落法。
>
> 放置圆环形磁铁，圆环中心对钻孔。　　　　　　　　(5-27)

**说明**　在运行的仪表盘上钻孔时，钻下来的铁屑会落到电气设备和导线上，很不安全。同时要清除这些钻屑又不太容易，且很费时间。一种防止钻屑散落的简单方法是用一个圆环形磁铁（如废扬声器上的圆环磁铁）放在钻孔的位置处，使圆环形磁铁中心对准钻孔。这样，在钻孔时钻屑将被圆环形磁铁吸住而不致散落。

### 5-28　锉小缺口法修正碳膜电阻阻值

🗨 口诀

> 碳膜金属膜电阻，修正电阻值简法。
>
> 标称电阻值偏小，电阻上面锉缺口。
>
> 阻值随深度增大，锉时要用电桥测。
>
> 阻值达到需要值，防潮清漆涂缺口。　　　　　(5-28)

📖 说明　常用万用表的电压挡及部分电阻挡的电阻大多采用测量用的破膜电阻。而多数维修电工没有这种不常用的电阻。以 500 型万用表为例，其需要 2.25、35.7、11.4kΩ 等电阻，但标称电阻值系列都满足不了需要，因此在维修电工仪表时，须采用修正标称阻值的方法来弥补其不足。如 2.25kΩ 可用小什锦锉或钢锯条在 2.2kΩ 的碳膜电阻上锉出一个小细条（2～3mm 长），

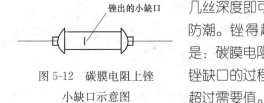

锉出的小缺口

图 5-12　碳膜电阻上锉
小缺口示意图

几丝深度即可，如图 5-12 所示，然后涂上清漆防潮。锉得越深，阻值增大得越多。其原理是：碳膜电阻的阻值随碳层的减薄而增加。在锉缺口的过程中要经常用电桥测量，以免阻值超过需要值。

实践证明，锉过的碳膜电阻经过数年的使用，其阻值数据不变，能满足仪表量程的准确度。同时这种锉小缺口法也适用于修正金属膜电阻。

### 5-29　铅笔修复拉线开关主动棘轮不能回位的故障

🗨 口诀

> 立轮式拉线开关，主动棘轮不回位。
>
> 用一字小螺丝刀，插入主动轮之间，
>
> 用力撬开一道缝，铅笔芯顺缝深入，
>
> 在接触面上磨划，并同时拉动开关。
>
> 主动轮两接触面，都涂划上了石墨，
>
> 减少两轮间摩擦，开关恢复了正常。　　　　　(5-29)

📖 说明　立轮式拉线开关更换拉线较为方便。但这种结构的拉线开关使用一段时间后，有时会出现主动棘轮不能回位的故障。因该棘轮的回位弹簧

的弹力无法调整，常使人们束手无策。

修理拉线开关主动棘轮不能回位故障的简便办法：用B类铅笔（即软性铅笔）在主、动轮两接触面之间的表面上都涂划上一层石墨，起到润滑作用，以减少两轮之间的摩擦力，使开关恢复正常工作。具体操作方法：用一字小螺丝刀插入主、动轮之间撬开一道缝，用铅笔在主动轮两接触面上磨划，同时拉动开关，使其整个表面都涂划上石墨。新的拉线开关使用前先按上述方法处理一下，可防止故障的发生。

### 5-30　用电池碳棒粉处理线路板上导电涂层磨损故障

📋 口诀

> 线路板导电涂层，磨损故障修复法。
>
> 废旧干电池碳棒，刮刷干净钢锉锉。
>
> 锉得很细碳棒粉，混合适量白乳胶。
>
> 搅拌均匀糨糊状，用钟表旋凿蘸取，
>
> 迅速涂到线路板，导电涂层线条上。
>
> 粉糊稍干手压平，运用小旋凿整形。　　　　　　　　(5-30)

📖 说明　计算机、电视机遥控器、电脑学习机键盘等线路板上的导电涂层磨损时，用通常的方法一般不能很好地修复。即使剪块与线路上触点相同形状的金属片，由于线路板上的导电线条较细，剪制的金属片易变形，并且不能很好地固定，虽暂时能用，但过不了多久故障又会出现。现介绍一种比较好的修复方法。

将一节废旧的1号干电池砸开，取出碳棒刮刷干净，用细钢锉在碳棒上锉取一定量的碳粉，越细越好，一般一个触点仅需一粒黄豆大小的量即可。再将碳棒粉与适量的白乳胶（或万能胶）混合，搅拌均匀成糨糊状。用小号钟表旋凿（或牙签）边蘸取边涂到线路板的导电线条上，动作要迅速，防止先涂的已干硬，不能与后面的很好粘接。涂时要细心，尽量不要与邻近的线路相连。待碳棒粉糊稍干不沾手时，用手压平，后用小旋凿整形。如果不慎将两条线路短接，待碳棒粉糊干透后用刀片将相连处轻轻刮去即可。此方法简单易行，且较用导电墨水（甲苯、银粉等化学原料配制）取材容易，操作简便。

### 5-31　用废电池芯制作导电润滑膏

📋 口诀

> 取废电池芯多只，折断捣碎成粉末，
>
> 再放容器内研磨，细度二百五十目。

废电池芯细粉末，凡士林变压器油，

三者按质量比例：三比一比零点五。

混合并搅拌均匀，泥状导电润滑膏。 (5-31)

📖 **说明** 电气设备载流元件的连接接头很多，由于各种原因造成温升超值的事故比较普遍，尤其是处在高温、重负荷环境中，更为突出。传统的减少电气连接面接触电阻及防止电化腐蚀的方法是在连接体的表面搪锡处理，并涂敷一层凡士林。随着科学技术的发展，导电膏产生了，它对载流接头的防止氧化和防止电化腐蚀起了很大作用。导电膏的特点是：耐酸碱、耐腐蚀、无毒、无味，对皮肤无刺激，使用方便、其主要作用是：防止连接面氧化或电化腐蚀，起油封作用；导电膏中有细微的导电颗粒，在连接面上施加一定压力后，可大大改善导电性能，起到降低接触电阻和降低温升的作用；从而可提高导体载流量和减少电能损失。

用废电池芯制作导电润滑膏：废电池芯含碳量 $96\%\sim 97.5\%$，是一种光滑的导电材料。取废电池芯多只，折断捣碎成粉末，再放到容器内研磨，细度达 250 目左右；然后和凡士林及变压器油按质量比 3∶1∶0.5 混合，搅拌均匀，使颜色一样，成泥状物为止。使用此种导电润滑膏的方法步骤是：①清理接触面。用零号细砂纸把开关的动、静触头及活动支架的氧化层打磨掉，露出本色金属，再用汽油或丙酮洗上 $1\sim 2$ 遍，使接触面清洁干净；②接触面涂膏。用毛刷蘸配制好的导电润滑膏少许，均匀地涂在两接触面上，使表面平滑，厚度以 0.1～0.2mm 为宜，重新调整好各部位的螺丝，即可投入运行。

## 5-32 土豆拧取破碎灯泡

💬 **口诀**

白炽灯泡炸裂破，用手拧取易扎伤。

土豆切去一小片，大块切面冲破泡。

玻璃尖刺切面中，旋转土豆取破泡。 (5-32)

📖 **说明** 在白炽灯灯泡点燃运行中溅上冷水炸裂，或遇硬质铁木器碰破等情况下，不宜用手直接去拧取，以免扎伤。有时用钳子去拧取，不但取不下灯泡还会弄得更破碎。对此可用一个大小适当的土豆切去一小片，用大块切面冲着破碎灯泡，如图 5-13 所示。将破碎玻璃尖刺入土豆切面中，然后逆时针方向旋转土豆，便可轻松、安全地取下灯泡。

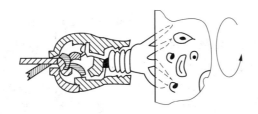

图 5-13　土豆拧取破碎灯泡示意图

## 5-33　软塑料管更换指示灯泡

📝 **口诀**

> 配电盘屏控制柜，八瓦指示灯装换。
> 内径二十二毫米，五厘米软塑料管。
> 三英寸旋凿木柄，套装塑料管一半。
> 管随旋凿不易丢，插套灯泡易施力。
> 管壁套紧泡外径，旋转木柄拧灯泡。
> 装取灯泡均简便，螺口卡口皆适用。　　　　　(5-33)

📖 **说明**　在维修配电屏（盘）和控制柜时，常常需要及时更换损坏的指示灯泡（多为 110V、8W 螺口、卡口式白炽灯泡）。但由于大部分的指示灯泡顶部露出灯座的部分很少，用手指不能把它取出来，有时需将灯座卸下拆开（见图 5-14）。因此更换一个指示灯泡经常是费时费力，很不方便。现介绍一种用软塑料管更换指示灯泡的方法。

取一段内径为 22mm、长 50mm 的软塑料管，如图 5-15 所示将管子一端套装在 75mm×5mm 的 3in（1in＝25.4mm）旋凿木柄上，套用管子的一半长（25mm），留一半长作插套指示灯泡。测量实践得知：3in（75mm）旋凿（螺钉旋具）木柄外径与 110V、8W 指示灯泡最大外径相等，均约 23mm 左右；内径 22mm 软塑料管一端略加热便可套装在旋凿木柄上，且套紧不会脱落；旋凿木柄套塑料管后不影响其正常使用，而插套灯泡的软塑料管随其配备，不易丢失。更换指示灯泡时，手捏住旋凿木柄稍用力按，开口的软塑料管便套住指示灯泡的顶部，管内壁与灯泡最大外径

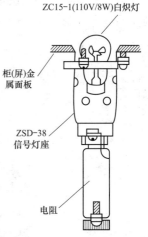

ZC15-1(110V/8W)白炽灯

柜(屏)金属面板

ZSD-38信号灯座

电阻

图 5-14　配电屏上所装指示灯示意图

圈紧密贴合。然后旋转旋凿木柄,灯泡便可方便地拧出来。装置新灯泡也很方便,将新灯泡的顶部插塞入软塑料管中,管内壁与灯泡外径圈紧贴合,套住灯泡掉不下来,如图 5-15 所示。旋转旋凿木柄,便可将灯泡拧上。上述是装换螺口式灯泡,更换卡口式灯泡更简便,取时套住灯泡后稍用力一按一拧便可拉出;装时将套稳的灯泡插入灯座,稍用力一按一拧便可装妥。

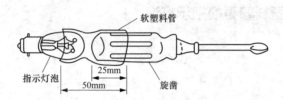

软塑料管

指示灯泡

25mm

50mm

旋凿

图 5-15　软塑料管更换指示灯泡示意图

用导线外塑料绝缘管作更换指示灯泡小工具。具体办法是:按自己日常工作的厂、车间里电气设备和各种监视仪器上不同指示灯泡直径大小,从不同规格的绝缘导线上剥截几段长约 50mm 的塑料绝缘管(从多股导线上截取下的塑料管,内壁粗糙有弹性,使用时能比较稳固地套紧小指示灯泡)放于指示灯泡备件盒内备用。塑料绝缘管在新旧导线上都可取用,因地制宜取材方便,不需成本,随指示灯泡备件盒携带方便,使用得心应手。如果找不到合适的规格导线,可用相近的小规格导线外绝缘管加工,扩大管子端部内径后便可使用,同样可取得很好的效果。更换指示灯泡的方法和步骤相同:用管子的一端套住坏指示灯泡的顶部,用手捏住管子稍用力旋转就可轻易地将其拧下来。然后将新的指示灯泡的顶部套入管子(注意不要套得太深,只要卡住灯泡掉不下来就可以)拧上即可(不要拧得太紧,以备下次更换时能够拧下)。

## 5-34　用泡泡糖残胶做粘附物取装旮旯处螺栓

💬✅ 口诀

买粒泡泡糖嘴嚼,吹泡后将其取出,

用水冲洗甩掉水,用手指捏搓成卷。

取一段残胶细卷,与旋凿刃垂直放,

折粘贴凿刃两面,刃部两端均裸露。

旋凿伸至旮旯处,插进螺栓顶沟内,

残胶便粘贴顶部。螺栓拧出螺孔后，

依靠残胶粘附力，螺栓随旋凿取出。

安装旮旯处螺栓，其操作过程相反。

粘贴残胶旋凿刃，顶插进螺栓顶沟，

依靠残胶粘附力，将螺栓送入螺孔。

拧紧螺栓后凿刃，稍离开顶沟一点，

旋凿做圆周晃动，同时将其提起出。　　　　　　　(5-34)

📖 **说明**　旮旯处的螺栓（螺钉），如表计内层螺栓、家电与开关深处螺栓以及电磁启动器内底处的螺栓等，由于位置蹩脚，加之螺栓细小，不便持牢，因而在这些部位拆卸取出或安装拧上螺栓都是十分棘手的难事。

用泡泡糖残胶做粘附物，取装旮旯处的螺栓成功率极高，而且操作简便顺手。其具体操作方法如下：

（1）买一粒泡泡糖，嘴嚼吹泡后欲弃之时将其取出，用清水冲洗一下并甩掉水分，然后用手指捏搓成细卷。卷之粗细视所用的旋凿和被取装的螺栓大小而定。

（2）将泡泡糖残胶细卷与旋凿刃部垂直放置，然后折起平均粘贴附于旋凿刃的两面，刀刃的两端都应有裸露部分，以便插入螺栓顶沟，如图 5-16 所示。对十字头旋凿也这样做。

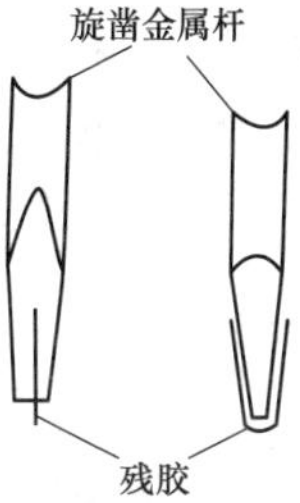

将上述粘贴有泡泡糖残胶的旋凿顶进旮旯处的螺栓顶沟内，这时残胶便与螺栓的顶部吻合粘贴，在将螺栓拧出螺孔后，便可依靠残胶粘力将螺栓提起取出。将螺栓拧入旮旯处的螺孔内，其操作过程相反。依靠残胶的粘力将螺栓送入螺孔后拧紧。提旋凿时应先将旋凿刃离开螺栓顶沟一点距离，然后将旋凿稍作圆周晃动的同时将其提起。这样残胶不会滞留于螺栓顶部，全部由旋凿刃的两面所贴残胶带出。

图 5-16　旋凿
刃面贴残胶

使用泡泡糖残胶，由于其粘力适度，又具有较好的韧性，因而能够取得既可粘附螺栓，又能与螺栓无滞留地分离的良好效果。用泡泡糖残胶做粘附物取装旮旯处的螺栓，因其成功率极高，所以能较大地提高工效。

泡泡糖残胶用过后，从旋凿上取下，用清水洗过后甩掉水分包于塑料膜内，以备下次再用。另外，泡泡糖残胶和橡皮泥相似，存放一两年时间（保存在塑料薄膜内）残胶不干，稍做捏搓粘力即恢复，仍可继续使用。

### 5-35　注射针头穿熔丝

📋 口诀

熔体管内熔丝断，细铜熔丝难更换。

熔管两端先熔化，注射针头穿熔管。

熔丝顺针孔插穿，露头捏住取针头。

熔丝露头垂折弯，熔管两端封锡焊。　　　　　　　　(5-35)

📖 **说明**　类似 BGXP 型密封型熔断器熔体管内的细铜熔丝（铜熔丝机械强度较高，熔丝做得较细）熔断后，如果想在熔体管内新装一根熔丝，难度极大。解决此难题的简易方法是：用注射针头可轻易把新熔丝穿入熔体管内。即先把熔体管两端头金属帽上的封锡用电烙铁熔化；再把注射针头（可利用废静脉注射针头）穿过熔体管；然后将新的同规格细铜丝插入针头针孔，顺着针孔插穿，熔丝便很快露出头，用手捏住露出的头便可取出针头，这样熔丝就轻易地穿过了熔体管，如图 5-17 所示。将熔丝折倒后把熔体管两端头封锡即可使用。

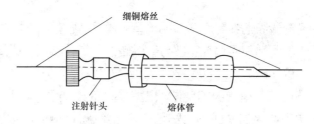

图 5-17　注射针头穿熔丝示意图

### 5-36　气体打火机剥绝缘电线皮

📋 口诀

绝缘电线剥线头，运用气体打火机。

火焰对准剥切处，转动被剥切电线。

绝缘皮达软化状，趁热用手切拔除。　　　　　　　　(5-36)

📖 **说明**　气体打火机的火焰温度较高，可用于塑料绝缘电线的剥皮。如图 5-18 所示，将打火机的火焰对准欲剥切处，并同时转动被剥切的绝缘电线。使电线绝缘皮受热达软化状态时，熄灭打火机，趁热用手拔除电线绝缘皮即可。这种剥线头的方法，速度比用钢丝钳或电工刀剥线速度快，而且不伤损线芯。

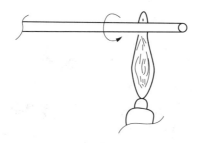

图 5-18　打火机剥绝缘电线皮示意图

## 5-37　细漆包线的火焰钎焊连接法

🗨 **口诀**

> 两根较细漆包线，火焰钎焊连接法：
>
> 先将一根漆包线，套段略粗绝缘管；
>
> 两根线头紧绞合，长度约为十毫米；
>
> 再擦燃一根火柴，火焰对准绞合处，
>
> 燃烧熔化成小球，套管趁热套上去。　　　　　　(5-37)

📖 **说明**　修理小型电动机和变压器时所用的漆包线（电磁线），其直径往往都比较细，在连接时很容易折断。对直径为 0.07～0.14mm 的漆包线，可先将要连接的两根漆包线中的一根套上比漆包线线径略大些的一段绝缘管，然后把这两根漆包线的线头紧紧地绞合在一起，绞合的长度约为 10mm，再擦燃一根火柴（打火机更好）放在漆包线绞合的地方烧一下，绞合处的漆包线就燃烧熔化成一个小圆点，再套上绝缘套管即可。上述火柴火焰钎焊连接法，无需助焊剂，也不用担心刮除漆包线线端头绝缘时会刮断漆包线，时间长了也不会发生霉断。

## 5-38　电视机室外天线馈线、广播喇叭线等导线断头焊接简法

🗨 **口诀**

> 导线断开处两头，各剥去十五毫米，
>
> 芯线外皮绝缘层，并去锈绞接牢固。
>
> 剪块三十乘三十，香烟盒内金属纸。
>
> 金属面中心放置，适量焊锡和松香。
>
> 再将绞接牢接头，放置焊锡松香上。
>
> 纸将三者裹起来，包扎成个小疙瘩。
>
> 两根火柴并点燃，燃烧纸包小疙瘩。
>
> 等火柴梗燃烧完，去掉残余金属纸，

绞合处成焊锡点。其外包绝缘胶布。 (5-38)

📖 **说明** 电视机室外天线馈线、广播喇叭线，因某种原因而断开，用直接绞合的方法接通，时间一长，经风吹日晒雨淋，绞合接头处氧化接触电阻增大，会影响使用效果。鉴于不便使用电烙铁，可用下述导线焊接方法：

首先把导线断开处两头绝缘外皮剥去 15mm，用砂纸或电工刀去其锈并绞接牢固；取一焊点大的焊锡和适量松香，再取一块 30mm×30mm 精装香烟盒内的金属纸；金属面向内，把绞接牢固的接头、焊锡和松香包裹成一个小疙瘩，用两根火柴并一起燃烧小疙瘩；等火柴梗燃烧完，去掉残余金属纸，两线头绞合处就形成一个光滑、牢固的焊锡点。然后在焊锡点处外边包扎上绝缘胶布，焊接即告结束。

## 5-39 铜麻股线的快速焊接法

💬 **口诀**

> 一百五瓦电烙铁，铜头侧面锯一槽，
>
> 宽深均为五毫米，槽内贮存着锡液。
>
> 铜线对接麻股后，涂上一层焊锡油，
>
> 放在槽里滚翻转，即可快速焊好锡。 (5-39)

📖 **说明** 铜线对接麻股后，一般是用 150W 左右的电烙铁来焊接的。因为焊接时电烙铁与铜线线头是点接触，传热慢，所以费工费锡。为此，用锯在烙铁铜头的侧面开一个宽和深各为 4~5mm、长为 15~20mm 的槽，焊接时只需将涂好焊锡油的铜麻股线放在贮着锡液的槽内滚翻一下，即可焊好锡，既快又省锡。

## 5-40 火柴药头焊接电炉丝

💬 **口诀**

> 电炉丝断开两头，用钳拧紧在一起。
>
> 剪去上面一小段，对接两端头齐整。
>
> 三四根火柴药头，电炉丝对接端头，
>
> 两者对齐棉线捆，连接电源中性线。
>
> 电池芯制碳精棒，一端连接至相线，
>
> 运用钢丝钳夹稳，磨尖端接触接头。
>
> 短路起弧烧焊接，引火柴药头燃烧，
>
> 电炉丝接头熔化，焊接处成为球珠。 (5-40)

📖 **说明** 普通电炉电炉丝断线后，若用对接法连接好后，在对接口处会产生很大电阻，通电使用时容易引起电弧，使用时间不久就会再次在接口处烧断电炉丝。现介绍一种较理想的简便焊接法，杜绝了因表面氧化造成接触不良从而再次烧断的现象，使对接后的电炉丝使用寿命大大延长。

如图 5-19 所示为火柴药头焊接电炉丝简便方法。先把要对接的两头电炉丝拧紧在一起，用钢丝钳齐头剪断上面一小段，目的是使电炉丝对接两端整齐。然后用棉线把 3～4 根火柴捆在拧紧的电炉丝上，火柴药头和拧紧的电炉丝端头对齐。最后，右手戴上干净线手套（为使用安全），拿起钢丝钳夹稳妥预先接好相线 L 的碳精棒（旧 1 号电池芯磨尖一端，另一端连接相线 L 导线），接触已和电源中性线连接的要对接的电炉丝端头，起弧焊接。这时火柴药头的作用是：由于起弧时

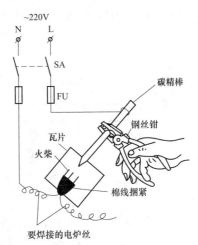

图 5-19　火柴药头焊接电炉丝示意图

的高温引起火柴药头猛烈燃烧，提高了烧焊温度，使较难熔化的电炉丝熔化；另一个作用是火柴药头中的磷，燃烧时把焊接处小范围内的氧气吸收干净，保证了焊接质量。电炉丝焊接处经焊接后的端头应成一个球珠为好。

## 5-41　电烙铁头剥制屏蔽线头

### 口诀

剥制屏蔽线线头，运用电烙铁铜头。

屏蔽线外层护套，温热烙铁烫条沟。

沟长依使用而定，烫圈撕去这段皮。

开剥处露屏蔽网，镊子拨开一小孔。

孔中抽出芯线头，烫剥端头绝缘层。

金属芯线屏蔽层，焊接部位焊上锡。　　　　　　　（5-41）

**说明**　在广播、电视、通信、自动化等装置中广泛使用金属屏蔽线，其线头剥制一般采用解开金属屏蔽网并分丝理顺，然后抽出芯线，再绞合屏蔽网金属丝的方法。这样制作速度慢，还容易损伤屏蔽金属丝。而用电烙铁头剥制屏蔽线线头简便、快速，不会损伤屏蔽金属丝。

先用温热的小功率电烙铁头在屏蔽线外层绝缘护套上直接烫开一条沟，沟

的长度依使用情况而定，如图 5-20（a）所示。再在剥开处沿绝缘护套轻轻烫一圈后，撕去这段护套，如图 5-20（b）所示。然后在开剥处用镊子把屏蔽网拨开一个小孔，把芯线从屏蔽网中抽出。最后仍用电烙铁头烫去约 5mm 长芯线端头绝缘层，并分别把金属芯线和屏蔽层焊接部位上锡待用，如图 5-20（c）所示。

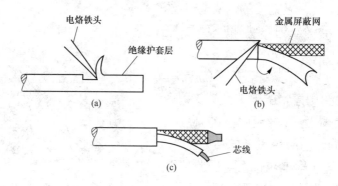

图 5-20　电烙铁头剥制屏蔽线头示意图

（a）绝缘护套层上烫开一条沟；（b）护套开剥处烫一圈；（c）芯线和屏蔽层焊接部位上锡

## 5-42　注射针头拆卸多脚元件法

**口诀**

废静脉注射针头，针尖稍磨成斜口，

装在一截竹筷上，拆多脚元件工具。

运用电烙铁加热，在刚融化焊点时，

迅速将针头针孔，套住焊锡中焊脚，

并且不停地旋转，快速将烙铁提起。

待致焊点凝固后，再提起注射针头。

焊脚印刷板分离，多脚元件取下来。　　　　　　　　　（5-42）

**说明**　在电子线路检修中，拆卸集成块可用吸锡电烙铁等专用工具。无专用工具时，由于集成块是多脚元件，因此拆卸起来极为不便，费工费时。如果采用注射针头拆卸多脚元件的方法，则非常理想、简便，且每只焊脚都能在极小范围内一次性与印刷板分离。如图 5-21 所示，注射针头拆卸多脚元件的专用工具是把一只"12 号"静脉注射针头（可利用废针头），针尖稍微磨成斜口。然后装在一支木棍或竹筷之类杆上，这就是拆卸多脚元件的良好工具。

使用方法是当用电烙铁将焊脚焊锡刚刚熔化时，迅速将注射针头针孔套住焊锡中的元件脚，并不停地旋转（注意，在未套进元件脚时，电烙铁不要提起，几乎都同时进行，所用的时间很短促）。当认准已经套入元件脚后，迅速将电烙铁提起，而注射针头继续旋转，致焊点凝固后再提起针头。这样，被套住过的元件脚也就十分容易地与印刷板分离了。每只脚的焊点均照此方法做一遍后，集成块、三极管，中周之类多脚元件便能完整轻易地取下来了。效果和效率均很好。

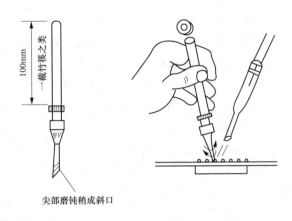

图 5-21　注射针头拆卸多脚元件示意图

## 5-43　自制焊铝两焊药

💬 **口诀**

百五十号铁砂布，清水中浸数分钟，

捞出洗下其砂粒，放细布上滤水分，

晒干砂粒松香粉，混合比例一比一。

锉刀锉铜锉铁时，纯净粉末收集起，

这些粉末搪上锡，制成铜铁锡焊条。　　　　　　　　　　(5-43)

📖 **说明**　将 150 号铁砂布，放在清水中浸数分钟，捞出后洗下砂粒。然后将砂粒放到滤纸或细布上滤去水分，晒干。铝焊药是按 1：1 的比例将砂粒与松香粉混合。焊铝时将一些配好的粉末放在铝件的待焊处，用"吃"饱锡的烙铁头在上面压磨，铝件表面就很快镀上一层锡，这样就可以焊接了。

用锉刀锉下一些铜或铁粉末，将粉末搪上锡，制成铜或铁锡焊条待用。然后把需补的铝件孔洞周围用砂纸打磨光亮，熔上一些石蜡防止氧化，待电烙铁升温后，取出备用铜或铁锡焊条与石蜡混合熔化在铝件孔洞周围，用电烙铁铜头来回摩擦铝件表面，并不时加一些石蜡。如此多次摩擦铝件表面，即会镀上一层锡，可对铝件孔洞进行填补。

### 5-44　自制专用电缆剥刀

📱 口诀

> 自制的电缆剥刀，削剥电缆工效高。
>
> 取半截废钢锯条，将其没孔眼一端，
>
> 首先磨成钩形状，弯钩状底部平磨，
>
> 正面侧部开斜口，磨出圆弧状刃口。
>
> 胶布包缠有孔端，必须缠包两三层，
>
> 再用白纱带包扎，以防剥线时伤手。　　　　(5-44)

📖 **说明**　取半截废钢锯条，如图 5-22 所示，将其没有孔眼的一端在砂轮上磨成钩形状，钩状正面侧开为斜口，研磨出呈圆弧状的刃口（如同电工刀的刀口），钩状底部（反面）平磨；废钢锯条另一端（有孔眼的一端）先用黑胶布包缠两三层，然后用白纱带包扎好（图中虚线框），以防剥电缆线时伤手。这样，一把简单实用的电缆剥刀便制成了。

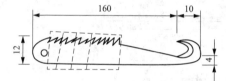

图 5-22　钢锯条做的电缆剥刀示意图

使用时，将电缆线拉直，电缆剥刀倾斜入内直拉；用力的分量要适度，视不同型号规格电缆皮的厚薄而论。这种电缆剥刀尤其适用于 KVV 系列控制电缆、VV 系列电力电缆和 HPVV 系列通信电缆。运用自制专用电缆剥刀削剥电缆，可提高工效 5 倍以上。

### 5-45　电焊工夜间应急照明

📱 口诀

> 野外焊接物分散，夜间需应急照明。
>
> 交流焊机输出端，电压约为七十伏。
>
> 三十六伏百瓦泡，两串后接输出端。　　　　(5-45)

📖 **说明**　常用的交流电焊机输出端的电压约为 60～70V。将两个 100W、36V 低压灯泡串联后，跨接在电焊机的输出端，两个灯泡均能正常发亮，可作应急照明之用。当电焊工操作焊条起弧时，电焊机输出端电压降低，灯泡的亮度也减弱至暗红色，但不影响照明，因为起弧后照明对电焊来讲是无意义的。

这种夜间应急照明，在野地焊接物分散或安装照明灯困难的场所使用起来是很方便的。

# 第6章
# 灭火、紧急救护法

## 6-1　灭火的基本方法

**📝 口诀**

火灾扑救的经验，四种灭火的方法。

燃烧物未燃烧物，两者隔离隔离法。

减少燃烧区氧量，稀释氧量窒息法。

降低燃烧物温度，于燃点下冷却法。

燃烧的连锁反应，中途堵断抑制法。　　　　　　(6-1)

**📖 说明**　凡失去控制并对财物和人身造成损害的燃烧现象，都为火灾；凡因机电设备内部故障导致外部明火燃烧需要组织扑灭的事故，或者由此引起其他物件燃烧的事故，是电气火灾。一切灭火措施，都是为了破坏已经产生的燃烧条件。人们根据同火灾作斗争的经验，总结出四种灭火方法。

(1) 隔离法。隔离法就是使燃烧物和未燃烧物隔离，从而限制火灾范围。具体施用方法如：拆除毗邻燃烧处的建筑、设备等；断绝燃烧气体、液体的来源；搬走未燃烧物。

(2) 窒息法。窒息法就是减少（稀释）燃烧区的氧量，隔绝新鲜空气进入燃烧区，从而使燃烧熄灭。具体施用方法举例：往燃烧物上喷射氮气、二氧化碳、四氯化碳；往着火的空间灌惰性气体、水蒸气，喷洒雾状水、泡沫；用石棉被、湿麻袋、湿棉被等捂盖燃烧物；封闭已着火的建筑物和设备孔洞；用砂土埋没燃烧物等。

(3) 冷却法。冷却法就是降低燃烧物的温度于燃点之下，从而停止燃烧。具体施用方法举例：用水直接喷射燃烧物；往火源附近的未燃烧物上淋水；往燃烧物上喷射二氧化碳、泡沫等。

(4) 抑制法。抑制法就是中断燃烧的连锁反应。常用的抑制法是往燃烧物上喷射 1211 干粉灭火剂覆盖火焰，从而中断燃烧。

## 6-2 消除静电四方法

💬 口诀

消除抑制静电荷，摸索总结四方法。

简单有效接地法。增湿降阻泄漏法。

涂敷浸渍喷涂等，抗静电添加剂法。

装置静电中和器，则为静电中和法。　　　　　　　(6-2)

📖 **说明**　对于静电的防范，首先要改进工艺过程，限制静电荷的产生和积聚，使其不超过安全限度。另外是要将已产生的静电荷尽快地消除。人们在长期实践中，摸索和总结出的方法如下。

（1）接地法。接地法是消除静电荷的最有效、最简单的措施，它主要用来消除导体上的静电。凡用来加工、储存、运输各种易燃气体、液体和粉末物的设备都必须接地。厂区和车间的易燃品管道应连成一个连续的导电体，其首尾两端以及每隔 200～300m 处均应采取接地措施；平行管道相距 10cm 以内时，每隔 20m 应用连接线互相连接起来；管道与其他管道或金属物体接近时，也应互相连接起来。其他如注油用的漏斗、工作站台等附件也应采取接地措施。因为摩擦静电能量有限，放电电流很小，所以对接地电阻要求不高，一般 100Ω 以下即可。

（2）泄漏法。泄漏法即在绝缘体表面增湿，使之结成薄水膜，以大大降低表面电阻而加速静电的泄漏。湿度对静电泄漏的影响很大，吸湿性越大的非导电体，受湿度的影响也越大。增湿，就是在产生静电的场所安装空调、喷水蒸气或悬挂湿布、往地面上洒水等措施，提高非导电体附近或整个环境的空气湿度。随着湿度的增加，非导电体表面会凝结一层很薄的水膜，并溶解空气中的二氧化碳气体，使非导电体表面电阻降低，加速静电的泄漏，限制静电荷的积累。增湿的作用主要是使静电沿非导电体表面加速泄漏。

（3）抗静电添加剂法。在产生静电的绝缘物料中添加少量的抗静电添加剂，可以增加物料的吸湿性和电离性，以加速静电泄漏。抗静电剂是一种导电性和吸湿性都较好的化学物质，其主要成分是以油脂为原料的表面活性剂。把抗静电剂喷涂在非导电体表面，可增加非导电体表面的吸湿性和电离性，从而增加非导电体的导电性能，提高静电自然泄漏的效果。其使用方法有涂敷、浸渍、喷涂等。

（4）静电中和法。静电中和法是消除静电的重要措施。它是在静电荷密集的地方利用静电中和器装置产生的带电离子，使物体的静电荷得到相反符号的电荷而中和，从而消除静电危险。它有不影响产品质量、使用方便等优点。其原理是在静电最强的地点，在静电中和器针尖周围产生很强的电场，并通过无声放电把静电电荷中和掉。

## 6-3　电气设备着火时的处理方法

📳 **口诀**

> 遇电气设备着火，应限制事故发展。
>
> 迅速正确断电源，然后再进行灭火。
>
> 注油设备电缆线，使用泡沫灭火器。
>
> 或用干沙子覆盖，隔绝空气窒息法。
>
> 无法确切断电路，扑救带电设备火。
>
> 使用干粉灭火器，二氧化碳灭火器。　　　　　　　　(6-3)

📖 **说明**　《电业安全工作规程》中明确规定："遇有电气设备着火时，应立即将有关设备的电源切断，然后进行救火。对带电设备应使用干粉灭火器、二氧化碳灭火器等灭火，不得使用泡沫灭火器灭火。对注油设备应使用泡沫灭火器或干燥的沙子等灭火。"

众所周知，电气火灾猛于虎。电气火灾几乎都是由于发生短路（电气设备短路时，高温下的绝缘油和固体有机绝缘材料都是易燃品，一旦过电压击穿，就有发生电气火灾的可能）或过负荷事故以后，有关的短路或过负荷保护装置没有动作引起的。因此电气设备着火后，要尽快限制事故发展，减少对人身、设备的继续损害，应立即切断电源，然后针对着火设备的不同，正确选用灭火器进行救火。

切断电源时不可慌张，不能盲目乱拉断路器（开关），严禁带负荷拉隔离开关（刀闸）使事故扩大。火场内的断路器和隔离开关可能已被烟熏火烤绝缘强度降低，所以操作时应戴绝缘手套、穿绝缘鞋，并使用相应电压等级的绝缘用具。切断电源的范围要选择适当，防止切断电源后影响扑救工作。如夜间发生电气火灾切断电源时，应考虑临时照明等。需要电力部门切断电源时，应迅速用电话联系，并说明着火地点与情况。

若遇变压器、油断路器、电力电容器等注油设备（包括油浸纸绝缘电缆）着火时，设法切断其电源后应使用泡沫灭火器（泡沫灭火剂是利用硫酸或硫酸铝与碳酸氢钠作用放出二氧化碳的原理制成的。其中加入甘草根汁等化学药品形成泡沫，浮在固体和液体燃烧物表面，可隔热、隔氧，使燃烧停止）进行扑救；或用干燥的砂子覆盖、埋没燃烧处，隔绝新鲜空气进入燃烧区，实施窒息法灭火。要防止燃烧着的 d 油流入电缆沟内引起火灾蔓延。

电气设备发生火灾时，有时在危急的情况下，如等待切断电源后再进行扑救，就会失去战机扩大危险性，从而使火势蔓延、燃烧面积扩大；或断电后严重影响生产等。这时就必须在保证灭火人员的安全情况下进行带电灭火，带电灭火是蕴涵有一定危险性的不得已而为之的做法。故扑救带电设备的火灾时，应使用不导电的灭火剂进行灭火，如二氧化碳灭火器（二氧化碳是一种惰性气体，不导电，用加压降温方法使其变成液态，装入钢瓶。液态的二氧化碳极易挥发汽化，液态喷射时体积会扩大 400～700 倍，强烈吸热冷却凝结为霜状干冰，干冰在燃烧区又直接变为气体，吸热降温并使燃烧物隔离空气）、干粉灭火器（干粉也是绝缘物质，喷出的粉状颗粒是不连接的，更不会导电。干粉灭火器是一种将绝缘粉末和二氧化碳联合使用的灭火装置）、四氯化碳灭火器（四氯化碳是一种无色透明、易挥发的有毒液体，故使用时要有防中毒措施）等。严禁使用导电的灭火剂进行扑救！泡沫灭火器的灭火药液是导电的（含有水分），其灭火液柱会造成短路事故，扩大设备损坏事故；会将电传给手持灭火器的人员，造成触电事故。同时灭火药液对电气设备绝缘有强烈的腐蚀，将使善后修复十分困难。绝对不能直接用水扑救带电设备的火灾！因为水中一般含有导电的杂质，喷洒在带电设备上，再渗入设备上的灰尘杂质，则更易导电；如用水来扑救灭火，还会降低电气设备的绝缘性能，引起接地短路，或危及附近救火人员的安全。

## 6-4　断电用水灭火

💬✓ 口诀

用水灭火消火栓，室内安装在墙上。
打开消火栓的门，卸下出水口堵头，
接好水带开闸门，水经水带到火场；
开花水枪开花水，冷却容器具外壁、
拦挡阻隔辐射热，掩护人员靠火点；
装个离心喷雾头，喷雾水枪雾状水，
可覆盖在火焰上，扑灭油脂类火灾；
扑救多油断路器、变压器等的火灾。　　　　　　　　(6-4)

📖 说明　电气设备着火后，不能直接用水灭火。因为水中一般含有导电的杂质，喷在带电设备上，再渗入设备上的灰尘杂质，则更易导电。即电气火灾危害性很大，并有其特殊性，如扑救不当可能引起触电事故等。因此当电气设备发生火灾或引燃附近可燃物时，首先要切断电源，然后才能用水灭火。

用水灭火的消防工具：消防栓，也称消火栓，是连接消防供水系统的阀门装置，打开后便可大量而连续地供给灭火用水。室内消防栓安装在墙上，室外消防栓有的安装在地面下，有的安装在地面上。消防栓出水口径一般为65mm或50mm。接口大都是内扣式，也有压簧式。打开室内消防栓的门，卸下出水口堵头，接出水带，拧开阀门，水即经水带输送到火场。关闭时，首先关紧闸门停止水的输送，然后再把水带分解开，卸下接口并把堵头安好。

消防水枪有直流水枪和开花水枪两种。水枪接口有内扣式和压簧式，水枪口径有13、16、19、32mm 4 种。开花水枪可根据灭火的需要喷射开花水，以用来冷却容器外壁、阻隔辐射热，掩护灭火员靠近火点。直流水枪装一个开关后，叫开关水枪，使用时可根据火势情况控制射水量，这对扑灭室内火灾和零星火更为适用。直流水枪上装一只双级离心喷雾头后，叫喷雾水枪。使用时可将水泵送来的压力水经喷雾水枪离心力的作用形成雾状（水雾面积大，覆盖在火焰上，细小的水粒很易吸热汽化，将火焰温度迅速降低；上升的烟气流又使悬浮的雾状水粒降落缓慢，更有利于吸热汽化；落下的细小水粒浮在油面，也使油面温度降低，减弱了油的气化，从而使火源减弱以致熄灭），可以用来扑灭油脂类火灾及变压器、多油断路器等电气设备的火灾。

## 6-5　油断路器火灾的扑灭法

📣 **口诀**

> 油断路器着火时，切断其两侧前后，
>
> 一级断路器电源，然后再进行灭火。
>
> 须运用一二一一、二氧化碳灭火器，
>
> 以及干粉灭火器，实施规范化扑救。
>
> 若仅套管外起火，用喷雾水枪扑灭。
>
> 若内部燃烧爆炸，燃烧面积已扩大。
>
> 地上燃烧绝缘油，可用干砂来扑灭。
>
> 建筑物上的火焰，泡沫灭火器扑灭。　　　　　　（6-5）

📖 **说明**　油断路器（俗称油开关）是一种储油的电气设备（尤其是多

油断路器），因此较易着火，并且一旦着火还很容易蔓延或引起爆炸，这就给变配电所人员与设备的安全造成很大威胁。据此特点，油断路器发生火灾时的扑灭方法如下：

（1）油断路器发生火灾时，严禁直接切断起火油断路器电源，应切断其两侧前后一级的断路器电源，然后进行灭火。

首先使用"1211"、二氧化碳、干粉灭火器进行扑救。不得已时可以用泡沫灭火器（灭火药液是导电的；同时灭火药液对电气设备绝缘有强烈的腐蚀，将使善后修复十分困难）扑救。如仅套管外部起火，亦可用喷雾水枪扑救。

（2）油断路器内部燃烧爆炸使绝缘油四溅，扩大燃烧面积时，除用灭火器灭火外，可用干砂扑灭地面上的燃油；用水或泡沫灭火器扑灭建筑物上的火焰。

## 6-6 电力电缆火灾的扑灭法

**口诀**

> 电力电缆着火时，立即切断其电源。
> 沟内并排上下面，明敷电缆要断电。
> 速将隔火门关闭，或将沟两端堵死。
> 戴上手套穿上靴，佩戴好防毒面具。
> 使用干粉灭火器，或用干砂土覆盖。
> 若火势燃烧猛烈，用喷雾水枪灭火。
> 切记扑救火灾时，手不能接触电缆。　　　　　　(6-6)

**说明** 电力电缆的应用越来越广泛。由于电缆本身过负荷、短路热稳定性不够、绝缘击穿都会引发电缆燃烧；另外外部火源，如高温管道的辐射热达到电缆材料的引燃温度、焊接火花或其他火种溅落在电缆上、积聚在电缆上的煤粉自燃等，都会导致电缆的火灾。电气工作人员除做好两方面的电缆防火措施外，还必须熟练掌握扑灭电缆火灾的操作方法。

（1）当电力电缆着火燃烧时，应立即切断电源。若因电缆本身过负荷、短路热稳定性不够等原因引起，有关的短路或过负荷保护装置没有动作，这时电源就是火源。

（2）迅速组织人员进行扑救，防止电缆着火后蔓延扩大，酿成重大火灾。

（3）当电缆沟中电缆燃烧起火时，除切断起火电缆的电源外，还应将起火电缆上面的受热电缆及其并排敷设和下面的电缆的电源都切断。

（4）电缆沟中的电缆起火时，为了有利于迅速灭火，应将电缆沟的两端堵死或将隔火门关闭，采用窒息法灭火。

（5）扑灭电缆沟中的电缆火灾时，应尽可能佩戴好防毒面具，以免被电缆燃烧时产生的有毒气体熏倒（特别是聚氯乙烯塑料电缆着火后燃烧产生的毒气很大）。尽可能戴上橡胶绝缘手套（在高压电气设备上操作时的辅助安全用具；在低压电气设备的带电部分上工作时的基本安全用具）和穿上绝缘靴。

（6）电缆绝缘层起火燃烧时，应采用干粉灭火器灭火，也可采用干砂和泥土覆盖灭火。若火势燃烧猛烈，无法靠近灭火时，也可在切断电源的情况下，使用喷雾水枪灭火。

（7）扑灭电缆火灾时，禁止用手直接接触和移动电缆。

## 6-7 使用泡沫灭火器灭火

### 口诀

泡沫灭火器使用，提起立放灭火器。

将筒身颠倒过来，喷嘴对准火焰处。

碳酸氢钠硫酸铝，两种溶液混合后，

会发生化学作用，会产生二氧化碳，

气体泡沫灭火剂，立即由喷嘴喷出。

使用时必须注意：灭火器筒盖筒底，

千万不要对着人，以防爆炸伤着人。

泡沫灭火器适用：油脂类和石油类，

一般固体也适用，初起火灾的扑救。　　（6-7）

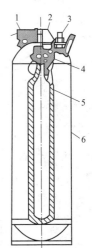

图 6-1　泡沫灭火器结构示意图

1—喷嘴；2—筒盖；

3—螺母；4—瓶胆盖；

5—瓶胆；6—筒身

### 说明　泡沫灭火剂是利用硫酸或硫酸铝与碳酸氢钠作用放出二氧化碳的原理制成的。其中加入甘草根汁等化学药品形成泡沫，浮在固体或液体燃烧物表面，可隔热、隔氧，使燃烧停止。泡沫灭火器的结构如图 6-1 所示。筒身内悬挂装有硫酸铝水溶液的玻璃瓶或聚乙烯塑料制的瓶胆。筒身内装有碳酸氢钠与发沫剂的混合溶液。使用时将筒身颠倒过来，碳酸氢钠与硫酸铝两溶液混合后发生化学作用，产生的二氧化碳气体泡沫由喷嘴喷出。使用时，必须注意不要把筒盖、筒底对着人体，以防万一爆炸伤人。泡沫灭火器只能立着放置。筒内液体一般每年更换一次。泡沫灭火器适用于扑救油脂类、石油类产品及一般固体物质的初起火灾。

## 6-8　使用二氧化碳灭火器灭火

💬 口诀

二氧化碳灭火器，手轮式和鸭嘴式。
手轮式使用方法，首先将铅封去掉；
一手拿手柄提把，把喷筒对准火焰；
一手将手轮转动，启闭阀门被旋开，
液态的二氧化碳，就会从喷筒喷出。
鸭嘴式使用方法：先拔出保险插销；
握端部绝缘手柄，将喷筒对准火焰，
喷射方向应顺风；一手握紧鸭嘴舌，
液态的二氧化碳，立即从喷筒喷出。
使用时必须注意：不能触及其喷筒；
扑救房间内火灾，灭火之后要通风。
二氧化碳灭火剂：适用于油类着火；
电压六百伏以下，带电设备的火灾。　　　　　(6-8)

📖 **说明**　二氧化碳是一种惰性气体，不导电，用加压降温方法使其变成液态，装入钢瓶。液态的二氧化碳极易挥发汽化，液态喷射时体积会扩大 400～700 倍，强烈吸热冷却凝结为霜状干冰，干冰在燃烧区又直接变为气体，吸热降温并使燃烧物隔离空气。二氧化碳的灭火原理主要是增加空气中的不燃成分，相对地降低空气中的氧气含量，并使燃烧物冷却。手轮式二氧化碳灭火器的结构如图 6-2 所示。其器桶（钢瓶）中是常温下以 5.88MPa（60 个大气压力）压成液体的二氧化碳。使用时先要去掉铅封，一手拿着提把，把喷筒对准火焰；另一只手将手轮按逆时针方向转动（旋开启闭阀门），液态二氧化碳就从灭火器中喷向着火物，并迅速蒸发，变成雪花状的干冰，其温度为 −78℃。固态的二氧化碳喷射到正在燃烧的物体上时，因受热又变成气体，这时吸收大量的热，迫使燃烧物温度降

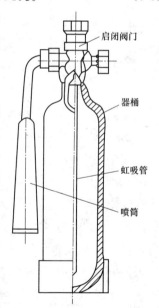

启闭阀门

器桶

虹吸管

喷筒

图 6-2　手轮式二氧化碳
灭火器结构示意图

低，同时气态二氧化碳在燃烧物周围形成一个隔离层，使空气中氧的含量由21%冲淡到12%～13%，从而使燃烧停止。在使用鸭嘴式二氧化碳灭火器时，要先拔出闩棍（保险插销），一手把喷筒对准火焰，一手握紧鸭嘴舌，二氧化碳便立即喷出。

不论是手轮式还是鸭嘴式二氧化碳灭火器，喷射距离较近，喷筒的温度也很低。使用者手要握住端部的绝缘手柄，不要用手摸金属导管；不能触及喷筒。否则可能冻伤。此外，喷射方向应顺风。

二氧化碳是一种不导电的物质，适用于扑救电压 600V 以下的各种带电设备的火灾；对扑救油类的着火效果也很好。但不能来扑救金属钾、钠、镁、铝等化学物品着火燃烧，因为它与这些物质会起化学反应。由于二氧化碳灭火器喷出的药剂温度极低，它可能损坏精密的电器设备，改变其物理性能，所以对这类电气火灾，使用时要慎重从事。另外，二氧化碳是窒息性气体，因此，在密闭的房间内（如恒温室等）不宜使用，或者使用后要立即通风，人不宜在这种环境里久留。

二氧化碳灭火器怕高温，存放地点不得超过 42℃，同时也不能存放在过于潮湿场所。每 3 个月应检查一次二氧化碳质量，其减少量不可超过原值的 1/10。

## 6-9　使用干粉灭火器灭火

**口诀**

常用干粉灭火器，手提式和推车式。
干粉种类比较多，氨基钾盐及钠盐。
手提式使用方法，选择适当的位置，
首先打开保险销，把喷嘴对准火源；
紧握导杆拉提环，压把压下干粉喷。
推车式使用方法，首先要取下喷枪；
再提起进气压杆，二氧化碳进储罐；
枪口对火焰边沿，扣动扳机干粉喷。
干粉属碱性物质，侵入电器缝隙中，
会损害精密电器；若燃烧物温度高，
灭火之后能复燃，须辅助灭火手段。
干粉灭火器适用：扑救石油可燃气，
电压十千伏以下，电气设备的火灾。

(6-9)

📖 **说明** 干粉的种类比较多，常用的有以碳酸氢钠为基料的钠盐干粉，以碳酸氢钾为基料的钾盐干粉，以尿素和碳酸氢钾为基料的氨基干粉。其中以氨基干粉灭火效力最强，钾盐干粉比钠盐干粉的灭火效力要大些。干粉灭火剂装在钢瓶内，使用时靠瓶内加压气体（二氧化碳或氮气）的压力把干粉从喷嘴内喷出，形成一股雾状粉流射向燃烧物。

干粉的灭火原理主要是抑制燃烧。燃烧是一种连锁反应，物质燃烧时不断产生大量羟基等活性基团，并放出热量，使燃烧连锁反应能连续进行。干粉能和这类基团进行反应，使其成为非活性的物质，从而使燃烧不能进行。干粉也能减轻火焰的热辐射，减缓燃烧速度，但远不如其抑制作用大。

干粉灭火器主要适用于扑救石油及其产品、可燃气体的初起火灾。干粉是绝缘物质，喷出的粉状颗粒是不连接的，更不会导电。因此，适用于扑救10kV以下的高压电气火灾。

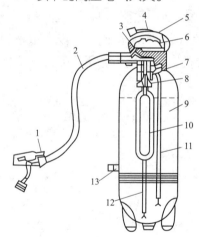

图 6-3　干粉灭火器结构示意图

1—喷嘴；2—喷管；3—导杆；4—器头；
5—压把；6—保险销；7—密封芯；8—接头；
9—粉桶；10—钢瓶；11—出粉管；
12—进气管；13—卡子

干粉灭火器是一种将绝缘粉末和二氧化碳联合使用的灭火装置，其结构如图 6-3所示。使用手提式灭火器时，在火区外3～4m 处，首先打开保险销，让喷嘴对准火焰根部，紧握导杆拉动提环压下压把，以钢瓶中的二氧化碳为动力，将绝缘粉末喷射覆盖在燃烧物上，使之与空气隔绝，破坏助燃条件，即可达到灭火的目的。使用推车式灭火器，要先取下喷枪，提起进气压杆，使二氧化碳进入储罐；将枪口对准火焰边沿扣动扳机，干粉就会喷出，由近至远将火扑灭。由于这种灭火器喷射的时间很短，干粉喷出以后会马上散开。特别是在风力较大的环境下，散布范围将很大，真正喷到火焰上的只是很小的一部分。

在干粉灭火器将火焰扑灭之后，如果燃烧物的温度仍然很高，火焰可能复燃。所以，使用时要选择适当的位置，预先把喷嘴对准火焰；同时必须有其他的辅助灭火手段。另外，干粉灭火剂属碱性物质。它的微小颗粒能侵入电器的缝隙中，所以它会损害精密电器设备。

干粉灭火器应存放在干燥场所，避免暴晒，每三个月应查一次二氧化碳储气量，半年查一次干粉是否结块，总有效期约为 4～5 年。

## 6-10　使用 1211 灭火器灭火

📝 **口诀**

一二一一灭火器，手提式和推车式。

装卤代烷灭火剂，高效低毒不导电。

手提式使用方法：首先拔掉保险销；

再握紧压把开关，喷嘴喷出灭火剂。

注意要垂直操作，不可水平或颠倒。

推车式使用方法：先打开钢瓶阀门；

再拉出伸缩喷杆，喷嘴对准火源处；

握紧压把开关时，灭火剂立即喷出，

向火边缘左右射，并要快速向前推。

有人密闭场所中，慎重使用防中毒。

一二一一灭火器，适用带电物着火；

恒温室和仪表室、计算机房的火灾。　　　　　　　　　　　　(6-10)

📖 **说明**　1211，是二氟一氯一溴甲烷的简称，它和三氟一溴甲烷，简称为 1301，均为卤代烷灭火剂。卤代烷是指以卤素（氟、氯、溴）取代烷烃类有机物中的部分或全部氢原子后得到的物质。卤代烷灭火剂是一种高效、低毒、腐蚀性小、灭火后不留痕迹、不导电、使用安全、储存期长的新型优良灭火剂。其灭火的原理基本和干粉相同，主要也是抑制燃烧，既能阻止燃烧的连锁反应，并有一定的冷却和窒息效果。它灭火的速度快；灭火效力比干粉、二氧化碳均高；绝缘性能好；很适宜扑救带电物火灾，而且灭火后不会损害精密电气设备。

二氟一氯一溴甲烷在常温下是一种略带芳香味的低毒无色气体，要加以 $25～30 kg/cm^2$ 的压力，才能以液态形式储存在密封的钢瓶中。1211 灭火器是一种储压式液态气体灭火器，分为手提式和推车式两种，图 6-4 所示为手提式 1211 灭火器外形图。

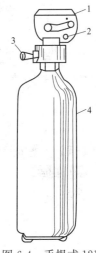

图 6-4　手提式 1211
灭火器外形图

1—捏柄；2—保险销；
3—喷嘴；4—筒体

1211灭火器的灭火原理：以液态氮作为动力，灭火时灭火剂在氮气压力的驱动下从钢瓶的喷嘴喷射出来并迅速变成气态，在燃烧物上形成一层阻燃的气体覆盖层；同时灭火剂受热后产生的溴离子与燃烧中产生的活性氢基化合，使火焰燃烧的连锁反应停止。1211灭火剂还兼有冷却和窒息作用。1211灭火器具有灭火后不留痕迹、不污染灭火对象、无腐蚀作用、绝缘性能好及久存不变质等优点，所以使用范围较广，适用于扑救带电设备着火和油类、易燃液体和气体、贵重电子设备、精密机械设备等引起的火灾。

使用手提式1211灭火器时（应注意要垂直操作，不可水平或颠倒使用），要先拔掉保险销（或称安全销），然后握紧捏柄（压把开关），压杆即将密封阀开启，1211灭火剂在氮气压力作用下，通过虹吸管由喷嘴射出。使用推车式时，要先打开钢瓶阀门，拉出伸缩喷杆，握紧压把开关，灭火剂立即喷出。喷射时要对准火源的根部，并向火源边缘左右扫射，快速向前推进。但又要注意防止回火，对零星小火也可采用点射灭火。

1211灭火器是一种优良灭火器。但是，它的生产成本高、价格较贵，而且对大气臭氧层有破坏作用，有一定的毒性。如果空气中1211的浓度超过5%，人就可能中毒。所以灌装剂量大的1211灭火器在有人的密闭场所中使用时要慎重。另外，灭火器中的氮气可能泄漏，且1211可能挥发，所以每隔半年要检查一下手提式灭火器的总质量，如果质量减少1/10以上，就要补充灭火剂和氮气；对推车式1211灭火器，则应每3个月检查一次总质量及瓶中氮气压力，若总质量比标明的质量减少5kg，或压力低于0.78MPa（8kg/cm²），就应重新装灭火剂充气。按气瓶安全规程规定，每3年应对气瓶进行一次全面检查。

1211灭火器不能放置在日照、火烧、潮湿的地方，防止剧烈震动和碰撞。

### 6-11　触电急救八字原则

🗨 口诀

现场抢救触电者，八字原则须遵循。

迅速解救离电源，就地实施救护法，

准确操作姿势佳，坚持不断地进行。　　　　　　　　　　(6-11)

📖 说明　学习紧急救护法，特别要学会触电急救。紧急救护的基本原则是在现场采取积极措施保护伤员生命，减轻伤情，减少痛苦，并根据伤情需要，迅速联系医疗部门救治。急救的成功条件是动作快、操作正确。任何拖延和操作错误都会导致伤员伤情加重或死亡。触电急救必须分秒必争，立即就地迅速用心肺复苏法进行抢救，并坚持不断地进行。同时及早与医疗部门联系，争取医务人员接替救治。在医务人员未接替救治前，不应放弃现场抢救，更不能只根据没有呼吸或脉搏擅自判定伤员死亡，放弃抢救。只有医生有权做出伤员死亡的诊断。现场抢救触电伤员必须做到八字原则：迅速、就地、准确、坚持。

迅速：要争分夺秒、千方百计地使触电者脱离电源，并将受伤者放到安全地方。这是现场抢救的关键。

就地：必须在现场（安全地方）就地抢救触电者，为使触电者复活争取时间。

准确：抢救的方法和施行的动作姿势要合适得当。

坚持：抢救必须坚持不断地进行，要坚持到底。触电者多数会呈现假死状态，有经过 4h 甚至更长时间连续抢救触电者而获得成功的先例。所以说抢救及时和坚持救护都是非常重要的。触电急救，贵在坚持。救到伤者有自主呼吸、心跳恢复达正常或有医生来接替。

### 6-12　解救触电者脱离电源的方法

📋 **口诀**

> 迅速解救触电者，脱离电源众方法。
> 低压设备上触电，拉开近处电源闸。
> 干燥手套站木板，单手拉拖触电者。
> 干燥木棒或竹竿，挑开搭落电源线。
> 触电抽筋紧握线，干燥木板绝缘物，
> 插塞触电者身下，与地隔离断电流。
> 木柄斧头胶把钳，一根一根断电线。
> 高压触电打电话，让供电部门停电。
> 穿绝缘靴戴手套，绝缘工具去拉闸。
> 邻近高压架空线，抛掷金属软裸线，
> 线路短路并接地，保护动作断电源。　　　　　　　(6-12)

📖 **说明**　触电急救，首先要使触电者迅速脱离电源，越快越好。因为电流作用的时间越长，伤害越重。脱离电源就是要把触电者接触的那一部分带电设备的开关或其他断路设备断开；或设法将触电者与带电设备脱离。在使触电者脱离电源时，救护人员既要救人，也要注意保护自己。

　　触电者触及低压带电设备，救护人员应设法迅速切断电源。如拉开电源开关或拔掉电源插头等，如图 6-5 所示；或使用绝缘工具、干燥的木棒、木板、绳索等不导电的东西解脱触电者，如图 6-6 所示；也可抓住触电者干燥而不贴身的衣服，将其拖开，如图 6-7 所示，切记要避免碰到金属物体和触电者的裸露身躯；也可戴绝缘手套或将手用干燥衣物等包起绝缘后解脱触电者；救护人员也可站在绝缘垫上或干木板上，绝缘自己进行救护。为使触电者与导电体解脱，最好用一只手进行。

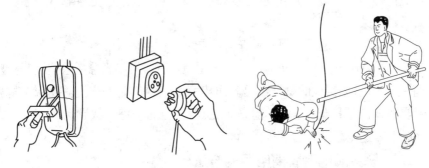

图 6-5　拉掉闸刀或拔掉插头　　　　图 6-6　拨开触电人身上的电线

图 6-7　用一只手去拉触电人的
干燥衣服，使其脱离电源

如果电流通过触电者入地，并且触电者（因抽筋）紧握电线，可设法用干木板塞到其身下，与地隔离；也可用干木把斧子或有绝缘柄的钳子等将电线剪断。剪断电线要分相、一根一根地剪断，并尽可能站在绝缘物体或干木板上。

　　触电者触及高压带电设备，救护人员应立即通知有关供电部门或用户停电，或用适合该电压等级的绝缘工具及戴绝缘手套（穿绝缘靴并用绝缘棒）解脱触电者。救护人员在抢救过程中应注意保持自身与周围带电部分必要的安全距离。如是高压带电线路，又不可能迅速切断电源断路器，可采用抛掷足够截面的适当长度的金属短路线方法，使电源断路器跳闸。抛挂前，将短路线一端固定在铁塔或接地引下线上，另一端系重物。但抛掷短路线时，应注意防止电弧伤人或断线危及人员安全。不论是在何级电压线路上触电，救护人员在使触电者脱离电源时要注意防止发生高处坠落的可能和再次触及其他有电线路的可能。

触电者触及断落在地上的带电高压导线，如尚未确证线路无电，救护人员在未做好安全措施（如穿绝缘靴或临时双脚并紧跳跃地接近触电者）前，不能接近断线点 8~10m 范围内，防止跨步电压伤人。触电者脱离带电导线后，应迅速带至 8~10m 以外的地方立即开始触电救护。

### 6-13 带电断开绝缘照明线时的安全做法

**口诀**

> 紧急带电情况下，断开绝缘照明线。
>
> 双手戴干燥手套，绝缘胶柄钢丝钳。
>
> 固定线点绝缘子，负荷侧线左手握，
>
> 右手拿钳去剪线，先断相线后断零。
>
> 绝缘胶布包线头，绝缘子上作固定。　　　　　(6-13)

**说明**　紧急情况下，带电断开绝缘照明线时，双手必须戴干燥手套。钢丝钳的钳柄绝缘管应良好。断开点应选择在导线固定点的负荷侧，如图 6-8 所示。断线时，先断相线，后断中性线。具体实施方法为：左手握住负荷侧的绝缘线（相线），右手拿钢丝钳去剪线。这样做可使被剪断的绝缘导线不会落地，然后把剪断的负荷侧绝缘导线线头用绝缘胶布包扎好，并将其固定。再以同样的方法剪断中性线。

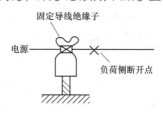

图 6-8　绝缘照明线
断开点示意图

### 6-14 判断触电者有无意识

**口诀**

> 脱离电源触电者，移至干燥通风处。
>
> 生理状态速诊断：轻轻拍打其肩部，
>
> 高声呼喊其姓名，神志不清不言语。
>
> 立即运用手指甲，掐压人中合谷穴，
>
> 刺激时候无反应，判定意识已丧失。　　　　　(6-14)

**说明**　触电者脱离电源后，应立即就近移至干燥、通风的场所，并迅速进行生理状态的判定。只有经过正确的判定，才能确定抢救方法。

救护人员轻轻拍打触电者肩部，高声喊叫："喂！你怎么啦？"如图 6-9 所示。如果认识触电者，可直接呼喊其姓名。触电者有意识，则立即送医院；无

图 6-9　判断触电者有无意识

反应时，立即用手指甲招压其人中穴、合谷穴约5s。当呼之不应，刺激也毫无反应时，可判定触电者为意识已丧失。该判定过程应在 10s 以内完成。

用轻拍肩部和呼叫其姓名的方法判断触电者有无意识时，要注意拍打肩部不可用力太大，以防加重可能存在的骨折等损伤；呼叫其姓名时禁止摇动触电者头部。上述 3 步动作应在 10s 以内完成，不可太长。触电者如出现眼球活动、四肢活动及疼痛感后，应立即停止招压穴位。

一旦初步确定触电者神智昏迷，应立即招呼周围的人前来协助抢救，即使周围无人，也应该大叫"来人啊！救命啊！"。抢救触电者时一定要呼叫其他人来帮忙，因为一个人做心肺复苏不可能坚持较长时间，而且劳累后动作易走样。呼叫来的人除协助做心肺复苏外，还应立即打电话给救护站、医院，或呼叫受过救护训练的人前来帮助。

### 6-15　触电者全身同时翻转法

**口诀**

脱离电源触电者，摔倒后面部朝下。

救护人跪其肩旁，将其两手举过头。

然后拉直两条腿，一腿放在另腿上。

此时一手托颈部，一手扶住其肩部，

头肩躯干一整体，同时直线转仰卧。　　　　　　　　(6-15)

**说明**　当触电者意识已丧失时，应立即呼救，并请人去请医生。然后将触电者仰卧在坚实的平面上，头部放平，颈部不能高于脑部，双臂平放在躯干两侧，解开紧身上衣，松开裤带，取出假牙，清除口腔中的异物。若触电者摔倒后面部朝下，应在呼救的同时将其头、肩、躯干作为一个整体同时翻转，不能扭曲，以免加重颈部可能存在的伤情。全身同时翻转的方法是：救护人员跪在触电者肩旁，先把触电者的两只手举过其头，然后拉直两腿，把一条腿放在另一条腿上。此时，用一只手托住触电者的颈部（保护颈部），另一只手扶住触电者的肩部，使触电者头、颈、胸平稳地直线翻转至仰卧，如图 6-10 所示。在坚实的平面上，四肢平放，头、颈、躯干平卧无扭曲。

图 6-10　全身同时翻转法示意图

## 6-16　用看听试法判定触电者呼吸心跳情况

触电者意识丧失，速查其呼吸心跳。

耳贴触电者口鼻，头部侧向其胸部，

看胸腹有无起伏，听有无呼气声音。

手置触电者前额，使头部保持后仰，

另只手食中指尖，触喉结旁凹陷处。

若无呼声动脉搏，判定呼吸心跳停。　　　　　　　　　　　(6-16)

**说明**　触电者仰卧在坚实的平面上，闭目不语，神志不清。在保持气道开放（气道通畅可以明确判断呼吸是否存在）的情况下，判定其有无呼吸的方法是：用耳朵贴近触电者的口鼻处，头部侧向触电者胸部，眼睛观察触电者胸部、上腹部有无起伏动作；面部感觉触电者呼吸道有无气体排出；耳听触电者口鼻处有无呼吸气流声，如图 6-11 所示。或用一张薄纸片放在触电者的口鼻上，观察纸片是否动。若胸腹部无起伏动作、无呼气声、纸片不动，则可判定触电者已停止呼吸。该判定过程应在 3～5s 内完成。

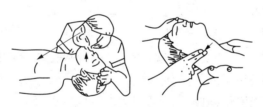

图 6-11　看、听、试法示意图

在检查触电者的呼吸后，应对触电者的心跳情况进行判断。判定有无心跳的最可靠方法是摸颈动脉。颈动脉位于气管与肌肉群之间的沟内。触摸时，一只手放在触电者的前额，使其头部保持后仰；另一只手的食指和中指尖放在触电者的喉结部位，然后滑到气管与肌肉群之间的沟内，如图 6-11 所示。触摸时要轻，不能用力过大；只摸一侧颈动脉，不能两侧同时摸，以免造成头部供血中断；不要压迫气管，以免造成呼吸道堵塞。若触摸时颈动脉无搏动，则可判定触电者心跳已停止（当然也可以用耳朵贴近触电者的心房处，细听其有无微弱心跳声）。该判定过程应在 10s 内完成。另外，婴幼儿因颈部肥胖，颈动脉不易触及，可检查其肱动脉。肱动脉位于上臂内侧腋窝和肘关节之间的中点，用食指和中指尖轻压在内侧，即可感觉到脉搏。

## 6-17　用仰头抬颌法畅通触电者气道

**口诀**

　　　　实施仰头抬颌法，位于触电者肩旁。

　　　　一手置于前额处，手掌用力向后压。

　　　　另只手指放颌下，将其下颌往上抬。

　　　　两手协同齐操作，嘴耳连线垂地面。

　　　　舌根随之被抬起，气道即可达通畅。　　　　　　　　　　　　　　　　（6-17）

**说明**　当发现触电者呼吸微弱或停止时，应立即通畅触电者的气道以促进触电者呼吸或便于抢救。若触电者口内有异物，则应清理口腔，防阻塞。即迅速用一个手指或用两手指交叉从口角处插入，取出异物。操作中要注意防止将异物推向咽喉深部。

　　通畅气道是急救成功的关键。由于昏迷状态的人的舌肌和会厌缺乏张力，使舌根后坠，堵塞气道，会厌堵住气道入口，造成上呼吸道阻塞。若不开放气道，空气就吹不进去，人工呼吸则不起作用。开放气道多采用使触电者鼻孔朝天头后仰的仰头抬颌法。救护人员位于触电者的肩部，一只手放在触电者的前额，手掌用力向后压，使头部后仰；另一只手的手指（主要是食指与中指）置于下颌骨近下颏或下颌角处，把颌部往上抬；两只手协同操作将头部推向后仰，此时嘴和耳朵的连线与地平面垂直，如图6-12所示。这时触电者舌根随之抬起，气道即可通畅（判断气道是否通畅，可参见图6-13）。在抬颌时手指不要压颌下软组织的深处，以免堵塞气道。严禁用枕头或其他物品垫在触电者头下。头部抬高前倾，会加重气道阻塞，且使胸外按压时心脏流向脑部的血流减少，甚至消失。

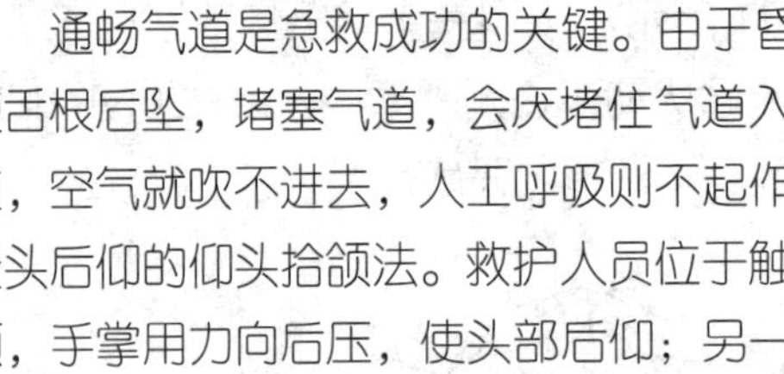

图6-12　仰头抬颌法

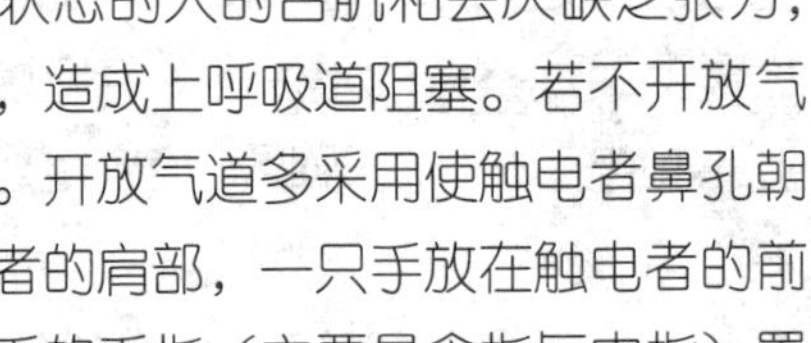

图6-13　气道状况

(a) 气道通畅；(b) 气道阻塞

若触电者颈部有外伤，则应采用双下颌上提法。救护人员跪在触电者的头前，两只手的拇指和食指分别抓住触电者下颌角的外侧和内侧，用力托起下颌角，如图 6-14 所示。注意不要转动头部，以免加重颈部损伤。

图 6-14　双下颌上提法

### 6-18　进行人工呼吸前的准备工作

💬 **口诀**

触电者停止呼吸，人工呼吸前工作：

速解衣扣松裤带，清除口腔中异物。

抢救体位摆正确，现场秩序维持好。　　　　　　　　　　　(6-18)

📖 **说明**　人工呼吸法是帮助触电者恢复呼吸的有效方法，只对停止呼吸的触电者实施。人工呼吸法是用人工操作的方法替代肺的自主呼吸活动，使气体有规律地进入和排出触电者的肺脏，以供给体内足够的氧气，排出二氧化碳，维持正常的通气功能，从而挽救触电者的生命。当触电者完全停止呼吸，或呼吸非常困难、短促并继续恶化，出现痉挛等现象时，则必须对其进行人工呼吸。对触电者实施人工呼吸前，应迅速做好以下准备工作。

（1）迅速将触电者身上妨碍呼吸的衣服（包括衣领、紧身上衣、裤带等）全部解开，不要浪费时间。

（2）迅速将触电者口中痰、黏液和食物等取出（如有假牙应将所镶假牙取出），如图 6-15 所示。如果触电者牙关紧闭，应设法使其嘴巴张开。可以把触电者的下颌骨抬起向前移动，救护人将两手（每手四指）托在下颌骨后角处，大拇指放在下颌骨边缘上，用力慢慢往前移动，使下牙移到上牙前。若用上述方法仍不能使触电者的嘴张开，可用小木板、小金属片、匙柄等插入其上下齿缝中间，但不能从前面门齿

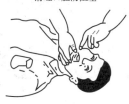

清理口腔防阻塞

图 6-15　取出口腔中
异物的方法

中插入。必须从嘴角伸入，插向门臼齿间，此时应注意不要损坏牙齿。

（3）根据所要采用的人工呼吸法，将触电者的体位摆放适当。如采用仰卧

位，则触电者头、颈、躯干平卧无扭曲，双手放于躯干旁两侧，鼻孔朝天头后仰。另外，维持好抢救现场秩序。做到既迅速敏捷，又不慌不乱。

### 6-19 口对口人工呼吸法

📢 **口诀**

> 触电者仰卧适当，鼻孔朝天头后仰。
>
> 救护跪其头一侧，手放前额捏鼻翼，
>
> 另手抬颌掰开嘴，然后深吸一口气。
>
> 贴嘴吹气胸扩张，放开嘴鼻好换气。
>
> 五秒一次反复做，直到伤员自呼吸。　　　　　　(6-19)

📖 **说明**　当判定触电者呼吸停止时，应立即进行口对口或口对鼻式人工呼吸法（又叫口对口吹气法）。此法是近些年来国内外学者一致推荐的人工呼吸法。它不仅操作简便，容易掌握，而且气体的交换量大，接近或等于正常人的呼吸量。口对口人工呼吸法的原理是采用人工操作促使肺部膨胀和收缩，以达到气体交换的目的。其具体操作方法如下：

（1）将呼吸停止的触电者仰卧，鼻孔朝天头后仰。在保持气道通畅的情况下，救护者跪（站）在触电者头部的一侧，以近其头部的一只手放在触电者前额，另一只手将其下颌骨向上抬起，如图 6-16 所示。这样，舌头根部就不会阻塞气道。随后用放在额头的手的拇指与食指捏闭触电者的鼻翼（鼻孔下端处，不漏气。但绝不允许用手指按压鼻子），另一只手的拇指和食指掰开嘴，使嘴张开，如图 6-17 所示，嘴上可盖一块纱布或薄布。

 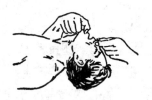

图 6-16　头部后仰　　　　　图 6-17　捏鼻掰嘴

（2）救护者先深吸一口气，然后用嘴双唇包住触电者的嘴，用力向其口内吹气，如图 6-18 所示。同时仔细观察触电者胸部的扩张（起伏）情况，以胸部略有起伏为宜。吹气时用力程度应因人而异，以免用力过大把肺泡吹破。

（3）每次吹气停止后，救护者的嘴应离开触电者的嘴，并松开触电者的鼻孔，使其自然地将肺部的空气排出，如图 6-19 所示。并要注意观察触电者的胸部有无起伏呼吸动作。

图 6-18　贴紧吹气　　　　图 6-19　放松换气

现场急救进行口对口人工呼吸法，具体操作方法还可按照图 6-20 和图 6-21 所示实施。将触电者仰卧解开衣领后，救护人在触电者头部一侧，以近其头部的一只手手掌外缘压于触电者的额部，将拇指与食指捏其鼻翼；另一手托在触电者的颈部，用力上抬，使触电者的头部充分后仰，以解除舌头下坠所致的呼吸道梗阻，使呼吸道完全畅通。救护者深吸一口气，然后用嘴紧贴触电者的嘴，迅速吹气入其口，同时观察胸部是否随吹气而有起伏动作，以确保吹气是否有效和适度，如图 6-20 所示。一次吹气完毕后，应与触电者的口部脱离，并立即放松捏紧鼻翼的手，让肺内气体排出。此时，救护者头稍侧转，再吹入一口新鲜空气，并注意胸部复原情况，倾听和感觉触电者有无气体呼出，以了解呼吸道有无梗阻，如图 6-21 所示。

图 6-20　托颈捏鼻口对口吹气　　　　图 6-21　托颈松鼻排出肺中气

按上述操作步骤有规律地反复进行，每分钟 12 次，即每次吹气 2s，放松换气 3s。抢救过程中，如果触电者有微弱的吸气，则救护人的吹气时间应与触电者自行吸气时间相吻合。另外，不论哪种口对口人工呼吸操作方法，其注意事项都应如下：

（1）抢救开始时，先快速吹气 4 次，每次吹气时间约 1~1.5s。每次吹气

283

不必等待前一次吹气完全排出。

（2）以后每次吹气量为 800～1200mL，能维持胸部轻度升高即可（吹气量小于 800mL，通气可能不足，影响效果；吹气量大于 1200mL 时，可能会引起胃扩张）。吹气的速度要均匀，不能时快时慢。

（3）当触电者牙关紧闭，嘴不能张开，或嘴唇、下颌处有外伤时，可采用口对鼻吹气。方法与口对口基本相同。此时可将触电者嘴唇紧闭以防止漏气，用双唇包住触电者的鼻孔向鼻内吹气。吹气时压力应稍大，时间也应稍长，以利于气体进入触电者肺内。

## 6-20　仰卧式人工呼吸法

💬✅ **口诀**

> 触电者伸直仰卧，卷好衣物垫肩下，
>
> 胸部凸出头后仰，舌头拉出手握牢。
>
> 救护跪其头前处，双手握其两手腕，
>
> 曲臂压至胸两侧，心里默数一二三。
>
> 然后拉直两胳膊，顺势摆放头两侧，
>
> 心里默数四五六，再做曲臂压胸侧。
>
> 如此反复连续做，其间疲劳互替换。　　　　　　　　　　（6-20）

📖 **说明**　仰卧式人工呼吸法，也称仰卧压胸法（或摇臂法）。这种方法效果较好，便于救护人员观察触电者脸部表情的变化，而且气体交换量也可接近于正常的呼吸量。但是救护人员容易疲劳，因此需要两个都懂得仰卧压胸法的人替换着进行。另外，仰卧压胸法的最大缺点是：触电者的舌头由于仰卧姿势，凭重力而后坠以致阻碍呼吸，影响空气出入。如果不将触电者的舌头拉出，那么人工呼吸虽在进行，却达不到应有效果。所以这种人工呼吸法要将触电者的舌头拉出并固定，这是比较费事的。仰卧压胸法的具体操作方法步骤如下：

（1）使触电者伸直仰卧，即胸腹朝天。在其两肩下面垫入卷好的衣服或其他柔软的物品，使其头部稍向后仰，胸部凸出；清除口腔内的黏液，把触电者的舌头拉出，由一个救护人用手握住不使其缩回，稍引之向着下颌的方向。

（2）救护人跪在触电者的头前部附近，两手握住触电者的两个手腕，使其两臂弯曲并推压在前胸两侧，但不需用力，如图 6-22 所示。做这个动作的同时，救护人心里默默地数着"一、二、三"，这一动作是迫使触电者向外呼气。

284

然后把触电者的两只胳膊从两侧向头顶方向拉直，让触电者吸气，如图 6-23 所示。心里默数着"四、五、六"。如此反复进行。每分钟 14～16 次。

图 6-22　仰卧压胸法——呼气　　　　　图 6-23　仰卧压胸法——吸气

实施仰卧压胸法时，如有两个助手，可以分开在触电者两旁，各屈一膝按计数进行操作动作，在触电者头边的人可以抓着触电者的舌头，如图 6-24 和图 6-25 所示。

图 6-24　有两个助手时的　　　　　　　图 6-25　有两个助手时的
　　　　仰卧压胸法——呼气　　　　　　　　　仰卧压胸法——吸气

仰卧式人工呼吸法如果做得完全正确，能听到触电者喉中吸入空气的声音，并能看到其胸部随着人工呼吸的动作而起伏。如果没有呼吸的声音，可能是触电者的舌头缩回或未完全伸直妨碍了进气所致，可将舌头多拉出些。

仰卧式人工呼吸法对胸部创伤、肋骨骨折、手臂骨骨折以及锁骨摔伤的触电者，均不宜实施。

### 6-21　俯卧式人工呼吸法

💬 口诀

触电者俯卧平地，一臂弯曲枕头下，
另臂伸直放头旁，脸侧一边垫软物。
救护跪骑两大腿，两手抱住其两肋。

心里默数一二三，身体前倾臂不弯，

双手四指压肋骨，两者肩膀成垂线。

接着默数四五六，抬头挺胸手指松。

前冲速度要突然，还原速度可稍慢。

一呼一吸四秒钟，反复进行两动作。 (6-21)

📖 **说明** 俯卧式人工呼吸法，也叫俯压法、俯卧压背法。此法比较简单，可以由一个人进行，在人工呼吸法中是一种较古老的方法。它所起到的气体交换量虽然还不到正常的一半，但是由于触电者是俯卧体位，使舌头略向外坠出，不会堵塞呼吸道，救护人员就不必专门来处理舌头，节省了时间，能及早进行人工呼吸。所以，这种人工呼吸法虽然进入肺内的空气量较少，但却能很畅通地出入。这种方法的具体操作步骤如下：

（1）将触电者脊背向上平放在地面上，一只胳膊弯曲枕在头下；脸侧向一边，脸的一边垫放一些较软的东西，但不要垫得过高，以免影响呼气和吸气；另一只胳膊沿着头部方向伸直，以使胸部扩张。

（2）救护人屈膝跪骑在触电者的两大腿上，面向其头部，两手平伸放于其背部肩胛骨下脊梁骨左右，两手从两侧抱住触电者的肋骨，一般使大拇指和最末一根肋骨平齐，大拇指靠近脊梁骨，其余四指稍并拢。救护人心里默默地数着"一、二、三"，并将身体逐渐向前倾，两只胳膊伸直，使全身重量经过两手均匀地压向触电者下部肋骨（不应用力过大，以防压断肋骨），并稍向前推压。当救护人的肩膀与触电者的肩膀成垂线时，不再用力。这一向下、向前推压的过程，将触电者肺脏内的空气压出，形成呼气，如图6-26所示。接着除去压力，心里默默地数着"四、五、六"，并随着逐渐将身体抬起伸直，两手也随着放松（但不要离开原位），使外面的空气进入触电者肺内，形成吸气，如图6-27所示。按照以上所说方法动作反复进行，每呼、吸一次约为4s，每分钟压14～16次。

图6-26 俯卧压背法——呼气　　　　图6-27 俯卧压背法——吸气

实施俯卧压背法时应注意：救护人向下压背时，手臂不要弯曲，用身体重量向下向前施压，向前压的速度要快，向后收缩的速度稍慢。如果是救护溺水的伤员，可将溺水者放在一块向前倾斜10°的木板上。这样压背时，吸入肚内的水会一起吐出来。俯卧式人工呼吸法，对怀孕的妇女和肋骨折断的人不能使用。

## 6-22　胸外按压位置区快速测定法

**口诀**

触电者平地仰卧，解开上衣和裤带。

救护跪于其胸侧，伸出右手食中指。

沿其肋弓下缘滑，移至胸骨下切迹。

切迹中点置中指，食指紧靠中指放。

左手掌根挨食指，放置胸骨按压区。

贴胸左手中指尖，恰好抵在锁骨间。　　　　　　　　　　　　(6-22)

**说明**　当触电者呼吸尚存，而心跳停止跳动时，即触电者颈部两侧颈动脉及大腿根部腹沟处股动脉无搏动，应迅速做胸外心脏挤压（按摩）。做胸外心脏挤压法的准备工作与口对口人工呼吸前的准备工作完全相同，如应速将触电者仰卧于硬板或平地上，解开上衣并松开裤带等。故此处不再赘述。实施胸外心脏挤压法时，正确的按压位置是保证胸外按压效果的重要前提。现场急救时快速测定按压位置的方法步骤如下：

（1）抢救者跪在触电者胸侧，用靠近触电者下肢的右手的食指和中指迅速摸到触电者的肋骨下缘，并沿着肋骨下缘向上（中）移滑，如图6-28（a）所示。食中指沿肋弓向中移滑找到肋骨与胸骨的接合处胸骨下切迹，以切迹作为定位标志（不要以剑尖底部定位），如图6-28（b）所示。

（2）右手食中指并齐，把中指放在胸骨下切迹中点，食指平放靠中指放在胸骨下端。食指上方的胸骨正中部即为按压区，如图6-28（c）所示。这时另一只手（左手）的掌根紧挨着右手（前只手）的食指放在触电者胸骨上，此即为正确的按压部位，如图6-28（d）所示。此时贴胸手掌的中指尖刚好抵在触电者两锁骨间的凹陷处；再将定位之手（右手）取下，重叠将掌根放于另一手（左手）背上，两手手指交叉抬起，使手指脱离触电者胸壁。

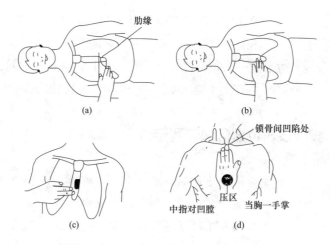

图 6-28　快速测定胸外按压部位分解图

（a）二指沿肋弓向中移滑；（b）切迹作定位标志；（c）按压部位；（d）掌根压在胸骨上

## 6-23　胸外心脏挤压法

**口诀**

> 胸外心脏挤压法，正确姿势和方法。
>
> 触电者解衣仰卧，救护跨跪其腰间。
>
> 两手相叠指翘起，下手掌根放压区。
>
> 双臂绷直身前倾，肩至双手正上方。
>
> 掌根下压不冲击，突然放松手不离。
>
> 手腕略弯压一寸，一秒一次较适宜。　　　　　　　　　　（6-23）

**说明**　胸外心脏挤压法，是促使触电者恢复心跳的有效方法。其原理是用人工操作迫使心脏收缩与舒张，从而达到恢复心脏跳动的目的。神智昏迷的触电者胸部比较松，有一定的弹性，有利于实施胸外心脏挤压法。

现场急救时，将脱离电源、呼吸尚存而心跳停止的触电者衣服解开，使其仰卧在地上或硬板床上。首先快速测定正确的按压位置，测定按压位置的方法步骤已在第 6-22 节中讲述，此处不再赘述。正确的按压姿势是达到胸外按压效果的基本保证。正确的按压姿势和方法如下：

（1）触电者仰面躺在硬板床（如为弹簧床，则应在触电者背部垫一块硬板。硬板长度及宽度应足够大，以保证按压胸骨时，触电者身体不会移动。但不可因找寻垫板而延误开始按压的时间）或地上。救护人跨跪于触电者的腰部，两手相叠，下面的手掌根部按压在正确的按压位置上（上面的手叠放在下面的手的手背上，两手掌平行，手指可以伸直，也可以相互交错。但手指必须翘起离开胸部，不能放在肋骨上，以免按压时损伤肋骨。下面的手掌根部放在触电者胸骨下的 1/3 部位，即心口窝稍高一点的地方），如图 6-29（a）~图 6-29（c）所示。按压时，救护人稍弯腰，上身略向前倾，两肩位于双手的正上方，两臂绷直，用上半身重量和肩、臂的力量，垂直平稳地往下压（注意不要向对侧用力，否则，起不到按压心脏的效果）。掌根用力向下压，使胸骨下陷 3~5cm，压出心脏里面的血液到血管中，形成心脏收缩，如图 6-29（d）所示。挤压后立即放松，使胸部压力消失，胸骨还位（手掌根不能离开按压部位），形成心脏舒张，血液又充满心脏，如图 6-29（e）所示。如此一压一松，反复不间断有规律地进行。按压和放松的时间相等，各占 1/2。每分钟按压 80次左右。压陷深度为：成人 4~5cm；幼儿 3cm。深度不够，效果不好；用力过大，压得太深，会损伤胸骨、肋骨和心脏。

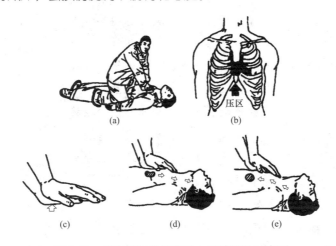

图 6-29　跨跪腰间实施胸外心脏挤压法示意图

（a）跨跪腰间按压正确姿势；（b）胸外心脏按压区；（c）叠手姿势；（d）向下挤压；（e）迅速放松

（2）触电者仰面躺在平硬的地方，救护人跪在其一侧肩旁，救护人的两肩位于触电者胸骨正上方，两臂伸直，肘关节固定不屈，两手掌根相叠，手指翘起，不接触触电者胸壁。姿势摆正确后，以髋关节为支点，用上半身重量和肩、臂的力量，垂直平稳地往下压（注意不能冲击式的猛压，不要向对侧用力，否则起不到按压心脏的效果），如图 6-30 所示。按压至要求程度后（成年人胸骨压陷 4~5cm，儿童和瘦弱者酌减），立即全部放松（放松时救护人的掌根不得离开触电者的胸壁），使胸部压力消失，舒张心脏。

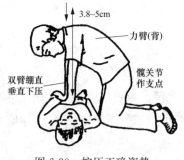

3.8~5cm

力臂(背)

双臂绷直
垂直下压

髋关节
作支点

图 6-30　按压正确姿势

不论救护人跪在触电者一侧肩旁，还是跨跪于触电者的腰部，实施胸外心脏挤压法的按压必须有效，有效的标志是按压过程中可以触及颈动脉搏动；胸外心脏挤压法的按压与松弛时间应大致相同，此时血液流动最理想，否则心、肺充盈均差，影响血液氧合。为提高挤压效果，救护人可用唱数法控制挤压速度。

## 6-24　心肺复苏法的单双人操作

🗩 口诀

触电者仰卧平地，脉搏呼吸均停止。

心肺复苏两人做，一人口对口吹气，

位于伤员头一侧，兼查脉搏和呼吸。

胸外按压操作者，位于伤员胸外侧。

开始先吹两口气，立即连续压五次，

压到第五次放松，吹气人立即吹气。

压吹次数五比一，周而复始的轮换。

现场急救仅一人，吹压交替着进行。

节奏二比一十五，反复进行五分钟。

检查脉搏和呼吸，五秒时间来完成。　　　　　　(6-24)

📖 说明　应当指出，触电者的心脏跳动和呼吸是互相联系的：心脏跳动停止了，呼吸很快就会停止；呼吸停止了，心脏跳动也不能维持多久。一旦心脏跳动和呼吸都停止了，则应同时进行口对口（鼻）人工呼吸和胸外心脏挤压，这两种方法至关重要，相辅相成。心肺复苏法可以双人操作，也可以单人操作。

（1）双人操作。一人负责口对口吹气和检查脉搏及呼吸，一人负责胸外心脏挤压，如图 6-31 所示。吹气人位于触电者头部一侧，按压人位于触电者胸部外侧（触电者仰卧平且硬的地上）。吹气人先吹两口气，按压人立即进行连续按压，并默数五下。当按压到第 5 次的放松时，吹气人立即吹气。其节奏按 5∶1 反复进行。吹气时不能按压，按压速度不能时快时慢，两人要配合默契。若吹气人和按压人要调换时，中断时间不能超过 5s。调换的方法是：按压人按压两次后就撤到吹气人身后，由吹气人接着按压 3 次；按压完五次后，由原来的按压人进行吹气。

（2）单人操作。如现场急救仅有一人，可将口对口人工呼吸法和胸外心脏挤压法交替进行：先吹两口气，然后立即按压。按压 15 次后又吹两口气。其节奏按 15：2 反复进行，如图 6-32 所示。进行 1min 后，要检查一次脉搏、呼吸和瞳孔，检查时间不要超过 5s。以后抢救操作每 5min 检查一次。若发现脉搏已恢复而呼吸仍然停止时，则可只采用口对口人工呼吸法。

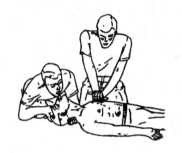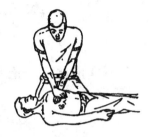

图 6-31　双人心肺复苏法　　　　　图 6-32　单人心肺复苏法

## 6-25　抢救过程中搬运触电伤员的方法

📢 口诀

触电伤员需移动，抢救暂停三十秒。

平躺担架束腰部，背垫平硬阔木板。

平地搬运头在后，上楼下坡头在上。

塑料袋装碎冰屑，帽状包绕在头部。　　　　　　　　（6-25）

📖 说明　　触电伤员心肺复苏应在现场就地坚持进行，不要图方便而随意移动。如果确有需要移动时，抢救工作中断时间不应超过 30s。移动触电伤员或将其送医院时，应使伤员平躺在担架上，腰部束在担架上，如图 6-33 所示，以防止跌下。还应在触电伤员背部垫以平硬阔木板。如没有正常担架，应迅速制作担架代用品，如图 6-34 所示。平地搬运时伤员头部在后，上楼、下楼、下坡时头部在上。搬运方法要正确，动作要敏捷。

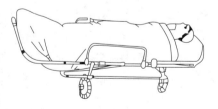

图 6-33　正常担架搬运

在移动触电伤员或将其送至医院过程中应继续抢救，心跳呼吸停止者要继续进行心肺复苏法抢救，在医务人员未接替救治前不能终止。同时应创造条件，用塑料袋装入破碎冰屑，包成帽状包绕在触电伤员头部，以降低头部及全身温度。体温每降低 1℃，脑代谢率可降低 6.7%，体温降至 32℃ 时，脑代谢率降低约 50%，所以要求设法使脑部降至 28℃，肛温降至 33℃。争取触电伤员的心、肺、脑能尽早地完全复苏。

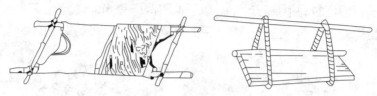

图 6-34　担架代用品举例

## 6-26　肢体伤口止血法

**口诀**

> 肢体有伤口渗血，消毒纱布先覆盖，
> 然后再进行包扎，绷带加压止渗血。
> 伤口出血喷射状，指压出血点上方，
> 并将出血肢抬高，或加压包扎止血。
> 若用止血带止血，先垫数层柔软布，
> 带子扎得松紧度，刚使动脉无搏动。 　　　　　　　(6-26)

**说明**　伤口出血（可分为外出血和内出血两种），以动、静脉出血危险性最大。动脉出血，血色鲜红且状如泉涌；静脉出血，血色暗红且持续溢出。人体总血量为 4000～5000mL，若出血超过 1000mL，就可能引起心脏停止跳动而死亡。故应立即设法止血。现场发现伤员肢体伤口出血的急救止血法如下：

（1）小的外伤、毛细血管或静脉出血，渗出的血液易于凝结。故伤口渗血用比伤口稍大的消毒纱布数层覆盖伤口，然后进行包扎。接触和覆盖伤口的包扎材料，应尽可能用消毒纱布。但在紧急情况下也可选用清洁的代用品，如将毛巾进行煮沸消毒，晒干后使用。包扎松紧应适宜，太紧易影响血液循环，太松易使覆盖纱布脱落或移动位置。若包扎后仍有较多渗血，可再加绷带适当加压止血。

（2）伤口出血呈喷射状或鲜红血液涌出（一般是动脉出血）时，应立即用清洁手指压迫出血点上方（近心脏那端），用力压向骨头，把血的来源阻断。并将出血肢体抬高或举高，以减少出血量，如图 6-35 和图 6-36 所示。或用加压包扎止血法，即加压在伤口上面的直接压迫止血法，如图 6-37 所示；在肢体的弯处，如肘弯、膝弯处屈肢加压的方法，如图 6-38 所示。

图 6-35 肱动脉的压点及其止血区域　　图 6-36 股动脉的压点及其止血区域

（3）四肢大出血的急救，可用止血带或弹性较好的布带等止血（严禁用电线、铁丝、细绳等作止血带使用）。用止血带止血时，应先用柔软布片或伤员的衣袖等数层垫在止血带下面（止血带不要直接扎在皮肤上），再扎紧止血带，以刚使肢端动脉搏动消失为度（要扎得松紧适当，因过紧损伤神经，过松不能止血），如图 6-39 所示。

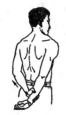     

图 6-37 背手　图 6-38 屈肢加压　　　图 6-39 止血带结扎法
　　压迫法　　　　　止血法

止血带结扎时间过久，可引起肢体坏死，因此上肢每 60min，下肢每 80min 放松一次，每次放松 1～2min（每次松开应以看到鲜血流出为止）。开始扎紧与每次放松的时间均应书面标明在止血带旁。扎紧时间不宜超过 4h。不要在上臂 1/3 处和腘窝下使用止血带，以免损伤神经。若放松时观察已无大出血可暂停使用。

## 6-27　骨折急救法

💬 口诀

高处作业时坠落，撞击挤压后骨折。
肢体骨折用夹板，两个关节间固定。
脊柱骨折重伤员，俯卧担架门板上，
胸腹部位均加垫，固定身体不移动。
若疑颈椎有损伤，平卧伤员头两侧，
放置沙袋来固定，颈头部位不转动。　　　　　　　（6-27）

📖 **说明** 高处作业坠落时，撞击、挤压等均可能造成作业者骨折。在现场发现骨折伤员后，应立即设法固定骨折部位，使断骨端不再移位或刺伤肌肉、神经或血管，减少痛苦和并发症，也便于搬运。

肢体骨折可用夹板或木棍、竹竿将断骨上、下方两个关节固定。夹板的长短和宽窄要适合，一般其长度要超过折断的骨头。要注意夹板勿压伤皮肤肌肉，扎缚要松紧适宜，一般应扎缚在断骨的上下两头。上臂骨折时，用两块适合的夹板在断骨内外侧上下两头扎缚固定，然后屈肘 90°作小悬臂，如图 6-40所示。前臂骨折时，用夹板两块在前臂掌背侧上下两端扎缚固定，并屈肘 90°作小悬臂，如图 6-41 所示。大腿骨折时，取长短不一的夹板两块，分别放在伤腿的外侧（由足跟至腋窝）、内侧（由足跟至腹股沟），并分段绑几道，如图 6-42 所示。小腿骨折时，取长短相等的夹板（从足跟至大腿）两块，放在伤腿内外侧，自大腿至踝部分段扎四道，如图 6-43 所示。如果无夹板及代用品，可以将好腿同伤腿并拢。两腿之间塞上棉花，自踝部至大腿分段扎几道。大腿、小腿骨折均适用。

图 6-40　上臂骨折

图 6-41　前臂骨折

图 6-42　大腿骨折

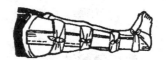

图 6-43　小腿骨折

伤员脊柱骨折，情况较重，应立即让伤员俯卧在担架或门板上，腹部和胸部均加垫，固定不使身体移动，以免加重损伤，如图 6-44 所示。

颈椎损伤时，可先让伤员平卧后，再用沙土袋（或其他代替物）放置在头部两侧，使颈部固定不动，如图 6-45 所示。如果是触电伤员，必须进行口对口呼吸时，只能采用抬颌方法使气道通畅，不能再将头部后仰或转动，以免引起截瘫或死亡。

图 6-44　脊柱骨折

图 6-45　颈椎骨折固定

发现腰椎骨折时，应将伤员平卧在平硬木板上，并将腰椎躯干及两侧下肢一并固定，以预防瘫痪，如图 6-46 所示。搬动时要数人合作，保持平稳，不能扭曲，然后速送医院救治。

图 6-46　腰椎骨折固定

## 6-28　电弧灼伤急救法

📝✅ **口诀**

触电者电弧灼伤，将衣服鞋袜脱下。

灼伤部位防污染：可用急救包包扎；

或者用清洁布片、干净毛巾来覆盖。

不要擦粘着异物，也不要刺破水泡。　　　　　　(6-28)

📖 **说明**　电弧灼伤是电工作业中较常见的伤害事故。在检修及调试低压电气设备时，电弧灼伤比其他伤害事故要多、要严重，约占总事故的 60%。电弧温度高达 3000～5000℃，灼伤部位多在面、颈、手、臂等处，往往致受伤人员肢残、毁容，造成肉体和精神上的痛苦，给单位和个人造成重大损失。

当触电者的皮肤严重灼伤时，必须先将其身上的衣服和鞋袜特别小心地脱下，必要时最好用剪刀一块块剪下。由于灼伤部位一般很脏，很容易感染而化脓溃烂。因此，救护人员的脏手不能接触触电者的灼伤部位；不能在灼伤部位上敷搽油膏、油脂或其他护肤油。有条件的可用急救包包扎，在紧急情况下可用干净的毛巾或清洁布片覆盖，防止污染。包扎时千万不要刺破水泡，也不能随便擦去粘在灼伤部位的各种异物。否则，伤口感染，给医治带来不便或困难。对灼伤者现场急救后，应立即送往医院治疗。

## 6-29　烧伤救护法

📝✅ **口诀**

强酸强碱等烧伤，高温蒸汽水烫伤。

鞋袜衣服须剪除，清洁布片盖伤口。

四肢烧伤有脏物，须用清洁水冲洗。

强酸或强碱烧伤，速脱被溅染衣物，

清水冲洗要彻底，用适当药物中和。

送往医院路途中，多次口服糖盐水。　　　　　　　　　　　　　(6-29)

📖 **说明**　从医学角度讲，烧伤一般分为三度。一度：烧伤部位轻度变红，表面皮肤受伤（达角质层）。二度：皮肤大面积烫伤，烫伤部位出现水泡（达真皮层）。三度：肌肉组织深度灼伤，皮下组织坏死，皮肤烧焦，严重时烧伤深度可达 3cm（包括全层皮肤或达皮下各层，以至肌肉骨骼）。烧伤面积估计方法：①手掌法。伤员自己五指并拢时的手掌面积占全身面积的 1%（见图 6-47）。②新九分法。适用于成人（见图 6-48 及表 6-1）。

图 6-47　手掌法

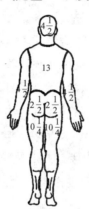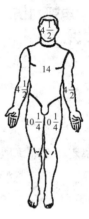

图 6-48　新九分法

表 6-1　　　　　　　　　　　　　　烧伤面积计算法

| 身体部位 | 计算法 |
| --- | --- |
| 头颈部 | 9%（1 个 9） |
| 上肢 | 18%（2 个 9）（每一上肢为一个 9） |
| 躯干（不包括臀部） | 27%（3 个 9） |
| 下肢及臀部 | 46%（5 个 9+1）（每一下肢为 23） |
| 全身合计 | 11 个 9+1＝100 |

强酸、强碱烧伤或高温蒸汽、沸水烫伤时，必须先将伤员身上的衣服、鞋袜特别小心地脱下，必要时最好用剪刀一块块剪掉。伤口全部用清洁布片覆盖，以防止污染。未经医务人员同意，烧伤部位不宜敷搽任何东西和药物。四肢烧伤时，

烧伤部位一般很脏，须先用清洁冷水冲洗，然后用清洁布片或消毒纱布覆盖。

强酸或强碱烧伤，应迅速脱去被溅染衣物，现场立即用大量清水彻底冲洗，然后用适当的药物给予中和，冲洗时间不少于 20min。被强酸烧伤应用5％碳酸氢钠（小苏打）溶液中和；被强碱烧伤应用 0.5％～5％醋酸溶液、5％氯化铵或 10％枸橼酸液中和（磷烧伤时还可以用碳酸氢钠溶液湿敷伤面）。

烧伤面积大时，为预防伤员休克，在送医院途中应给伤员多次少量口服糖盐水。

## 6-30　中暑、冻伤救护法

📋 **口诀**

> 夏季高温中暑者，速移阴凉通风处。
>
> 冷水擦浴风扇吹，身上覆盖湿毛巾，
>
> 头部置冰袋降温，及时口服盐开水。
>
> 冬季野外冻伤者，肌肉僵直勿曲肢。
>
> 抬至暖室内救治，剪去身上潮湿衣，
>
> 干燥柔软衣物盖，不得烤火或搓雪。　　　　　(6-30)

📖 **说明**　烈日直射头部，环境温度过高，饮水过少或出汗过多等可以引起中暑现象（因较长时间在日光下曝晒或高温引起的疾病，总称中暑，俗称发痧。包括日射病、热痉挛、热衰竭、热射病，四者可以单独出现，也可合并出现），其症状一般为恶心、呕吐、胸闷、眩晕、嗜睡、虚脱，严重时抽搐、惊厥甚至昏迷。

应尽快把中暑病人从高温或日晒环境转移到阴凉通风处，解开其衣扣和裤带，把上身稍垫高。然后用冷水擦浴，湿毛巾覆盖身体，给病人扇凉，电扇吹风，或在病人头部放置冰袋等方法降温，并及时给病人口服盐开水（如病人神志清醒，则给其饮用大量的冷茶或糖水、盐水、西瓜汁等）。严重者需送医院治疗。

冬季在户外作业易发生冻伤。冻伤会使人体肌肉僵直，严重者深及骨骼。在救护搬运过程中动作要轻柔，不要强使伤员肢体弯曲活动，以免加重损伤。应使用担架将伤员平卧，抬至温暖室内救治。将伤员身上潮湿的衣服剪去后，用干燥柔软的衣物覆盖。注意不得烤火或搓雪。

全身冻伤者，呼吸和心跳有时十分微弱。此时切勿误认为已经死亡，应努力抢救。

## 6-31　蛇、犬咬伤救护法

📋 **口诀**

> 野外作业蛇咬伤，不惊不跑不饮酒。

伤口大多在四肢，速从上端向下挤，

挤出毒液布带扎，伤肢固定免活动。

有蛇药时先服用，再送去医院救治。

犬咬伤口内唾液，自上而下挤出来，

并用肥皂水冲洗，然后用碘酒涂搽。

少量出血不止血，也不包扎或缝合。

查明是否疯狗咬，对症治疗很重要。 (6-31)

📖 **说明**　毒蛇咬伤在我国南方各省农村较为多见。一般发生于春、夏、秋季，咬伤部位多见于四肢，尤以下肢为常见。被毒蛇咬伤后，毒液射入人体，会出现一系列的中毒症状，甚至迅速造成死亡。

毒蛇咬伤时，初期局部红、肿、热、痛。伤口可留有牙根或残留断牙。肿势迅速发展，向躯干蔓延，附近腋下或腹股沟的淋巴结肿大。伤口流血不止，局部可见明显的水泡、血泡、溃烂。也有初期无明显红、肿、热、痛，而觉得伤处麻木的。紧急救护是治疗毒蛇咬伤的关键，直接影响到愈后的好坏。急救的原则为迅速阻止毒液扩散，尽量排除毒液，取出断牙和消肿。

毒蛇咬伤后，不要惊慌、奔跑、饮酒，伤者应保持安静，避免因恐惧、烦躁而引起血液循环加快，加速蛇毒在人体内扩散。咬伤大多在四肢，应迅速从伤口上端向下方反复挤出毒液，然后在伤口上方（近心端）用布带扎紧（但注意每隔 20～30min，必须放松 1～2min，以免肢体因淤血而坏死），将伤肢固定，避免活动，以减少毒液的吸收。

伤口如有闭塞，可用小刀轻轻挑拨，使其开放，但不宜刺入过深。在伤口周围 4～6cm 肿胀处挑破 2～3 处，用火罐、吸奶器或其他吸物接在伤口上吸取毒血；在无口腔黏膜破损或龋齿的情况下，也可用口吸吮，但必须边吸边吐，再用清水漱口。伤口如有残留毒蛇断牙，应用消毒后的小镊子仔细取出，否则会影响退肿和伤口的愈合。

有解蛇毒药时可先服用，然后再送往医院救治。

犬咬伤后应立即用浓肥皂水冲洗伤口，同时用挤压法自上而下将残留伤口内唾液挤出，然后再用碘酒涂搽伤口。伤口少量出血时，不要急于止血，也不要包扎或缝合伤口。要及时注射狂犬病疫苗。

# 附录　电工经典操作两百首

## 第1章　高效检测诊断术

### 1-1　电气设备诊断要诀

　　　　电气设备有故障，快准查找故障点，

　　　　经典经验诊断术：六诊九法三先后。　　　　　　　　　　(1-1)

### 1-2　"六诊"是电气设备故障诊断的基本检查手段

　　　　诊断电气故障时，六诊是检查手段：

　　　　口问眼看耳朵听；鼻闻手摸用表测。

　　　　询问现场操作人，故障现象及经过，

　　　　了解设备诸情况，找抓故障众线索。

　　　　看设备外部状况，形色等有无异常；

　　　　看有关图纸资料，熟悉其控制原理。

　　　　听设备运行声响，寻噪声强度差异；

　　　　使用简单助听器，判准更上一层楼。

　　　　电气设备有故障，出现不同异气味，

　　　　鼻子挨近仔细闻，依靠嗅觉辨故障。

　　　　摸推拉有关部位，手感温度和振动，

　　　　以察觉异常变化，迅速判定故障点。

　　　　熟练巧用常用表，测量设备电参数，

　　　　与正常数据比较，确定故障的部位。　　　　　　　　　　(1-2)

### 1-3　检测隐性故障的九方法

　　　　隐性故障难查找，常需应用九方法：

　　　　根据原理分析法，善用逻辑推理法；

　　　　采用断路开路法，甩开疑点后负载；

　　　　检查通路短路法，中间环节导线连；

切割分区切割法，可疑范围逐缩小；

省时简捷替代法，替换怀疑元器件；

表测时用对比法，与正常设备比较；

原因罗列菜单法，逐一查找和验证；

人为搅扰扰动法，故障发生现象捉；

实施故障再现法，以便找出故障点。　　　　　　(1-3)

## 1-4　诊断技巧三先后

诊断技巧三先后：先易后难省工时；

先动后静查部位；先电源来后负载。　　　　　(1-4)

## 1-5　感官诊断法

运行设备有故障，凭五官直观检查。

通过问听视嗅觉，手感温度和振动，

有的放矢的诊断，找出故障所在点。　　　　(1-5)

## 1-6　看线径速判定常用铜铝芯绝缘导线截面积

导线截面积判定，先定股数和线径。

铜铝导线单股芯，一个多点一平方，

不足个半一点五，不足两个二点五，

两个多点四平方，不足三个六平方。

多股导线七股绞，再看单股径大小，

不足个半十平方，一个半多粗十六，

两个多粗二十五，两个半粗三十五。

多股导线十九股，须看单股径多粗，

一个半是三十五，不足两个是五十，

两个多点是七十，两个半粗九十五。

多股导线三十七，单股线径先估出，

两个粗的一百二，两个多的一百五。　　　　(1-6)

## 1-7　摇动接线柱短接的微安表判断其线圈是否断线

微安表线圈通断，万用表不能测判。

微安表后接线柱，铜铝导线短接好。

然后摇动微安表，同时看表头指针。

缓慢摆动幅度小，表内线圈则完好。

较快大幅度摆动，表内线圈已断线。 (1-7)

## 1-8　识读电气图基本方法五结合

识别读懂电气图，基本方法五结合。

电工电子两技术，基本理论和常识。

元器件结构原理，规范性典型电路。

电气图绘制特点，其他专业技术图。 (1-8)

## 1-9　电力变压器异常声响的判断

运行正常变压器，清晰均匀嗡嗡响。

配变声响有异常，判断故障点原因。

嗡嗡声大音调高，过载或是过电压。

间歇猛烈咯咯声，单相负载急剧增。

叮叮当当锤击声，穿心螺杆已松动。

噼噼啪啪拍掌声，铁芯接地线开断。

间歇发出哧哧声，铁芯接地不良症。

绕组短路较轻微，发出阵阵噼啪声。

绕组短路较严重，发出巨大轰鸣声。

高压套管有裂痕，发出高频咝咝声。

高压引线壳闪络，噼噼啪啪炸裂声。

低压相线有接地，老远听到轰轰响。

跌落开关分接头，接触不良吱吱响。 (1-9)

## 1-10　滴水检测电动机温升

电机温升滴水测，机壳上洒几滴水。

只冒热气无声音，被测电机没过热。

冒热气时咝咝响，电机过热温升超。 (1-10)

## 1-11　三相电动机未装转子前判定转向的简便方法

电动机转向预测，转子未装判定法。

铜丝弯曲成桶形，定子内径定桶径。

定子竖放固定妥，棉线吊桶放其中。

桶停稳后瞬通电，桶即旋转定转向。 (1-11)

## 1-12　电动机绝缘机械强度四级判别标准

电动机绝缘优劣，机械强度来衡量。

感官诊断手指按，四级标准判别法。

手指按压无裂纹，绝缘良好有弹性。

手指按压不开裂，绝缘合格手感硬。

按时发生小裂纹，绝缘处于脆弱状。

按时发生大变形，绝缘已坏停止用。　　　　　　　　　(1-12)

### 1-13　手触摸设备外壳的方法和技巧

感官诊断手触摸，手感温度判故障。

触摸设备外壳时，掌握方法和技巧。

原则该摸的才摸，不该摸的不乱摸。

具体实施手触摸：用力一定要适当；

不要捏住要弹击；不用手心用手背。　　　　　　　　(1-13)

### 1-14　手感温法检测电动机温升

电动机运行温度，手感温法来检测。

手指弹试不觉烫，手背平放机壳上。

长久触及手变红，五十度左右稍热。

手可停留两三秒，六十五度为很热。

手触及后烫得很，七十五度达极热。

手刚触及难忍受，八十五度已过热。　　　　　　　　(1-14)

### 1-15　手摸低压熔断器熔管绝缘部位温度速判哪相熔断

低压配电屏盘上，排列多只熔断器。

手摸熔管绝缘部，烫手熔管熔体断。　　　　　　　　(1-15)

### 1-16　手拉电线法查找软线中间断芯故障点

单芯橡套软电线，中间断芯查找法。

双手抓住线外皮，间隔二百多毫米。

同时用力往外拉，逐段检查仔细看。

线径突然变细处，便是断芯故障点。　　　　　　　　(1-16)

### 1-17　监护电动机"五经常"

日常监护电动机，经典做法五经常：

撑个凉棚遮阳光，降温还能挡雨雪；

运用听音棒实听，诊是否带病运行；

看表针指示状况，及外壳颜色变化；

手摸外壳测温升，诊是否异常运行；

鼻子靠近仔细闻，通过嗅觉甄故障。 (1-17)

### 1-18　学使用旋凿"实听"初判故障部位

设备正常运转时，噪声均匀强度低，

并且有一定规律。若设备带病运行，

噪声会变化很大，且伴有异常响声。

耳隔段距离虚听，异常声音易听出，

及时发现有故障，但其易产生错觉。

旋凿刀头直接触，响声发自设备上。

耳朵靠木柄实听，响声变大利诊断。

仔细倾听两三处，准确找到响声处。

虚听实听相配合，初步定故障部位。 (1-18)

### 1-19　串接负载通电查找橡套软线短路点

橡套软线短路点，串接负载查找法：

视短路软线截面，算得安全载流量，

选负载工作电流，恰好等于载流量；

软线一端两线头，当作一导线两端，

串接负载电路中，做合闸通电试验；

短路点产生高热，断电摸到烫手处。 (1-19)

### 1-20　检查木杆杆身用敲击法

巡视检查木电杆，杆身四周锤敲击。

当当清脆声良好，咚咚声响身中空。 (1-20)

### 1-21　用剥头绝缘导线检验发电机组轴承绝缘状况

发电机组运行时，轴承绝缘巧检验。

用根剥头绝缘线，导线一端先接地，

另端碰触旋转轴，多次轻触仔细看。

产生火花绝缘差，绝缘良好无火花。 (1-21)

### 1-22　判定起重用绕线型异步电动机运行中转子一相开路

中型吊车运行时，其主副钩电动机，

定子电流表指针，来回摆动幅度大，

周期性大小波动，转子一相已开路。 (1-22)

### 1-23　刮火法检查蓄电池单格电池是否短路

蓄电池内部短路，多发生在一两格。

单格电池短路否，常用刮火法检查。

选根较粗铜导线，接单格电池一极，

手拿铜线另一端，迅速擦划另一极。

出现蓝白色火花，被检单格属良好。

红色火花是缺电，没有火花已短路。　　　　　　　　(1-23)

### 1-24　使用低压测电笔时的握法

常用低压测电笔，掌握测试两握法。

钢笔式的测电笔，手掌触压金属夹。

拇指食指及中指，捏住电笔杆中部。

旋凿式的测电笔，食指按尾金属帽。

拇指中指无名指，捏紧塑料杆中部。

氖管小窗口背光，朝向自己便观察。　　　　　　　　(1-24)

### 1-25　测电笔氖管处蔽光装置

电笔测试要安全，氖管处注意蔽光：

截取深色塑料管，中间刻一小窗口，

多余部分需剪去，插入筒内则成功。

改造后的测电笔，不同环境均适应。　　　　　　　　(1-25)

### 1-26　测电笔测试直流电路载流体

低压直流电电源，一般与大地绝缘。

直流电路载流体，运用测电笔测试，

须一手触摸大地，或电源另一极端。　　　　　　　　(1-26)

### 1-27　双高阻式测电笔

双高阻式测电笔：普通旋凿测电笔，

加个同规格电阻，尾端换上绝缘盖；

弹簧焊接软导线，绝缘盖中心穿出，

线端头接鳄鱼夹，刀夹头两测试笔，

跨触电路接线点，判定线路诸故障。　　　　　　　　(1-27)

### 1-28　运用数显感应测电笔检测

数显感应测电笔，正确握法测检法。

食指按笔尾顶端，拇指中指无名指，

捏塑料杆中上部，拇指兼顾按电极。

数值显示屏背光，朝向自己便观察。

拇指按直接测检，触及被测裸导体。

按感应断点测检，触及带外皮导线。

区别相线中性线，查找相线断芯点。　　　　　　（1-28）

## 1-29　自作自用检验灯

自作自用检验灯，未接挂线盒吊灯。

螺口白炽灯灯泡，宜配防水吊灯座。

插口白炽灯灯泡，恰好插口吊灯座。

所配接两根引线，绝缘单芯铜导线。

简捷检测和校验，结果真实无差错。　　　　　　（1-29）

## 1-30　两灯泡串联检验灯

两灯泡串联验灯：两个二百二十伏，

小于四十瓦灯泡；橡皮绝缘单芯线，

两只吊灯座串联；灯座引出两线头。

跨接于电路检测，既安全来又实用。　　　　　　（1-30）

## 1-31　信号灯泡检验灯

信号灯泡检验灯：一百一十伏八瓦，

两电阻千欧十瓦，外套红色塑料管，

两根铜芯软导线，不需停电就能测。

电压不同亮度差，常见三光日月星。

检修电气设备时，替代电笔仪表测。　　　　　　（1-31）

## 1-32　汽车拖拉机电工专用检验灯

旋凿测电笔笔杆，内装六点三伏泡。

泡外套红塑料管，螺纹触点焊引线，

串接个硅二极管，再接上个鳄鱼夹。

小灯泡尾端触点，压接旋凿杆尾端。

灯泡泡头压弹簧，测电笔式检验灯。　　　　　　（1-32）

## 1-33　检验灯校验照明安装工程

照明工程竣工后，常用检验灯校验。

断开所有灯开关，拔取相线熔体管。

熔断器上下桩头，跨接大功率验灯。

接通电源总开关，验灯串联电路里。

线路正常灯不亮，灯亮必有短路处。

排除故障再校验，直至线路无短路。

校验支路各盏灯，分别闭合灯开关。

支路短路验灯亮，断线故障灯不亮。

验灯发出暗淡光，被检灯亮则正常。

关灯校验第二盏，同理同法校各灯。　　　　　　　　（1-33）

### 1-34　百瓦检验灯校验单相电能表

测校单相电能表，百瓦灯泡走一圈。

常数去除三万六，理论时间单位秒。

实测理论时间差，误差百分之二好。

实多理少走字少，实少理多走字多。　　　　　　　　（1-34）

### 1-35　灯泡核相法检查三相四线电能表接线

三相四线电能表，接线检查核相法。

两盏检验灯串联，两引出线跨触点：

某元件电压端子，该相电流电源线。

灯亮说明接错线，电压电流不同相。

接线正确灯不亮，电压电流是同相。　　　　　　　　（1-35）

### 1-36　检验灯检测单相电能表相线与中性线颠倒

国产单相电能表，一进一出式接线。

验灯两条引出线，一个线头先接地，

另头触及表端子，右边进线和出线。

接线正确灯不亮，灯亮相零线颠倒。　　　　　　　　（1-36）

### 1-37　运用万用表检测

正确使用万用表，用前须熟悉表盘。

两个零位调节器，轻轻旋动调零位。

正确选择接线柱，红黑表笔插对孔。

转换开关旋拨挡，挡位选择要正确。

合理选择量程挡，测量读数才精确。

看准量程刻度线，垂视表面读数准。

测量完毕拔表笔，开关旋于高压挡。

表内电池常检查，变质会漏电解液。

用存仪表环境好，无振不潮磁场弱。 （1-37）

## 1-38 运用万用表的欧姆挡测量

正确运用欧姆挡，应知应会有八项。

电池电压要富足，被测电路无电压。

选择合适倍率挡，针指刻度尺中段。

每次更换倍率挡，须重调节电阻零。

笔尖测点接触良，测物笔端手不碰。

测量电路线通断，千欧以上量程挡。

判测二极管元件，倍率不同阻不同。

测试变压器绕组，手若碰触感麻电。 （1-38）

## 1-39 运用万用表测量电压

用万用表测电压，注意事项有八项。

清楚表内阻大小，一定要有人监护。

被测电路表并联，带电不能换量程。

测量直流电压时，搞清电路正负极。

测感抗电路电压，期间不能断电源。

测试千伏高电压，须用专用表笔线。

感应电对地电压，量程不同值差大。 （1-39）

## 1-40 运用万用表测量直流电流的方法

用万用表测电流，开关拨至毫安挡。

确定电路正负极，表计串联电路中。

选择较大量程挡，减小对电路影响。 （1-40）

## 1-41 数字万用表蜂鸣器挡检测电解电容器质量

电解电容器质量，数字万用表检测。

开关拨到蜂鸣器，红黑笔触正负极。

一阵短促蜂鸣声，声停溢出符号显。

蜂鸣器响时间长，电容器容量越大。

若蜂鸣器一直响，被测电容器短路。

若蜂鸣器不发声，电容器内部断路。 (1-41)

### 1-42 数字万用表检测电缆电线中间断头

电缆线芯有断线，数字万用表检测：
线芯一端接相线，另端离地悬空着；
万用表拨电压挡，量程拨到两伏上；
一手捏住黑表笔，红表沿线向前移，
正常电压点五伏，电压突降差十倍，
测点退后约半寸，即为电缆断线点。 (1-42)

### 1-43 数字万用表可作为测电笔用

手拿数字万用表，区别相线中性线：
表拨交流电压挡，表笔触及导线皮，
显示数字是相线；没有读数中性线。
检测设备漏电否，表笔触设备外壳，
根据显示值情况，还可知漏电大小。 (1-43)

### 1-44 运用钳形电流表检测

运用钳形电流表，型号规格选适当。
最大量程上粗测，合理选择量程挡。
钳口中央置导线，动静铁芯吻合好。
钳口套入导线后，带电不能换量程。
钳形电流电压表，电流电压分别测。
照明线路两根线，不宜同时入钳口。
钳表每次测试完，量程拨至最大挡。 (1-44)

### 1-45 钳形电流表测量三相三线电流的技巧

运用钳形电流表，测三相三线电流。
基尔霍夫一定律，得出测量一技巧。
钳口套入一根线，读数该相电流值。
钳口套入两根线，读数第三相电流。
钳口套入三根线，负荷平衡读数零。 (1-45)

### 1-46 钳形电流表测量交流小电流技巧

运用钳形电流表，测量交流小电流。
被测负载绝缘线，钳口铁芯上绕圈。

读数除以匝加一，则得真正电流值。 (1-46)

## 1-47　运用绝缘电阻表检测

使用绝缘电阻表，电压等级选适当。

测前设备全停电，并进行充分放电。

被测设备擦干净，表面清洁无污垢。

放表位置选适当，远离电场和磁场。

水平放置不倾斜，开路短路两试验。

两色单芯软引线，互不缠绕绝缘好。

接线端钮识别清，测试接线接正确。

摇把摇动顺时针，转速逐渐达恒定。

摇测时间没定数，指针稳定记读数。 (1-47)

## 1-48　串接二极管阻止被测设备对绝缘电阻表放电

绝缘电阻表端钮，串接晶体二极管。

摇测容性大设备，阻止设备放电流。

消除表针左右摆，确保读数看准确。

测量完毕停摇转，仪表也不会损坏。 (1-48)

## 1-49　提高绝缘电阻表端电压的方法

低压绝缘电阻表，串联起来测绝缘。

串联电压级叠加，绝缘电阻读数和。 (1-49)

## 1-50　电力变压器的绝缘吸收比

变压器绝缘优劣，绝缘电阻表测判。

常温二十度左右，由测量时开始计：

十五秒时看读数，六十秒时稳定值。

两绝缘电阻比值，称为绝缘吸收比。

大于一点三良好，小于一点三受潮。 (1-50)

## 1-51　快速测判低压电动机好坏

低压电动机好坏，打开接线盒检测。

绝缘电阻表摇测，绝缘最小兆欧值。

三十五度基准八，每升十度除以二。

每低十度便乘二，读数超过才为好。

万用表拨毫安挡，电机星形连接法。

表笔任接两相头，手盘转轴慢慢转。

表针明显左右摆，三次测试结果同。

被测电机是好的，否则电机不能用。 (1-51)

**1-52 绝缘电阻表测电容值较大设备绝缘，引线在额定转速下接离**

测高压电缆芯间、电容器极间绝缘，

摇表至额定转速，等待指针稳定后，

表不停转情况下，引线接至被测物；

此时指针会下降，然后又重新上升，

待稳定值读完后，表不停转拆引线。

否则表针会损伤，有时甚至烧损表。 (1-52)

**1-53 绝缘电阻表的引线六不能**

绝缘电阻表引线，两色单芯多股线。

两线不能靠一起、相互缠绕在一起，

不能与设备接触，不能拖在地面上，

引线不能太过长，不能用双股绞线。 (1-53)

**1-54 绝缘电阻表测判自镇流高压水银灯好坏**

高压水银灯好坏，千伏绝缘电阻表。

线路接地两引线，连接灯头两极上。

汞灯置于较暗处，由慢渐快地摇测。

读数不足半兆欧，泡内发出光晕好。

灯不发光读数零，汞灯内部有短路。

表针指示无穷大，灯内有开路故障。 (1-54)

**1-55 绝缘电阻表测判测电笔的氖管好坏**

怀疑氖管有问题，可用兆欧表确定：

如果氖管性能好，轻摇几转则起辉；

表摇至额定转速，仍不起辉则损坏；

表指针指示为零，氖管两极已黏合。 (1-55)

# 第 2 章　传统正宗操作法

## 2-1　钢丝钳的握法

钢丝钳俗称手钳，钳柄套绝缘套管，

必须完好无破损，交流耐压五百伏。

钳头刀口朝内侧，便于控制钳切位。

小指伸钳柄中间，抵住钳柄开钳头。 (2-1)

## 2-2　钢丝钳切剥线头

钢丝钳切剥线头：根据线头所需长，

刀口轻切塑料层，切记不切着线芯；

右手握钳头用力，向外勒去塑料层；

此时左手把紧线，反向用力配合扯。 (2-2)

## 2-3　更换电吹风电热丝的操作法

运用两把钢丝钳，夹住电热丝两端，

稍用力拉长一点，匝间不相碰为宜。

然后电热丝通电，让自身发热伸长，

等待几分钟时间，定型后断电冷却。

如此重复两次后，才将冷态电热丝，

拉到所需的长度，绕在三棱支架上。

垫好绝缘云母片，通电发红后整形。 (2-3)

## 2-4　单股导线压接圈弯曲法

单股导线压接圈，运用钢丝钳制作：

切剥妥电线线头；在离绝缘层根部，

三毫米处夹芯线，向外侧折一大角；

按略大螺栓直径，弯曲芯线成圆弧；

剪去线头多余段，修正达到压接圈。 (2-4)

## 2-5　旋凿使用法

大旋凿旋大螺丝，拇食中指夹把柄，

把柄末端手掌顶，捻旋出较大力气。

小旋凿旋木螺丝，拇指中指夹把柄，

把柄末端食指顶，捻旋之力比较小。

旋凿金属杆部分，应该套段绝缘管。

电工带电作业时，可防短路与触电。

勿把旋凿当凿子，以免凿头形状损。 (2-5)

## 2-6　电烙铁加热旋凿杆拧取塑料壳洞中螺钉

电器装置塑料壳，固定螺钉深洞中。

拧得太紧旋不动，无法开壳搞检修。

旋凿刃顶螺钉沟，烙铁加热金属杆。

螺钉传热塑料软，旋凿顺利松螺钉。　　　　　　　　(2-6)

## 2-7　小块磁铁吸附于旋凿杆上取装螺钉

深洞隙缝处螺钉，装置拆取较艰苦。

旋凿杆上附磁铁，刃头吸稳小螺钉。

安然装置正准位，拆取中途不掉落。　　　　　　　　(2-7)

## 2-8　瓷夹配线的方法

室内布线瓷夹板，导线最大四平方。

直线配线电路上，夹距最长点六米。

均匀分布不能差，横平竖直不松弛。

定好位置装瓷夹，不将螺丝旋太紧。

一副瓷夹夹两线，手拿电线另一端，

皮线用力甩几下，便可使电线挺直；

若是采用塑料线，用布来回勒几下，

如果电线没挺直，旋凿线下来回勒。

每隔三四副瓷夹，把线嵌入两槽里，

左手抽紧线挺直，右手捻旋紧螺丝。

整个电路上电线，嵌入槽里紧螺丝。　　　　　　　　(2-8)

## 2-9　单芯铝线瓷接头连接法

单芯铝导线接头，用瓷接头连接法。

单芯绝缘铝导线，表面涂有一层锡。

直线连接时做法，四线头两两相对，

插入两只瓷接头，四个接线桩头中。

分路连接时做法，支路电线两线头，

分别插入瓷接头，连接相中两桩头。

然后运用螺丝刀，拧紧桩头上螺丝。

瓷接头上罩盒盖，并用螺丝钉固定。　　　　　　　　(2-9)

## 2-10　铜导线与电器针孔式接线桩头的连接法

针孔式接线桩头，孔顶部设置螺钉。

旋紧螺钉压线头，完成线器电连接。

孔较线芯直径大，端头略折翘向上。

线径较小孔径大，线折双股并列插。

容量较大要求高，两枚螺钉旋紧法。

先紧近端口螺钉，后旋拧紧第二枚。

然后同次序加拧，反复加拧需两次。 (2-10)

## 2-11　塑料膨胀管安装施工法

安装塑料膨胀管，固定对象定位置，

依据定位孔划线，须做到横平竖直。

选标准型膨胀管，同规格冲击钻头。

钻孔深度掌握好，比管长深十毫米。

将胀管塞至孔底，装镀锌自攻螺钉。 (2-11)

## 2-12　圆珠笔在聚氯乙烯套管上编写导线标记码

电机电器引出线，管路导线标记码。

聚氯乙烯白套管，粗细合适擦干净。

圆珠笔管上写码，放置火炉上烤烤。

标码清晰不模糊，遇到汽油不褪色。 (2-12)

## 2-13　电工刀刀口磨制

电工工具电工刀，刀口磨制很讲究。

磨得太尖伤线芯，磨得钝了无法削。

刀刃底部平磨好，尚须再磨点倒角。

面部比较难磨制，刀背抬高六毫米，

倾斜四十五度角，磨出圆弧状刃口。 (2-13)

## 2-14　塑料线线头剖削法

剖削塑料线线头，一般采用斜削法：

电工刀刀口向外，四十五度角倾斜，

切入塑料绝缘层，切记不切着线芯；

刀面塑料线线芯，保持十五度左右，

像削铅笔似推削，用力削出条缺口；

剩余部分塑料层，可动手剥离线芯，

反方向扳转翻下，并在切入口切除；

线头塑料层全削，则露出所需芯线。 (2-14)

### 2-15　护套线线头剖削法

剖削护套线线头，采用有级段剥法。

保护层上指定点，用刀划一圈深痕。

芯线中间骑缝处，用刀划破保护层。

动手剥去保护层，露出线芯绝缘层。

绝缘层用斜削法，距保护层十毫米，

刀倾斜四十五度，切入芯线绝缘层。

电工刀刀面芯线，保持十五度角度，

像削铅笔似推削，用力削出条缺口，

剩余部分绝缘层，动手剥离开芯线，

反方向扳转翻下，并在切入口切除。

绝缘层全部削去，露出所需要芯线。　　　　　(2-15)

### 2-16　方柱木榫削制法

选用干燥洋松木，削制成四方柱体。

榫体须略带斜度，榫头稍削点倒角。

榫长比孔深短些，约木螺丝长两倍。

依榫孔口径尺寸，榫头孔径打九折，

榫尾为一点三倍，榫长则是两三倍。　　　　　(2-16)

### 2-17　活扳手两握法

活扳手旋动螺母，规格选用要适当。

扳动大螺母握法，满手握在手柄上。

手的位置越往后，扳动起来越省力。

扳动小螺母握法，手应握在近头部。

拇指按压着涡轮，随时方便调扳口。

扳唇恰夹住螺母，否则扳口会打滑。

扳时活扳唇一侧，放在靠近身一边。

扳手反过来使用，扳唇极易受损伤。　　　　　(2-17)

### 2-18　锤子三挥法

手握锤子木柄尾，虎口对准铁锤头。

拇指食指始终握，锤击凿錾子瞬间。

中指无名指小指，一个接一个握紧。

挥动手锤时相反，三指反次序放松。

挥锤三法好记名，腕挥肘挥和臂挥。

腕挥只是手腕动，击力最小始尾用。

肘挥前臂带腕动，击力较大应用广。

臂挥整条胳膊动，击力最大较少用。 (2-18)

### 2-19　朝天打榫孔方法

手工朝天打榫孔，满手反握锤柄梢。

圆头靠近肘前臂，上臂身体间夹紧。

前臂运动向上甩，带动锤头击墙冲。

无需抬头和侧身，锤击力大易施力。 (2-19)

### 2-20　瓷砖上打榫孔

瓷砖墙壁打榫孔，所用麻线錾口头，

磨成等边三角形，三条韧边带快口。

小锒头耐心敲打，瓷砖上不断加水。

锒头每敲打一次，錾子要转动一下。

沿着所定榫孔位，四周轻轻地錾打。

錾去这部分瓷砖，再錾打内墙榫孔。 (2-20)

### 2-21　裸母线的平直矫正法

选根平直宽槽钢，表面光洁无凹凸。

母线放在槽钢上，木锤直接敲击法。

用铜铝或硬木条，制成平直方垫块，

垫在母线弯曲处，铁锤敲打垫块法。

平锤放在母线上，铁锤重击平锤法。 (2-21)

### 2-22　薄板锤击矫平法

中间凸起薄板料，木锤敲击矫平法：

板料边缘先锤击，而且轻敲要快击；

越靠近凸起部位，越要击得快而准；

平坦部分慢延展，凸起部分渐消失。 (2-22)

### 2-23　直角形工件弯曲法

板料条料弯直角，先在料上划好线。

然后夹在虎钳上，划线钳口要平齐。

钳口宽比工件短，可用角铁做夹具。

视看虎钳上工件，钳口的上端较长，

左手压在工件上，锤击靠近弯曲处；

钳口的上端较短，硬木作垫再锤击。　　　　　　　　　　（2-23）

### 2-24　钻床上钻孔操作法

在钻床上打钻孔，基本操作应掌握。

安装钻头及工件，对准需钻孔中心。

钻床速度调整好，试钻一个小浅坑。

发现钻坑有偏心，可用錾槽法校正，

或推移夹座找正。钻头刚要钻穿时，

立即减少进刀量。退出钻头后停机。

在工件上钻半孔，须先用同种材料，

嵌入工件合钻孔，去掉这块料则成。

若在斜面上钻孔，先錾出定中心坑，

然后才正式钻孔，否则会跑边严重。　　　　　　　　　　（2-24）

### 2-25　钢锯锯条跑边及换锯条后锯割法

钢锯锯割工器件，有时锯条会跑边，

不能原锯缝纠偏，工件反过来锯割。

旧的锯条折断后，立即换用新锯条，

锯割工件须翻转，并从反方向锯割。

锯条锯割时间长，须涂油脂来润滑。　　　　　　　　　　（2-25）

### 2-26　钢锯锯割金属材料法

钢锯锯条安装法，锯齿尖端朝前方。

锯条合适松紧度，蝶形螺母手旋紧。

被割金属工器件，夹在台虎钳固定。

右手满握住手柄，左手扶稳锯架头。

起锯角度取适合，来回推拉一直线。

前推锯条全用到，锯条回拉不加压。

锯割速度施压力，金属软硬来决定。　　　　　　　　　　（2-26）

### 2-27　新电烙铁使用法

新的一把电烙铁，铜头需镀层焊锡。

先把铜头锉干净，接上电源温度升。

松香涂在铜头上，等待松香冒烟时，

铜头能够熔焊锡，小量松香和焊锡，

混合放在砂纸上，铜头在上面研磨。

各面都要研磨到，铜头镀了层焊锡。

以后使用过程中，铜头要常沾松香，

及时清除氧化物，焊锡层能长保留。 (2-27)

## 2-28　电烙铁钎焊

备齐几把电烙铁，依焊接对象而用。

焊接密度较大时，用较小尖头烙铁。

焊接中大型元件，则用较大电烙铁。

手持电烙铁施焊，铜头斜面向自己。

置在待焊点上方，焊锡丝充分熔化，

顺着元件脚表面，流到焊接处收缩。

当焊锡量合适时，焊锡丝烙铁撤离。 (2-28)

## 2-29　快速处理电烙铁不粘锡办法

使用久了电烙铁，铜头氧化不粘锡。

快速高效处理法：手握电烙铁木柄，

将通电加热铜头，浸入酒精两分钟。 (2-29)

## 2-30　给小熔管加装操作手柄

废弃塑料打包带，剪成六十毫米段。

围绕熔管曲回来，烙铁烫粘两带头。

制成一个操作柄，操作方便又安全。 (2-30)

## 2-31　喷灯使用法

喷灯用较好汽油，必须清洁无杂质。

铜丝网漏斗加注，四分之三储油罐。

注油口螺丝拧紧，并且拧紧节油阀。

点火碗内注汽油，达三分之二点火，

待碗内汽油烧尽，这时拧开节油阀，

少量汽油会喷出，汽油蒸汽点燃烧。

再等片刻再打气，节油阀开足使用。

使用过程中熄火，先将节油阀拧紧，
然后再稍开一点，待点燃后再全开。
喷灯使用完毕后，拧紧节油阀熄火。
随即拧开节油阀，查证是否火熄灭，
火未熄灭须吹熄，松开注油口螺丝，
放气至喷嘴冷却，再将两者都拧紧。 (2-31)

### 2-32　多股铝线气焊连接法

多股铝芯绝缘线，运用气焊连接法。
待连两接头铝线，用铁丝缠绕几圈。
导线的绝缘部分，浸水石棉带包扎。
气焊火焰的焰心，离焊点二三毫米。
当加热到熔点时，加入铝焊粉填充。
焊枪逐渐向外移，直至焊接工作完。
趁热用布条蘸水，擦除焊渣和焊药。 (2-32)

### 2-33　户内外截然不同两做法

遵循科学不盲干，户内外不同做法。
户外铜铝接头处，要加个中间垫圈；
户内铜铝接头处，不需加中间垫圈。
户内配电装置内，母线都要涂色漆；
户外配电装置内，裸母线都不涂漆。 (2-33)

### 2-34　绝缘导线接头处绝缘层的恢复包缠法

绝缘导线接头处，包缠绝缘带方法。
二十毫米黄蜡带，要从左向右包缠，
完整保护层上面，必须包缠两带宽。
绝缘带与导线间，五十五度倾斜角。
每圈包缠绝缘带，均压叠半幅带宽。
包缠接头线芯后，到达连接另一端，
完整保护层上面，同样包缠两带宽。
同样规格黑胶布，接在黄蜡带尾端。
按另一斜叠方向，同法缠层黑胶布。
因其具有沾黏性，带间可自作包封。

如果没有黄蜡带，黑胶布则包两层。　　　　　　(2-34)

## 2-35　裸铝绞线绑扎固定前包缠铝带法

架空线路铝绞线，与绝缘子固定段，
包缠铝带保护层：靠绝缘子线槽段，
确定中间起包缠，向右裹总长一半；
然后折向左包缠，一直裹达总长度；
立即折向右包缠，缠到中间则收尾。
铝带每圈的排列，紧密平整不压叠。　　　　　　(2-35)

## 2-36　针式绝缘子颈部单花绑扎法

针式瓷瓶边槽内，颈部单花绑扎法。
绑扎线折后短端，在靠瓶导线右边，
导线上缠绕三圈，与长端互绞六圈。
长端从瓶颈背后，绕到导线左下方。
继绕导线右上方，缠绕扎瓶颈一圈。
绕到导线左上方，继绕导线右下方，
再绕扎瓶颈一圈，绕到导线左上方。
在导线上缠三圈，折绕向瓶颈背部。
与短端互绞六圈，剪去余端压贴槽。　　　　　　(2-36)

## 2-37　线路施工放线法

裸绞线线盘放线，沿着线路拉线走。
逐档吊线上电杆，嵌入悬挂滑轮内。
整圈护套线不乱，套入双手中捧夹。
外圈取头牵拉着，一圈一圈展放线。
整圈绝缘线卧妥，取处于内圈线头。
站立提拔展放线，有人牵头向前走。　　　　　　(2-37)

## 2-38　活嘴形紧线器紧线法

架空线架收紧线，用活嘴形紧线器。
定位钩勾住横担，活嘴钳口咬住线，
收紧导线的端部，扳动手柄徐紧线。
横担中间线开始，靠近电杆一根线。
接着电杆另一边，相对应的一根线。

继续再交叉进行，第三根和第四根。 （2-38）

## 2-39　架空线路导线弧垂测量法

运用两支同规格，弧垂测量尺测量。

首先将横尺定位，规定弧垂数值上。

测量尺靠绝缘子，勾在同根导线上。

档距两侧电杆上，操作者相对观察：

横尺定位上沿点，导线下垂最低点；

再至对方电杆上，横尺定位上沿点。

三点在一直线上，弧垂已符合要求。

若有偏差打手旗，通过紧线器调整。 （2-39）

## 2-40　高处作业站立法

高处作业较危险，四面临空要站稳。

杆上作业束腰带，脚扣定位站立法。

脚扣扣身压扣身，同水平线站两脚。

登高板登杆作业，踏板定位站立法。

两脚内侧夹电杆，臀部压靠踏脚板。

梯上作业站立法，梯顶不低于腰部。

一腿跨入梯横档，脚背勾住阶横木。 （2-40）

## 2-41　扶正抗风杆的侧面拔梢法

抗风杆发生歪斜，侧面拔梢扶正法。

若杆身向左歪斜，挖开杆根右侧土。

解开两拉线下把，歪斜侧任其松弛，

右侧拉线下把处，挂上紧线器收紧。

如果收紧有困难，用叉杆对面推顶。

电杆恢复正直后，左拉线挂紧线器，

两紧线器互配合，做收紧拉线工作。

重做两拉线下把，杆根泥土填夯实。 （2-41）

## 2-42　人工拆除旧电杆方法

人工拆除旧电杆：杆旁竖临时支杆；

用夹杆支撑杆身，登杆拆杆上横担；

同时绑扎吕宋绳，做三方临时拉线；

背临时支杆方向，杆根挖杆洞斜槽；

然后徐徐放松绳，夹杠相配合挪动；

杆顺着线档歪倒，压在杆洞马道上；

用手抱住旧电杆，将其从洞里拔出。 (2-42)

## 2-43　拉合跌落熔断器操作法

拉合跌落熔断器，严禁带负荷操作。

先拉低压断路器，断开配变的负荷。

分闸时用绝缘棒，顶端横钩抵鸭嘴，

向上轻轻地一捅，熔丝管就跌落下。

合闸时用绝缘棒，横钩伸入铁环中，

拉着熔丝管上移，将动触头送鸭嘴。 (2-43)

## 2-44　装接熔丝操作法

装接熔丝要规范，停电验电后进行。

端子垫片擦干净，容量长度选适宜。

容量不足用两根，平行并接不扭绞。

中段曲弯显余量，两端顺时针绕圈。

圈径合适不重叠，平垫压住装螺钉。

旋拧螺钉慢轻稳，不能带着垫圈转。 (2-44)

## 2-45　蓄电池极板组装法

蓄电池极板组装：正负极板错开放；

且须两块负极板，中间夹块正极板；

隔板有纵槽一面，必须插向正极板。 (2-45)

## 2-46　电缆终端头的安装方法

安装电缆终端头，头上接地线穿过，

零序电流互感器。然后再进行接地。

终端头根固定处，运用绝缘物缠绕，

或用绝缘固定件，金属支架上固定。 (2-46)

## 2-47　变压器分接开关变挡调压操作法

变压器分接开关，变挡调压操作法：

将分接开关手柄，来回转动十余次；

核对开关指示位，与实际接线相符；

变挡切换确认后，测量各分接抽头，

直流电阻值数值，互差小百分之二。 (2-47)

## 2-48  变压器干燥处理方法

变压器干燥处理，常用三种加热法。

器身放在油箱内，外绕线圈通电流，

壁中涡流损耗热，则是感应加热法。

器身放在干燥室，进口热风温逐升，

最高不超九十五，则是热风干燥法。

器身吊入烘箱里，控制温度九十五，

并每小时测电阻，则是烘箱干燥法。 (2-48)

## 2-49  电动机受潮灯泡烘干法

电动机严重受潮，白炽灯泡干燥法。

抽出电动机转子，定子绕组吹干净。

将定子垂直放置，外壳下端垫木块。

百瓦以上大灯泡，悬吊定子内腔中。

电机外壳上下端，都要盖垫大木板。

烘烤温度达百度，持续二十四小时。

测量绝缘电阻值，数值合格且稳定，

连续保持六小时，烘干便可以结束。 (2-49)

## 2-50  电动机受潮简易电流干燥法

电动机严重受潮，简易电流干燥法。

抽出电动机转子，定子绕组吹干净。

定子铁芯内圆上，贴放数片薄铁片。

厚度一毫米左右，长度相近铁芯长，

铁片均弯成弧状，和定子内圆吻合。

将三相绕组串联，接二百二电源上。

通电后测量电流，额定电流的七折。

如果电流值太大，再多放几片铁片；

若是电流值太小，可取下几片铁片。

烘干三四个小时，绝缘电阻即达标。 (2-50)

## 2-51  手动弯管器弯曲电线管操作法

薄壁钢管电线管，手动弯管器煨弯。

八号铁线弯样板，以便于对照检查。

弯曲部位作标记，弯管器套起弯点。

焊缝作为中间层，切忌放在内外侧。

脚踩管子扳手柄，稍加用力管翘弯。

逐点移动弯管器，重复前次两动作。

直至标记处末端，弯曲角度达需求。 (2-51)

## 2-52 鼓形绝缘子配线绑扎法

鼓形绝缘子配线，绝缘子上绑导线。

导线敷设的位置，均放绝缘子同侧。

绑线导线相匹配，同一回路同规格。

配线六平方单花，十平方以上双花。

终端应绑回头线，公圈十二单圈五。 (2-52)

# 第3章 强制性操作规范

## 3-1 巡视高压设备

巡视高压设备时，经领导允许批准。

不进行其他工作，不移开越过遮栏。

雷雨天气到室外，必须穿上绝缘靴。

避雷装置不靠近。进出高压配电室，

必须随手关锁门。设备发生接地时，

距离故障点范围，室内四米外八米。

进入范围必穿靴，接触外壳戴手套。 (3-1)

## 3-2 倒闸操作

倒闸操作众规定：根据调度员命令，

复诵无误后执行，填写倒闸操作票。

倒闸操作须两人，熟悉设备者监护，

重要复杂的操作，熟练值班员操作。

操作中产生疑问，停止操作做汇报，

弄清问题再操作，不准擅自作更改。

绝缘棒拉合开关，经传动机构操作，

均应戴绝缘手套，雨天室外绝缘靴。

装卸高压熔断器，应戴眼镜和手套，

站在绝缘台垫上，用绝缘夹钳操作。 (3-2)

## 3-3  填写工作票

工作票用钢笔写，正确整洁字清晰。

四项内容不涂改，工作地点和时间，

设备名称及编号，装设接地线地点。 (3-3)

## 3-4  在高压设备上工作

高压设备上工作，填用相应工作票。

事故应急抢修单。至少由两人进行。

组织技术两措施，正确实施并完成。 (3-4)

## 3-5  断开检修设备电源

检修设备须停电，各方电源完全断。

拉开开关断电流，各侧隔离开关拉。

要有明显断开点。有关配变互感器，

高低压侧均断开，必须防止反送电。 (3-5)

## 3-6  在全部停电或部分停电的设备上验电

检修设备断电源，验证确实无电压。

使用合格验电器，电压等级要相应。

带电设备上试验，确认验电器良好。

检修设备进出线，两侧各相分别验。

若站木质梯架上，验电指示不准确。

须经负责人许可，验电器上接地线。

使用高压验电器，绝缘手套穿戴好。

手握不超过护环，保持规定安全距。

设备运行电压高，三十三万伏以上。

绝缘棒代验电器，实施间接验电法。 (3-6)

## 3-7  装拆接地线

装设拆卸接地线，必须填用操作票。

操作由两人进行，用绝缘棒戴手套。

装设接地线顺序，先接地后接导体。

专用线夹来固定，确保接触要良好。

拆卸接地线顺序，恰与装设时间反 (3-7)

## 3-8 低压带电作业

低压带电作业时，专人监护必须有。

穿绝缘鞋戴手套，长袖衣服安全帽。

使用绝缘柄工具，站绝缘物上操作。

金属刀尺均禁用，人体禁触两线头。

配电装置相地间，先做好隔离绝缘。

同杆架设高低压，防碰高压有措施。

分清相线中性线，断线先断开相线。

然后再断中性线，搭接导线恰相反。 (3-8)

## 3-9 带电电流互感器二次回路上工作

带电电流互感器，严禁二次侧开路。

短路二次绕组时，必须使用短路片。

工作谨慎有监护，不断永久接地点。

使用绝缘柄工具，站在绝缘垫上面。 (3-9)

## 3-10 带电电压互感器二次回路上工作

带电电压互感器，严防短路或接地。

绝缘工具戴手套，有关保护先停用。

装接临时负载时，专用开关熔断器。 (3-10)

## 3-11 挖掘电力电缆

挖掘电缆线工作，必须填用工作票。

核对名称标示牌，安全措施作妥善。

有经验人在现场，交代清楚做指导。

堆土斜坡禁放物，沟边应留有走道。

挖出电缆接头盒，需要悬吊加保护。

接头平放不受力，平正移动接头盒。 (3-11)

## 3-12 挖掘杆坑

线路施工挖杆坑，明确地下设施位。

地下管道及电缆，防护措施做完善。

组织外来人挖坑，交代清楚设监护。

交通道路居民区，设置围栏挂红灯。

坑深超过一米五，注意土石回落坑。

松软土质防塌方，实施加挡板撑木。

冻土石坑打眼时，检查钢钎锤把头。

打锤扶钎两个人，严禁面对面操作。

打锤不得戴手套，扶钎应戴安全帽。　　　　　（3-12）

### 3-13　放线、撤线和紧线

放线撤线和紧线，指挥监护设专人。

信号统一且畅通，检查紧线工器具。

交叉跨越线路河，有关部门得同意。

搭好可靠跨越架，路口看护设专人。

紧撤线前须检查：拉线拉桩及杆根，

导线无障碍挂住，接头无卡住现象。

工作人员不跨线，不站导线内角侧。

严禁突然剪断线，进行松线或撤线。　　　　　（3-13）

### 3-14　架空导线连接

不同金属和绞向、不同规格的导线，

严禁在档内连接，否则会断股断线；

每档内每根导线，接头不超过一个；

接头距离固定点，不应小于半米长；

档内铝绞线连接，宜采用钳压方法；

档内铜绞线连接，插接或钳压方法；

档内导线连接点，机械强度不小于，

导线计算拉断力，零点九五的数值；

铜铝线跳线连接，采用线夹钳压法；

铜与铝跳线连接，用铜铝过渡线夹；

导线连接点电阻，等长导线的电阻。　　　　　（3-14）

### 3-15　巡视高压线路

巡视高压架空线，须有经验人担任。

新人夏暑大雪天、偏僻山区和夜间，

必须由两人进行。单人巡线禁攀登。

夜间沿线外侧走，风大上风侧前进。

事故巡线始到终，应认为线路带电。

发现导线断落地，设置障碍告行人，

远离断线点八米。速报领导等处理。　　　　　(3-15)

### 3-16　停电架空线路的验电

停电线路工作段，装接地线先验电。

专人监护戴手套，合格专用验电器，

电压等级要相应，验电应逐相进行。

三十三万伏线路，可用合格绝缘棒，

逐渐接近裸导线，听其有无放电声。

联络开关需检修，应在其两侧验电。

同杆架设多层线，先验低压后高压，

先验下层后上层，先验近侧后远侧。　　　　　(3-16)

### 3-17　填写倒闸操作票

倒闸操作进行前，填写倒闸操作票。

操作人员来填写，应用钢笔圆珠笔，

票面清楚且整洁，不允许任意涂改。

每一个操作任务，填写一张操作票。

电气操作项目栏，写设备双重名称。

操作人和监护人，在操作票上签名。　　　　　(3-17)

### 3-18　架空线路装设接地线

检修线路已停电，验明确实无电压

各工作地段两端，可能反送电支线。

挂置成套接地线，严禁用导线替代。

若有感应电反映，增挂几组接地线。

装设接地线程序：先连接妥接地端，

然后再接导线端。拆线顺序恰相反。

同杆架设多层线，挂置接地线次序：

先低压来后高压，先挂下来后挂上。

采用临时接地棒，入地深度点六米。　　　　　(3-18)

### 3-19　带电断、接空载线路引线

检修电力线路时，带电断或接引线。

严禁带负荷操作。确认系空载线路：
线路终端断路器，隔离开关已断开；
接入路侧变压器，电压互感器退出。
查明线路绝缘好，相位确定无差错。
消弧措施做妥当，操作人戴护目镜。
触及感应带电线，预防电击有措施。
实施单线操作法，制止引流线摆动。
严禁同时触两头，防人体串入电路。　　　　　　（3-19）

### 3-20　电气设备的电气测量工作

测量工作有规定，至少两人同进行。
测量需在夜间行，应有足够的照明。
测量人员应熟悉，测量安全的措施；
应了解仪表性能、正确接线使用法。
杆塔配变避雷器，测量其接地电阻，
线路带电情况下，接地引线要处理，
解开或者恢复时，必须戴绝缘手套。
测量配变低压侧，还有低压线电流，
可用钳形电流表，不触及带电部分。
线路带电运行时，测量导线垂直距，
必须使用测量仪，或绝缘测量工具。　　　　　　（3-20）

### 3-21　架空线路附近砍伐树木

线路附近砍伐树，应设监护人监护。
线路带电情况下，砍伐靠近线路树，
负责人在作业前，必须向大家说明：
线路有电禁登杆，树枝绳索禁触线。
上树砍剪注意蜂，必须使用安全带。
不抓脆弱枯死枝，不登砍过未断枝。
人和绳索与导线，保持足够安全距。
为防树枝落线上，砍前先用绳绑控，
拉向与线反方向，绳索应有足够长。
树枝落触高压线，严禁用手直接取。

砍剪树木的下面，监护禁止人逗留。 (3-21)

### 3-22　电力电缆线路耐压试验

耐压试验电缆线，用第一种工作票。

名称标记核对准，安全措施确可靠。

拆除电缆接地线，征得许可人许可。

试验加压端现场，装设遮栏或围栏。

另端悬挂警告牌，并派人看守监护。

操作人站绝缘垫，并戴好绝缘手套。

分相进行试验时，另外两相应接地。

试验过程换引线，被测电缆先放电。

试验结束放尽电，拆除自装接地线。

恢复原装接地线，查看无异再清场。 (3-22)

### 3-23　两台电力变压器并联运行四条件

变压器并联运行，必须满足四条件。

额定电压比相等，联结组标号相同。

阻抗电压要一致，容量不超三比一。 (3-23)

### 3-24　柱上式变压器台的安装要求

柱上式变台安装，台底距地两米半。

保持水平不倾斜，一比一百斜度限。

进出采用绝缘线，根据容量定截面。

铜线最小一十六，铝线最低二十五。

两侧各装熔断器，器地保持安全距。

高压最小四米五，低压不低三米半。 (3-24)

### 3-25　同杆架设多回路低压线路横担间垂距

同杆低压多路线，必须来自同电源。

同杆架设多回路，横担间垂直距离：

直线电杆点六米；分支转角点三米。

强电下面架弱电，横担垂距一米半。 (3-25)

### 3-26　低压架空裸导线对地面的最小净距离

低压架空裸导线，对地最小净距离。

具体区域规定米，六五四三依次取。

城镇村庄居住区，车辆农机常到区。

交通很困难区域，步行可到山坡梁。

山崖峭壁人难到，最小净距是一米。 (3-26)

### 3-27 直埋敷设电缆的施工要求

直埋敷设电缆线，沟深超过冻土层。

一般最浅点七米，机耕农田须一米。

沟底良好软土层，否则铺层细沙土。

地势高低有起伏，沟底顺势要平缓。

拐转弯曲率半径，电缆外径十五倍。

电缆上盖层细土，然后覆盖保护板。

回填素土须夯实，地面路径设标桩。 (3-27)

### 3-28 高压户外式穿墙套管的安装

高压穿墙瓷套管，两端形状不相同。

凹凸波纹形状端，必须装置于户外。 (3-28)

### 3-29 母线涂色漆标准和作用

母线涂色漆标准，直流蓝负赭红正。

交流相序黄绿红，接地中性线紫色。

白不接地中性线，紫底黑条保护线。

母线涂漆作用大，识别相序防腐蚀。

增大了辐射能力，改善了散热条件。

引起注意防触电，提高允许载流量。 (3-29)

### 3-30 交流母线的排列方式和位置

配电屏柜内母线，屏前看去的方位。

交流第一二三相，垂直排列上中下。

水平排列两规律，后中前和左中右。 (3-30)

### 3-31 电焊机二次绕组的接地或接零

电焊机二次绕组，焊件与其相接端。

必须接地或接零，要求接点只一个。

实施正确接线法，以免烧坏保护线。

二次绕组和外壳，设置独立接地体。

焊件已接地或零，绕组不再接地零。 (3-31)

### 3-32　电动机轴承润滑脂的正确选用

电机轴承润滑脂，中等黏度油膏状。

常见基脂会选用，牌号不同不混用。

钙基淡黄暗褐色，不耐高温抗水强，

五个牌号三温限，高温场合不宜用，

高速轻载封闭式，离心水泵电动机。

钠基深黄暗褐色，不抗水来耐高温，

四个牌号三温限，潮湿场合不能用。

低速重载开启式，小型轧钢机电机。

钙钠基脂深棕色，抗水性强耐高温，

两个牌号两温限，水蒸气场合使用，

替代钙基和钠基，锅炉送风机电机。

锂基脂中加三剂，防锈极压抗氧化，

多效长寿通用型，替代钙钠基使用，

四个牌号四温限，新系列节能电机。　　　　　（3-32）

### 3-33　带负荷错拉合隔离开关时的对策

手动装置绝缘棒，错拉合隔离开关。

错合开关有电弧，合上不准再拉开。

错拉开关双刀片，刚离开固定触头，

便见有电弧发生，立即停拉变速合；

开关已全部拉开，不许将其再合上。

三相线路上安装，单极式隔离开关，

发生一相错拉后，其他两相不操作。　　　　　（3-33）

### 3-34　进户线进屋前应做滴水弯

进户线用绝缘线，进屋前做滴水弯。

弧形导线弓子线，线条垂状流水快。

松弛垂下最低点，割开一个小豁口。

设备管辖分界点，倒人字形弓子线。　　　　　（3-34）

### 3-35　管内低压线路敷设的要求

低压线路管配线，管内穿导线要求。

橡胶塑料绝缘线，不低交流五百伏。

导线最小截面积，铜一铝为二点五。

导线占管内面积，不超百分之四十。

管内导线无接头，接头置于接线盒。

不同回路电压线，不得穿在同根管。

同一交流回路线，穿在同根钢管内。 (3-35)

### 3-36 钢管配线暗敷设时的管路要求

线管配线暗敷设，钢管管路之要求。

直埋地下厚壁管，经过镀锌或涂漆。

管子不应有裂缝，管内清净无毛刺。

管子连接用束节，外加焊铜线跨接。

管子弯曲率半径，等于六倍管外径。

管线长加接线盒，管盒固定螺母夹。

管口均加装护圈，保护导线绝缘层。

管线接地防漏电，远离暖气热力管。 (3-36)

### 3-37 塑壳式断路器和三相刀开关应垂直正装

低压塑壳断路器，开启式负荷开关。

垂直正装是规定，横平倒装都不对。

上侧引入电源线，下侧接出负载线。

进出导线不颠倒，否则容易出事故。 (3-37)

### 3-38 电动葫芦应加有由接触器构成的总开关

电动葫芦总开关，应加接触器构成。

故障紧急情况下，快速安全断电源。 (3-38)

### 3-39 负荷开关配带的熔断器必须安装在电源进线侧

负荷开关熔断器，两者常配合使用。

装配熔断器开关，安装时候要注意：

电源进线装哪侧，熔断器装在同侧。 (3-39)

### 3-40 保安接零系统中敷设的零线要求

保安接零系统中，敷设零线六要求。

零线本身要做到：有足够机械强度；

良好的导电性能；可靠的电气连接。

配变中性点接地，零线应重复接地。

三相四线制线路，零相线不可换错。

工作保安公共线，不许装设熔断器。 (3-40)

### 3-41 保安接零系统中单相三眼插座的接线法

保安接零系统中，三眼插座接线法：

右孔接电网相线；左孔接工作零线；

上孔接保安零线，不能连接左孔线。 (3-41)

### 3-42 管型避雷器的安装要求

安装管型避雷器，施工有五项要求。

接地引线不小于：铜十六铝二十五。

外间隙对准导线，实施铝包带缠绕。

倾斜安装开口端，向下倾斜十五度。

喷气范围不相交，不与接地体碰触。

特殊污秽的场所，四十五度倾斜角。 (3-42)

### 3-43 安装吸油烟机三要点

吸油烟机效果好，安装注意三要点：

高度选择要适当，锅台面上约一米；

安装角度达要求，前段上仰三四度；

排气管道走向顺，拐弯次数尽量少。 (3-43)

### 3-44 单相插座安装接线规范

单相二百二插座，常分双孔和三孔。

双孔水平并列装，不允许垂直安装。

三孔顶部接地孔，不准倒装或横装。

插座连接电源线，接线桩头旁标志：

左中性线右相线；左中右相上地线。 (3-44)

### 3-45 螺旋式熔断器接线规范

螺旋式的熔断器，装接进出线规范。

瓷套中心进电源，接底座下接线端。

螺壳和出线相连，接底座上接线端。

旋出瓷帽换芯子，螺纹壳上不带电。 (3-45)

### 3-46 灯头线必须在吊盒和灯座内挽保险结

软线吊灯灯头线，绝缘良好无接头。

吊线盒及灯座内，软线必挽保险结。

盒座外壳承灯重，接线螺钉不受力。

避免导线头松脱，相线中性线短路。 　　　　　(3-46)

### 3-47　螺口灯头接线规范

螺口灯头装修换，接线一定要规范。

相线串接灯开关，后接灯头中心点。

中性线直进灯座，接到灯头螺纹上。 　　　　　(3-47)

### 3-48　日光灯的正确接线方式

日光灯接线要诀，开关装在相线上。

灯管启辉器并连，相线串接镇流器。

相线接灯管管脚，连启辉器动电极。

中性线接灯管管脚，连启辉器静电极。 　　　　(3-48)

### 3-49　有转动设备车间里日光灯安装规范

有转动设备车间，采用日光灯照明。

不论负荷量大小，三相四线制供电。

为消除频闪效应，灯要逐个分相接。

若单相电源供电，须采用移相接法。 　　　　　(3-49)

### 3-50　高压汞灯和碘钨灯的安装要求

高压汞灯碘钨灯，安装要求比较多。

额定电压要相符，电源电压波动小。

点燃之后温度高，周围散热空间大。

高压汞灯垂直装，横向安装易自灭。

启动过程时间长，频繁开闭处不装。

水平安装碘钨灯，小于四度倾斜角。

灯丝脆弱易折断，震动场所不宜装。 　　　　　(3-50)

### 3-51　电力电容器组投切规范

电容器组拉闸后，须随即进行放电；

规定等待三分钟，方可再进行合闸。

投切电容器组数，想方设法去减少。 　　　　　(3-51)

### 3-52　电气设备添加油规范

电气设备添加油，过多过少危害大。

少油断路器油位，保持在规定范围。

变压器正常油面，油面计指示中间。

电机轴承润滑脂，占空腔容积一半。

录音机含油轴承，三至五年不加油。　　　　　(3-52)

### 3-53　调换熔体时八不能规则

负荷开关熔断器，调换熔体八不能。

调换熔体要断电，不能带电冒险干。

熔断原因未查清，不能贸然换熔体。

负荷未变换熔体，容量等级不能变。

同一负荷开关内，不同熔体不能装。

彩电延迟型熔丝，普通熔丝不能用。

填石英砂熔断管，额定电压不能错。

螺旋熔断器熔体，工作方式不能改。

瓷插熔断器座内，石棉布垫不能取。　　　　　(3-53)

# 第4章　操作顺序和经验

### 4-1　倒闸操作的基本顺序

倒闸操作的顺序：停电先断断路器，

再拉隔离开关闸，负荷电源侧次序；

送电合闸恰相反，隔离开关先操作，

依次电源负荷侧，最后闭合断路器。　　　　　(4-1)

### 4-2　倒闸操作九步骤

倒闸操作九步骤：发布接受任务令。

填写倒闸操作票，逐级审票签批准。

核对性模拟操作，发布正式操作令。

现场核票和操作，复查汇报作记录。　　　　　(4-2)

### 4-3　"二点一等再执行"现场倒闸操作法

二点一等再执行，倒闸操作人程序。

先指点设备铭牌，后指点操作对象。

等监护核对无误，发令执行再操作。　　　　　(4-3)

## 4-4　电力变压器控制开关操作顺序

变压器控制开关，停送电操作顺序。

停电先拉负荷侧，然后再拉电源侧。

送电操作恰相反，先电源来后负荷。　　　　　　　　(4-4)

## 4-5　断路器两侧隔离开关操作顺序

变电站输电线路，断路器两侧刀闸。

停电时倒闸操作：首先拉开断路器，

再拉线路侧刀闸，后拉母线侧刀闸。

送电时倒闸操作：先合母线侧刀闸，

再合线路侧刀闸，最后闭合断路器。　　　　　　　　(4-5)

## 4-6　拉合跌落式熔断器时的正确顺序

高压跌落熔断器，拉合时正确顺序。

拉时先断中间相，然后再拉背风相。

最后拉开迎风相。合时顺序恰相反。　　　　　　　　(4-6)

## 4-7　拉合单极隔离开关时的正确顺序

单极隔离开关闸，使用绝缘棒操作。

拉闸先拉中间相，然后再拉两边相。

合闸先合两边相，最后合上中间相。　　　　　　　　(4-7)

## 4-8　手动拉合隔离开关时应按照慢快慢过程进行

隔离开关两操作，手动闭合和拉开。

遵循慢快慢进行，连贯完成三过程。　　　　　　　　(4-8)

## 4-9　蓄电池充电完毕后的操作程序

使用铅酸蓄电池，充电工作经常干。

蓄电池充电完毕，操作程序要记牢。

先断充电机电源，后取端头上夹钳。　　　　　　　　(4-9)

## 4-10　保证电工作业安全的技术措施实施顺序

工作区域保安全，技术措施四项全。

停电验电装地线，装设遮栏标示牌。

且一定按此顺序，不间断连续进行。　　　　　　　　(4-10)

## 4-11　高压断路器操作法

操作高压断路器：远方控制开关时，

既不得用力过猛，也不得返回太快；

就地操作断路器，则要迅速而果断。

操作后随即检查，有关信号灯指示。

运行中的断路器，禁止手动慢分合。　　　　　　　　　(4-11)

## 4-12　高压隔离开关操作法

手动闭合刀闸时，必须迅速而果断。

合闸行程终了时，可不能用力过猛。

刀片进固定触头，检查接触严密性。

手动拉开刀闸时，应该缓慢而谨慎。

分闸时可动刀片，刚离开固定触头，

此时如发生电弧，须随即反向操作。

将刀闸迅速合上，并立即停止操作。　　　　　　　　　(4-12)

## 4-13　电力线路上的倒闸操作

倒闸操作众规定，使用倒闸操作票。

倒闸操作须两人，操作人和监护人，

执行监护复诵制，按顺序逐项操作。

经传动机构操作，必须戴绝缘手套。

使用合格绝缘棒，雨天要有防雨罩。

登杆应戴安全帽，并且使用安全带。

操作柱上断路器，应有防爆炸措施。

操作过程有疑问，不准擅自作更改，

必须报告调度员，弄清楚后再操作。

若遇雷鸣闪电时，则严禁倒闸操作。

配变跌落熔断器，更换其熔丝工作，

应先断低压开关，及高压隔离开关，

摘挂跌落熔断器，必须使用绝缘棒。　　　　　　　　　(4-13)

## 4-14　七项电气误操作须预防

电工作业实践中，七项电气误操作：

开关柜后接地线，忘了拆除就送电；

多台同型号设备，跑错位置拉错闸；

设备投入运行前，保护电源忘送上；

电动机开关闭合，电机不转忘拉闸；

断路器闭合位置，就投送隔离开关；

电缆线做试验后，相位接错却投入；

停电检修配电箱，相线中性线接反。　　　　　　　　(4-14)

## 4-15　装拆汽车上蓄电池电桩的方法

往车上装蓄电池，先接相线后再接，

两蓄电池间连线，最后接接铁电桩。

从车上拆蓄电池，按相反顺序进行。　　　　　　　　(4-15)

## 4-16　高压试验

高压试验进行时，应遵守十项规定。

填第一种工作票。工作不少于两人。

因试验工作需要，断开设备接头时，

拆前应做好标记，接后应进行检查。

试验装置金属壳，应进行可靠接地；

高压引线尽量短，绝缘物支持牢固。

试验现场的周围，装设遮栏或围栏，

向外悬挂标示牌，并应派专人看护。

加压前认真检查，接线调压器零位，

表计倍率量程等；加压负责人许可；

整个加压过程中，应有人监护呼唱。

变更接线或结束，先断开试验电源，

升压器高压部分，应放电短路接地。

大电容被试设备，应先放电再试验。

高压直流试验时，每一段落或结束，

将设备放电数次，并进行短路接地。

试验结束后拆除，自装接地短路线；

检查被试验设备，恢复试验前状态，

经负责人复查后，就可以清理现场。　　　　　　　　(4-16)

## 4-17　变电站内使用喷灯

变电站内用喷灯，必须遵守的规定。

油断路器变压器，带电导线和设备，

其上附近严禁用，加油点火都不准。

其他地点使用时，火焰调整应适当。

火焰带电部分距，万伏电压分界线。

以下大于一米五，以上大于三米整。 (4-17)

## 4-18 配电变压器台上工作

变台停电检修时，用第一种工作票。

高压线路不停电，负责人在作业前，

必须向大家说明，加强监护人监护。

先断低压总开关，后拉跌落熔断器。

停电高压引线上，验电装设接地线。

起吊放落变压器，变台结构须牢固。

邻近带电体工作，遵守安规中规定。

配变做耐压试验，台架上面禁有人。

地面上有电部分，装设围栏标示牌。 (4-18)

## 4-19 起立电杆

重大施工起立杆，制定措施经批准。

统一指挥订信号，明确分工配合好。

交通道路居民区，设置警牌专人看。

起重设备须合格，严禁过载替代用。

顶杆叉杆立轻杆，人员均分杆两侧。

吊车起立重型杆，绳套杆身位适当。

抱杆立杆抱杆顶，主牵引绳及尾绳，

电杆中心一直线，抱杆稳固受力匀。

临时拉线固定牢，拉绳控制要协调。

杆身离地后暂停，全面检查吃力点。

确无问题继续立，六十度后需减速。

杆已竖直回填土，夯实杆基拆拉绳。 (4-19)

## 4-20 登杆作业

登杆之前须检查：安全帽系下颌带，

杆根杆基全牢固，登杆工具全牢靠。

杆上须用安全带，系在牢固构件上，

检查扣环要扣牢，转位不失去保护。

上横担前应检查，腐朽锈蚀诸情况。

须用工具和材料，绳索传递不乱扔。

应防杆下有行人，防掉东西有措施。 (4-20)

### 4-21　防止在同杆架设多回线路中误登有电线路的措施

同杆架设多回路，部分线路停电修。

防止误登碰触电，安全措施须完善。

线路全线每基杆，杆号明显线名晰。

区分识别各线路，应用标志和色标。

线路相对应标记，预告发给工作班。

杆号线名及标记，核对无误后登杆。

验明线路确停电，立即挂置接地线。

杆上作业和登杆，杆杆均设监护人。 (4-21)

### 4-22　滑线母线绝缘子填料

滑线母线绝缘子，绝缘子孔中填料：

应采用氧化铅粉，加二分之一细沙，

两者混合搅拌匀，甘油调成混合物。 (4-22)

### 4-23　交流电焊机作低压行灯照明电源

电焊机二次绕组，中间三十六伏处，

引出一根电源线，在接线板上固定。

接成两低压电源，各接三十六伏泡。 (4-23)

### 4-24　室内照明明线改暗线的施工经验

室内照明明敷线，改敷暗线施工法：

先定家电安装位，导线敷设定位置；

家电照明分布线，都采用布管敷线；

先埋管子后穿线，采用独股绝缘线；

禁止铜铝线混用，最好全部用铜线；

导线互相连接处，装设分线接线盒；

选择适当熔断器，并装漏电保护器；

改造工程完竣后，必须细查接电源。 (4-24)

### 4-25　三先操作法

安全三先操作法，做活之前先想想。

停送电前先通知，操作之前先检查。 (4-25)

## 4-26 低压带电作业时安全操作三原则

低压带电作业时，安全操作三原则。

做到与大地隔绝，避免线地间触电。

先分断电流回路，防介入回路触电。

采取单线操作法，避免两线间触电。 (4-26)

## 4-27 电气设备检修经验六先后

电气设备有故障，检修经验六先后。

设备机电一体化，先机械来后电路。

实施方式和方法，先简单来后复杂。

先外部调试排除，后处理内部故障。

先静态测试分析，后动态测量检验。

遵循先公用电路，后专用电路顺序。

先检修常见通病，后攻克疑难杂症。 (4-27)

## 4-28 适可而止七操作

作业科技含量高，需适可而止操作。

电动机滚动轴承，加注矿物润滑油，

填充量过多过少，会加速轴承磨损。

油断路器充油量，若是偏多或偏少，

开断能力会下降；能导致本体烧损。

少油断路器油箱，内加注变压器油，

油面过高或过低，会造成爆炸事故。

蓄电池的电解液，实质就是稀硫酸，

比重过高或过低，使用寿命受影响。

热继电器出线端，连接导线细或粗，

均会发生误动作，不能任意换导线。

低压漏电保护器，安全保护性能高，

对其灵敏度要求，不是越高就越好。

配电装置汇流排，实施螺栓连接法，

要保持适当压力，不是越大则越好。 (4-28)

## 4-29 电工操作八大怪

电工操作八大怪，似怪非怪情理在。

变压器注油放油，都用下面底油阀。

配变电压呈现低，分接开关换低挡。

拉掉跌落熔断器，抵住鸭嘴向上捅。

塑壳断路器合闸，有时须再扣操作。

晶闸管整流装置，不接负载无电压。

安装单相电能表，定位螺钉不拧紧。

低压带电作业时，强调一只手操作。

电容器组重合闸，强调须等三分钟。 (4-29)

## 4-30　得不偿失九做法

捡了芝麻丢西瓜，得不偿失九做法。

跌落熔断器熔丝，使用铜铝线代替。

油开关外壳接地，借用配变中性线。

水泥电杆中钢筋，兼作接地引下线。

架设低压架空线，不装拉线绝缘子。

水泥石灰粉层墙，直接埋置塑料线。

同台直流电动机，装不同牌号电刷。

自耦调压变压器，两极插头接电源。

交流电焊接设备，接线螺钉铁垫圈。

家电保安接地线，引接避雷针接地。 (4-30)

## 4-31　画蛇添足九误区

弄巧成拙做蠢事，画蛇添足九误区。

防雷装置引下线，套入钢管加保护。

单芯高压电缆线，铅包两端都接地。

矿井供电总开关，自动重合闸装置。

三相四线制线路，中性线装熔断器。

新电动机要使用，更换轴承润滑油。

银基合金银触头，刮掉黑色氧化物。

接触器铁芯极面，防锈涂抹一层油。

机床工作台照明，改造换成口光灯。

新式彩色电视机，装设接地保护线。 (4-31)

## 4-32　电动机直观接线法

单路绕组电动机，宜用直观接线法。

定子嵌好极相组，六个分成一群剖。

分开首尾出线头，隔两一对头连接。

先接同群三对头，后连群间三对头。

剩余相邻六线头，相隔成为相尾首。　　　　　　　(4-32)

## 4-33　母线连接处过热的处理方法

母线连接处过热，迅速转移其负荷。

电风扇强制冷却，应尽快安排检修。

拆开母线排接头，接触处涂导电膏。

非接触部分刷漆，以提高散热系数。

对接螺栓旋紧时，松紧程度要适当。

如果更换新母排，搭接长度达要求。

接触面上宜搪锡，麻面处理也可以。　　　　　　　(4-33)

## 4-34　大电流接触器触头发热的处理办法

连接铜辫动触头，先用螺栓来压紧；

再使黄铜焊条焊，气焊焊接三个面；

焊好螺栓要去掉，锉刀修整很必要；

触头若有烧伤点，银合金焊条可补。　　　　　　　(4-34)

## 4-35　高压跌落式熔断器熔丝防挣断法

高压跌落熔断器，熔丝防止挣断法。

标准熔丝选配好，安装之时放松些。

熔丝熔丝管两端，保证良好电接触。

采用适当尼龙线，拉紧熔丝管两端。

尼龙线绳的股线，拉紧操作时不断。　　　　　　　(4-35)

## 4-36　更换农用电动机轴承应内紧外松点

农用电动机轴承，内紧外松更换法。

过盈配合内圈轴，过渡配合外圈孔。　　　　　　　(4-36)

## 4-37　柱上油断路器进线电缆应做滴水弯

柱上多油断路器，进线电缆滴水弯。

电缆弯悬下垂弧，弧底切皮开个口。　　　　　　　(4-37)

## 4-38　电气设备平板接头连接时正确拧紧螺栓法

电气接头接触面，压力越大非越好。

平板接头紧螺栓，应用定力矩扳手。

倘若使用活扳手，正确旋紧螺母法。

先用较大力旋紧，然后将螺母起松。

用力再旋紧螺母，紧至弹簧垫压平。 (4-38)

## 4-39　桥式起重机操作中四不宜

门式桥式起重机，操作注意四不宜。

换挡中途的停留，时间不宜太长久。

下降较重负载时，转子不宜串电阻。

若遇制动器不灵，不宜打反挡制动。

大车带负载行驶，不宜长时间偏重。 (4-39)

## 4-40　检修户内式少油断路器操作中四不能

户内少油断路器，拆卸检修四不能。

发生事故跳闸后，不能立即拆检查。

拆卸检修组装时，不能漏装止回阀。

调整导电杆行程，无油不能速分闸。

放净脏油注新油，油箱不能加满油。 (4-40)

## 4-41　巡线任重道远经验谈

架空线路五巡视，任重道远事烦琐。

三查明四方面看，围绕杆基转一圈。

档距中间站一站，顺着线路看两边。 (4-41)

## 4-42　检修电气设备时的"拉郎配"

理论知识学得少，常犯下面这些错。

六千伏供电系统，十千伏级避雷器。

保护配变避雷器，装设管型避雷器。

纺织专用电机坏，竟用一般电机代。

行灯变压器损坏，自耦变压器替代。

晶闸管过流保护，普通低压熔断器。

室内塑料管配线，配套裳铁接线盒。

交流直流继电器，电压相同互代替。

同一电源系统中，不同材料接地体。

电烤箱门玻璃坏，用普通玻璃替换。

不同瓦数日光灯，镇流器互换使用。 (4-42)

**4-43　接地技术学问深，　似怪非怪有讲究**

接地技术学问深，似怪非怪有讲究。

农村配电变压器，中性点直接接地；

矿井配电变压器，中性点不许接地。

三相自耦变压器，中性点必须接地；

三相电力变压器，中性点可不接地。

机床照明变压器，二次绕组必接地；

机床控制变压器，二次绕组不接地。

三芯高压电缆线，铅包两端都接地；

单芯高压电缆线，铅包只一端接地。

高压电流互感器，二次回路应接地；

低压电流互感器，二次回路不接地。

低压照明三十六，电源一端必接地；

安全电压的电路，保持悬浮不接地。 (4-43)

**4-44　"三点连在一起"接地法**

配电变压器外壳；其低压侧中性点；

配变高低压两侧，避雷器接地引线。

三点连接在一起，然后再共同接地。 (4-44)

**4-45　户外用锁防锈防冻处理法**

变电站户外用锁，防锈防冻处理法。

新锁放电炉旁烤，烧到一百二十度，

迟延十几分钟后，向锁孔里注油脂。

旧锁烤火时稍长，加注润滑油脂后，

锁勾处滴红色油，最后滴出本色油。 (4-45)

**4-46　电吹风烘烤取断丝白炽灯灯泡**

灯泡灯丝烧断后，灯泡却拧不下来。

这时手持电吹风，风口略靠近灯头，

绕着灯头慢旋转，时间一分钟左右，

灯头略烫手为止，趁热可拧取灯泡。 (4-46)

**4-47　滴上两滴润滑油排除拉线开关失灵故障**

拉线开关控制灯，开闭失灵灯失控。

塑料控制轮两侧，控制铁拨轮之间。

滴上两滴润滑油，失灵故障便排除。 （4-47）

### 4-48　灯泡头涂层耐温润滑脂防止生锈

有煤气蒸汽场所，装换灯泡防生锈。

泡头金属锌皮上，涂层耐温润滑脂。

灯座寿命得延长，锈牢现象不发生。 （4-48）

# 第5章　窍门技巧简捷法

### 5-1　錾截冷拆法拆除电动机旧绕组

拆除电动机绕组，手工錾截冷拆法。

木工凿子扁平錾，錾铲绕组任一端。

紧贴铁芯逐槽铲，切口与槽口齐平。

铁皮剪刀或钢锯，断开绕组另一端。

锤击合适径铜棒，冲出槽中漆包线。 （5-1）

### 5-2　检测电动机定子绕组端部与端盖间空隙大小

电机大修换绕组，定子绕组嵌完线。

绕组端部端盖间，空隙大小巧测检。

绕组端部等距离，粘贴四块小纸板。

端盖扣上转一周，取下端盖看纸板。

没有磨碰损痕迹，空隙正常不碰壳。

纸板碰坏空隙小，绕组重绑扎整形。 （5-2）

### 5-3　用交流电焊机干燥低压电动机

交流焊机作电源，干燥受潮电动机。

抽出电动机转子，定子绕组吹干净。

绕组接成一路串，并接焊机二次侧。

进行通电干燥前，输出调到最小值。

启动焊机调铁芯，均匀调节电流值。

观察钳形电流表，逐步达到规定值。

如此干燥一小时，然后断电测绝缘。

直至绝缘达标准，并需稳定数小时。 （5-3）

## 5-4　电动机大小端盖安装的固定螺孔对齐组装法

电动机大小端盖，固定螺孔对齐法。

小端盖装转轴上，接着安装上轴承。

取段熔丝或软线，小端盖两孔穿出。

大端盖装轴承上，随即将熔丝两头，

穿过大端盖两孔，拉紧熔丝并捆扎。

三攀固定大端盖，拿固定螺钉穿入，

没有熔丝螺钉孔，将大小端盖拧紧。

熔丝从孔中拉出，两孔拧上两螺钉，

然后用扳手紧固，端盖就组装完毕。　　　　　　　(5-4)

## 5-5　吊扇电容电动机旧绕组速拆法

吊扇电动机定子，从机壳中拆出来。

将其固定台钳上，锯去轴伸端绕组。

取下定子并翻转，把它悬空架起来。

用根和定子线槽，相宜弹簧钢销子，

冲打顶槽里线圈，绕组槽楔被挤出。　　　　　　　(5-5)

## 5-6　油煮法拆除手电钻转子绕组

修理手电钻转子，拆除绕组油煮法。

槽锲锯割开转子，放在金属容器里。

注入柴油加热煮，热至绝缘漆软化。

夹住转子轴取出，绕组端部速剪断。

接着手持尖嘴钳，趁热拉出绕组边。

如此反复热煮拆，线圈全部拉出来。　　　　　　　(5-6)

## 5-7　快速去除直流电动机转子旧线圈端部焊锡法

直流电动机转子，利用旧线圈重绕。

烧去线圈绝缘前，去除线头部焊锡。

线头先浸锡锅内，取出甩掉附着锡。

后将线圈穿一起，端部朝下并排齐。

头浸硝酸溶液中，时间三至五分钟。

取出清水冲干净，线头去锡显出铜。　　　　　　　(5-7)

## 5-8　挖空示温蜡片中心处粘贴法

监视接头发热状，示温蜡片粘贴牢。

金属贴面擦干净，蜡片贴面刀削平。

蜡片中心挖空洞，挖去部分涂厚漆。

按贴蜡片稍用力，蜡片底部溢出漆。

挖空部分油漆干，蜡片牢粘接头处。　　　　　　　(5-8)

### 5-9　热碱水溶液清除瓷套管污垢

瓷套管表面污垢，碱水溶液清除法。

碱水溶液九十度，套管放置溶液中。

浸泡三至四小时，取出水洗净烘干。　　　　　　　(5-9)

### 5-10　银浆覆盖充油设备基础面油污脏迹

充油设备基础面，油污脏迹银浆盖。

银浆配制三种料，一份浮性铝银浆，

加同份稀料溶开，八份清漆搅拌匀。

刷蘸银浆混合液，涂刷一遍基础面。

油污脏迹全覆盖，晾干牢固有光泽。　　　　　　　(5-10)

### 5-11　聚氯乙烯管加热套接法

聚氯乙烯管管路，连接加热套接法。

管口锉圆滑斜面，另管端用火烤软。

拿稳锉斜面管端，插入烤软端管口。

慢慢转动稍用力，旋钻纵深烤软管。

推进管口六厘米，两管端包衬相连。

分开两管相反转，同时用力向外拉。

两管再需相连接，此时只需直接插。　　　　　　　(5-11)

### 5-12　蛇皮管作填充材料热弯硬质塑料管

蛇皮管作填充料，热弯硬质塑料管。

选用蛇皮管外径，略小塑料管内径。

自由穿进塑料管，管置电炉盘上方。

均匀加热弯曲段，待烤软后即可弯。

自然冷却定形后，抽出管内蛇皮管。　　　　　　　(5-12)

### 5-13　金属软管截断法

金属软管锯割断，须用木块作夹具。

根据软管外直径，木块钻个略大孔。

垂对圆孔直径面，中部开条锯口槽。

固定木块穿软管，软管断位恰对槽。

锯条顺槽缝下锯，轻松自如推拉锯。

金属软管易截断，断口整齐不松散。　　　　　　　(5-13)

## 5-14　用电切割磁棒法

用电切割磁棒法：先在磁棒欲截处，

软性铅笔画一圈，画线用作导电环；

交流电源二百二，取万用表两表笔，

红笔串接百瓦泡，再连接到相线上，

黑笔接至中性线，两笔尖触导电环；

接通电源几秒钟，灯泡发亮磁棒断。　　　　　　(5-14)

## 5-15　绝缘棒加装隔弧板

绝缘棒顶端侧面，加焊八个粗螺帽。

用八乘五十螺杆，装置电工胶木板。

尺寸三百乘二百，三个厚度隔弧板。

拉合跌落熔断器，运用绝缘棒操作：

拉时先断迎风相，熔管跌落后移开；

棒板翻转一百八，再拉掉背风边相；

最后拉断中间相；合时顺序恰相反。　　　　　　(5-15)

## 5-16　水浮泥汤擦洗绝缘子

水浮泥汤易调制，取细淤泥土层土。

放清水桶中浸泡，半个小时后搅拌。

稀泥汤后停止搅，静置三四分钟后。

砂粒硬物沉水底，取用上层浮泥汤。

倒入干净桶使用，破布蘸水浮泥汤。

细心擦洗绝缘子，残留泥污蘸水擦。

最后使用干破布，擦拭干净绝缘子。　　　　　　(5-16)

## 5-17　用石蜡煮清除镇流器沥青

清除镇流器沥青，应用石蜡熔液煮。

粘有沥青硅钢片，连同固态石蜡块，

同放一个容器内，放置炉火上加热。

石蜡沥青都溶解，沥青漂浮石蜡上，

除掉沥青溶液后，捞出硅钢片甩干。 （5-17）

### 5-18　玻璃屑连接电热丝烧断的接头

玻璃砸碎玻璃屑，米粒大小或粉末。

电热丝烧断断头，清除干净氧化物，

再把这两个断头，互缠两三圈连接。

在电热丝通电后，玻璃屑放接头处，

功率大用米粒状，功率小用粉末状，

待玻璃屑熔化后，接头则连接牢固。 （5-18）

### 5-19　烧毛的电气接线螺桩用尖嘴钳套丝

遇接线螺桩烧毛，造成螺母难拧紧。

板牙绞手圆板牙，取出套在螺桩上。

尖嘴钳插切削孔，旋转钳柄来套丝。

太紧借助活扳手，唇夹钳转轴上扳。 （5-19）

### 5-20　青铜连接电炉丝接头

废电源插头插脚，截取一点五厘米。

插脚青铜条两端，各锯出一圈小沟。

对接电炉丝接头，用钳拧紧在沟里。 （5-20）

### 5-21　玻璃和电料瓷的混合粉末处理电烙铁电热丝断头连接点

烙铁电热丝烧断，从烙铁筒中取出。

清除断头氧化物，再把两头紧绞接。

碎玻璃和电料瓷，六比一研成粉末。

取少许混合粉末，放在连接点周围。

然后通电几分钟，粉末很快就熔化，

附着在接点上面，接点牢固而耐用。 （5-21）

### 5-22　静铁芯座槽内垫纸片消除交流接触器噪声

小型交流接触器，还有中间继电器。

使用日久有噪声，扰人不安减寿命。

静铁芯座定位槽，内衬绒布片变薄。

加入两层纸垫片，立竿见影除噪声。 （5-22）

### 5-23　使用医用橡皮膏更换指示灯泡

取下指示灯外罩，剪块医用橡皮膏，

面积略大于灯泡，贴在玻璃泡顶部。

用手指按之旋转，坏灯泡便拧下来。

采用同样的方法，换上新指示灯泡。

然后撕掉橡皮膏，玻璃泡上有粘胶，

蘸点酒精擦干净，装上指示灯外罩。　　　　　　(5-23)

### 5-24　自锁电路串开关启动按钮具有启动和点动两功能

电力拖动电动机，单只接触器控制。

自锁电路串开关，启动按钮两功能。

开关闭合能自锁，开关断开能点动。　　　　　　(5-24)

### 5-25　厚皮塑料管固定木螺钉的电路安装

水泥墙或砖墙上，用手枪电钻打孔，

孔内径为七毫米，孔深为四十毫米。

取厚一点五毫米，长度三十八毫米，

外径七个塑料管，塞入孔内不外露。

安装管卡或瓷夹，木螺钉旋入管内。　　　　　　(5-25)

### 5-26　多尘环境中的微动开关外壳缝隙用透明胶带严封

在多粉尘环境中，微动开关常失灵。

开关外壳缝隙处，用透明胶带严封。

内腔与外界隔绝，粉末进不了内腔。

失灵故障会减少，开关寿命可加长。　　　　　　(5-26)

### 5-27　在运行仪表盘上钻孔时防止钻屑散落法

仪表盘上打钻孔，防止钻屑散落法。

放置圆环形磁铁，圆环中心对钻孔。　　　　　　(5-27)

### 5-28　锉小缺口法修正碳膜电阻阻值

碳膜金属膜电阻，修正电阻值简法。

标称电阻值偏小，电阻上面锉缺口。

阻值随深度增大，锉时要用电桥测。

阻值达到需要值，防潮清漆涂缺口。　　　　　　(5-28)

### 5-29　铅笔修复拉线开关主动棘轮不能回位的故障

立轮式拉线开关，主动棘轮不回位。

用一字小螺丝刀，插入主动轮之间，

用力撬开一道缝，铅笔芯顺缝深入，
在接触面上磨划，并同时拉动开关。
主动轮两接触面，都涂划上了石墨，
减少两轮间摩擦，开关恢复了正常。　　　　　　　(5-29)

### 5-30　用电池碳棒粉处理线路板上导电涂层磨损故障

线路板导电涂层，磨损故障修复法。
废旧干电池碳棒，刮刷干净钢锉锉。
锉得很细碳棒粉，混合适量白乳胶。
搅拌均匀浆糊状，用钟表旋凿蘸取，
迅速涂到线路板，导电涂层线条上。
粉糊稍干手压平，运用小旋凿整形。　　　　　　　(5-30)

### 5-31　用废电池芯制作导电润滑膏

取废电池芯多只，折断捣碎成粉末，
再放容器内研磨，细度二百五十目。
废电池芯细粉末、凡士林变压器油，
三者按质量比例：三比一比零点五。
混合并搅拌均匀，泥状导电润滑膏。　　　　　　　(5-31)

### 5-32　土豆拧取破碎灯泡

白炽灯泡炸裂破，用手拧取易扎伤。
土豆切去一小片，大块切面冲破泡。
玻璃尖刺切面中，旋转土豆取破泡。　　　　　　　(5-32)

### 5-33　软塑料管更换指示灯泡

配电盘屏控制柜，八瓦指示灯装换。
内径二十二毫米，五厘米软塑料管。
三英寸旋凿木柄，套装塑料管一半。
管随旋凿不易丢，插套灯泡易施力。
管壁套紧泡外径，旋转木柄拧灯泡。
装取灯泡均简便，螺口卡口皆适用。　　　　　　　(5-33)

### 5-34　用泡泡糖残胶做粘附物取装旮旯处螺栓

买粒泡泡糖嘴嚼，吹泡后将其取出，
用水冲洗甩掉水，用手指捏搓成卷。

取一段残胶细卷，与旋凿刃垂直放，

折粘贴凿刃两面，刃部两端均裸露。

旋凿伸至旮旯处，插进螺栓顶沟内，

残胶便粘贴顶部，螺栓拧出螺孔后，

依靠残胶粘附力，螺栓随旋凿取出。

安装旮旯处螺栓，其操作过程相反。

粘贴残胶旋凿刃，顶插进螺栓顶沟，

依靠残胶粘附力，将螺栓送入螺孔。

拧紧螺栓后凿刃，稍离开顶沟一点，

旋凿作圆周晃动，同时将其提起出。　　　　　　　　(5-34)

### 5-35　注射针头穿熔丝

熔体管内熔丝断，细铜熔丝难更换。

熔管两端先熔化，注射针头穿熔管。

熔丝顺针孔插穿，露头捏住取针头。

熔丝露头垂折弯，熔管两端封锡焊。　　　　　　　　(5-35)

### 5-36　气体打火机剥绝缘电线皮

绝缘电线剥线头，运用气体打火机。

火焰对准剥切处，转动被剥切电线。

绝缘皮达软化状，趁热用手切拨除。　　　　　　　　(5-36)

### 5-37　细漆包线的火焰钎焊连接法

两根较细漆包线，火焰钎焊连接法：

先将一根漆包线，套段略粗绝缘管；

两根线头紧绞合，长度约为十毫米；

再擦燃一根火柴，火焰对准绞合处，

燃烧熔化成小球，套管趁热套上去。　　　　　　　　(5-37)

### 5-38　电视机室外天线馈线、广播喇叭线等导线断头焊接简法

导线断开处两头，各剥去十五毫米，

芯线外皮绝缘层，并去锈绞接牢固。

剪块三十乘三十，香烟盒内金属纸。

金属面中心放置，适量焊锡和松香。

再将绞接牢接头，放置焊锡松香上。

纸将三者裹起来，包扎成个小疙瘩。

两根火柴并点燃，燃烧纸包小疙瘩。

等火柴梗燃烧完，去掉残余金属纸。

绞合处成焊锡点。其外包绝缘胶布。 (5-38)

### 5-39　铜麻股线的快速焊接法

一百五瓦电烙铁，铜头侧面锯一槽，

宽深均为五毫米，槽内贮存着锡液。

铜线对接麻股后，涂上一层焊锡油，

放在槽里滚翻转，即可快速焊好锡。 (5-39)

### 5-40　火柴药头焊接电炉丝

电炉丝断开两头，用钳拧紧在一起。

剪去上面一小段，对接两端头齐整。

三四根火柴药头，电炉丝对接端头，

两者对齐棉线捆，连接电源中性线。

电池芯制碳精棒，一端连接至相线，

运用钢丝钳夹稳，磨尖端接触接头。

短路起弧烧焊接，引火柴药头燃烧，

电炉丝接头熔化，焊接处成为球珠。 (5-40)

### 5-41　电烙铁头剥制屏蔽线头

剥制屏蔽线线头，运用电烙铁铜头。

屏蔽线外层护套，温热烙铁烫条沟。

沟长依使用而定，烫圈撕去这段皮。

开剥处露屏蔽网，镊子拨开一小孔。

孔中抽出芯线头，烫剥端头绝缘层。

金属芯线屏蔽层，焊接部位焊上锡。 (5-41)

### 5-42　注射针头拆卸多脚元件法

废静脉注射针头，针尖稍磨成斜口，

装在一截竹筷上，拆多脚元件工具。

运用电烙铁加热，在刚融化焊点时，

迅速将针头针孔，套住焊锡中焊脚，

并且不停地旋转，快速将烙铁提起。

待致焊点凝固后，再提起注射针头。

焊脚印刷板分离，多脚元件取下来。 (5-42)

### 5-43　自制焊铝两焊药

百五十号铁砂布，清水中浸数分钟，

捞出洗下其砂粒，放细布上滤水分，

晒干砂粒松香粉，混合比例一比一。

锉刀锉铜锉铁时，纯净粉末收集起，

这些粉末搪上锡，制成铜铁锡焊条。 (5-43)

### 5-44　自制专用电缆剥刀

自制的电缆剥刀，削剥电缆工效高。

取半截废钢锯条，将其没孔眼一端，

首先磨成钩形状，弯钩状底部平磨，

正面侧部开斜口，磨出圆弧状刃口。

胶布包缠有孔端，必须缠包两三层，

再用白纱带包扎，以防剥线时伤手。 (5-44)

### 5-45　电焊工夜间应急照明

野外焊接物分散，夜间需应急照明。

交流焊机输出端，电压约为七十伏。

三十六伏百瓦泡，两串后接输出端。 (5-45)

# 第6章　灭火、紧急救护法

### 6-1　灭火的基本方法

火灾扑救的经验，四种灭火的方法。

燃烧物未燃烧物，两者隔离隔离法。

减少燃烧区氧量，稀释氧量窒息法。

降低燃烧物温度，于燃点下冷却法。

燃烧的连锁反应，中途堵断抑制法。 (6-1)

### 6-2　消除静电四方法

消除抑制静电荷，摸索总结四方法。

简单有效接地法。增湿降阻泄漏法。

涂敷浸渍喷涂等，抗静电添加剂法。

装置静电中和器，则为静电中和法。　　　　　　　(6-2)

## 6-3　电气设备着火时的处理方法

遇电气设备着火，应限制事故发展。

迅速正确断电源，然后再进行灭火。

注油设备电缆线，使用泡沫灭火器。

或用干沙子覆盖，隔绝空气窒息法。

无法确切断电路，扑救带电设备火。

使用干粉灭火器，二氧化碳灭火器。　　　　　　(6-3)

## 6-4　断电用水灭火

用水灭火消火栓，室内安装在墙上。

打开消火栓的门，卸下出水口堵头，

接好水带开闸门，水经水带到火场；

开花水枪开花水，冷却容器具外壁、

拦挡阻隔辐射热，掩护人员靠火点；

装个离心喷雾头，喷雾水枪雾状水，

可覆盖在火焰上，扑灭油脂类火灾；

扑救多油断路器、变压器等的火灾。　　　　　　(6-4)

## 6-5　油断路器火灾的扑灭法

油断路器着火时，切断其两侧前后，

一级断路器电源，然后再进行灭火。

须运用一二一一、二氧化碳灭火器，

以及干粉灭火器，实施规范化扑救。

若仅套管外起火，用喷雾水枪扑灭。

若内部燃烧爆炸。燃烧面积已扩大。

地上燃烧绝缘油，可用干砂来扑灭。

建筑物上的火焰，泡沫灭火器扑灭。　　　　　　(6-5)

## 6-6　电力电缆火灾的扑灭法

电力电缆着火时，立即切断其电源。

沟内并排上下面，明敷电缆要断电。

速将隔火门关闭，或将沟两端堵死。

戴上手套穿上靴，佩戴好防毒面具。

使用干粉灭火器，或用干砂土覆盖。

若火势燃烧猛烈，用喷雾水枪灭火。

切记扑救火灾时，手不能接触电缆。 (6-6)

### 6-7　使用泡沫灭火器灭火

泡沫灭火器使用，提起立放灭火器。

将筒身颠倒过来，喷嘴对准火焰处。

碳酸氢钠硫酸铝，两种溶液混合后，

会发生化学作用，会产生二氧化碳，

气体泡沫灭火剂，立即由喷嘴喷出。

使用时必须注意：灭火器筒盖筒底，

千万不要对着人，以防爆炸伤着人。

泡沫灭火器适用：油脂类和石油类，

一般固体也适用，初起火灾的扑救。 (6-7)

### 6-8　使用二氧化碳灭火器灭火

二氧化碳灭火器，手轮式和鸭嘴式。

手轮式使用方法：首先将铅封去掉；

一手拿手柄提把，把喷筒对准火焰；

一手将手轮转动，启闭阀门被旋开，

液态的二氧化碳，就会从喷筒喷出。

鸭嘴式使用方法：先拔出保险插销；

握端部绝缘手柄，将喷筒对准火焰，

喷射方向应顺风；一手握紧鸭嘴舌，

液态的二氧化碳，立即从喷筒喷出。

使用时必须注意：不能触及其喷筒；

扑救房间内火灾，灭火之后要通风。

二氧化碳灭火剂：适用于油类着火；

电压六百伏以下，带电设备的火灾。 (6-8)

### 6-9　使用干粉灭火器灭火

常用干粉灭火器，手提式和推车式。

干粉种类比较多，氨基钾盐及钠盐。

手提式使用方法：选择适当的位置，

首先打开保险销，把喷嘴对准火源；

紧握导杆拉提环，压把压下干粉喷。

推车式使用方法，首先要取下喷枪；

再提起进气压杆，二氧化碳进储罐；

枪口对火焰边沿，扣动扳机干粉喷。

干粉属碱性物质，侵入电器缝隙中，

会损害精密电器；若燃烧物温度高，

灭火之后能复燃，须辅助灭火手段。

干粉灭火器适用，扑救石油可燃气，

电压十千伏以下，电气设备的火灾。　　　　　　　(6-9)

### 6-10　使用 1211 灭火器灭火

一二一一灭火器，手提式和推车式。

装卤代烷灭火剂，高效低毒不导电。

手提式使用方法：首先拔掉保险销；

再握紧压把开关，喷嘴喷出灭火剂。

注意要垂直操作，不可水平或颠倒。

推车式使用方法：先打开钢瓶阀门；

再拉出伸缩喷杆，喷嘴对准火源处；

握紧压把开关时，灭火剂立即喷出，

向火边缘左右射，并要快速向前推。

有人密闭场所中，慎重使用防中毒。

一二一一灭火器，适用带电物着火；

恒温室和仪表室、计算机房的火灾。　　　　　(6-10)

### 6-11　触电急救八字原则

现场抢救触电者，八字原则须遵循。

迅速解救离电源，就地实施救护法，

准确操作姿势佳，坚持不断地进行。　　　　　(6-11)

### 6-12　解救触电者脱离电源的方法

迅速解救触电者，脱离电源众方法。

低压设备上触电，拉开近处电源闸。

干燥手套站木板，单手拉拖触电者。

干燥木棒或竹竿，挑开搭落电源线。

触电抽筋紧握线，干燥木板绝缘物，

插塞触电者身下，与地隔离断电流。

木柄斧头胶把钳，一根一根断电线。

高压触电打电话，让供电部门停电。

穿绝缘靴戴手套，绝缘工具去拉闸。

邻近高压架空线，抛掷金属软裸线，

线路短路并接地，保护动作断电源。 (6-12)

## 6-13　带电断开绝缘照明线时的安全做法

紧急带电情况下，断开绝缘照明线。

双手戴干燥手套，绝缘胶柄钢丝钳。

固定线点绝缘子，负荷侧线左手握，

右手拿钳去剪线，先断相线后断零。

绝缘胶布包线头，绝缘子上作固定。 (6-13)

## 6-14　判断触电者有无意识

脱离电源触电者，移至干燥通风处。

生理状态速诊断：轻轻拍打其肩部，

高声呼喊其姓名，神志不清不言语。

立即运用手指甲，掐压人中合谷穴，

刺激时候无反应，判定意识已丧失。 (6-14)

## 6-15　触电者全身同时翻转法

脱离电源触电者，摔倒后面部朝下。

救护人跪其肩旁，将其两手举过头。

然后拉直两条腿，一腿放在另腿上。

此时一手托颈部，一手扶住其肩部，

头肩躯干一整体，同时直线转仰卧。 (6-15)

## 6-16　用看听试法判定触电者呼吸心跳情况

触电者意识丧失，速查其呼吸心跳。

耳贴触电者口鼻，头部侧向其胸部，

看胸腹有无起伏，听有无呼气声音。

手置触电者前额，使头部保持后仰，
另只手食中指尖，触喉结旁凹陷处。
若无呼声动脉搏，判定呼吸心跳停。 (6-16)

### 6-17　用仰头抬颌法畅通触电者气道

实施仰头抬颌法，位于触电者肩旁。
一手置于前额处，手掌用力向后压。
另只手指放颌下，将其下颌往上抬。
两手协同齐操作，嘴耳连线垂地面。
舌根随之被抬起，气道即可达通畅。 (6-17)

### 6-18　进行人工呼吸前的准备工作

触电者停止呼吸，人工呼吸前工作：
速解衣扣松裤带，清除口腔中异物。
抢救体位摆正确，现场秩序维持好。 (6-18)

### 6-19　口对口人工呼吸法

触电者仰卧适当，鼻孔朝天头后仰。
救护跪其头一侧，手放前额捏鼻翼，
另手抬颌掰开嘴，然后深吸一口气。
贴嘴吹气胸扩张，放开嘴鼻好换气。
五秒一次反复做，直到伤员自呼吸。 (6-19)

### 6-20　仰卧式人工呼吸法

触电者伸直仰卧，卷好衣物垫肩下，
胸部凸出头后仰，舌头拉出手握牢。
救护跪其头前处，双手握其两手腕，
曲臂压至胸两侧，心里默数一二三，
然后拉直两胳膊，顺势摆放头两侧，
心里默数四五六，再做曲臂压胸侧。
如此反复连续做，期间疲劳互替换。 (6-20)

### 6-21　俯卧式人工呼吸法

触电者俯卧平地，一臂弯曲枕头下，
另臂伸直放头旁，脸侧一边垫软物。
救护跪骑两大腿，两手抱住其两肋。

心里默数一二三，身体前倾臂不弯，

双手四指压肋骨，两者肩膀成垂线。

接着默数四五六，抬头挺胸手指松。

前冲速度要突然，还原速度可稍慢。

一呼一吸四秒钟，反复进行两动作。 (6-21)

### 6-22　胸外按压位置区快速测定法

触电者平地仰卧，解开上衣和裤带。

救护跪于其胸侧，伸出右手食中指。

沿其肋弓下缘滑，移至胸骨下切迹。

切迹中点置中指，食指紧靠中指放。

左手掌根挨食指，放置胸骨按压区。

贴胸左手中指尖，恰好抵在锁骨间。 (6-22)

### 6-23　胸外心脏挤压法

胸外心脏挤压法，正确姿势和方法。

触电者解衣仰卧，救护跨跪其腰间。

两手相叠指翘起，下手掌根放压区。

双臂绷直身前倾，肩至双手正上方。

掌根下压不冲击，突然放松手不离。

手腕略弯压一寸，一秒一次较适宜。 (6-23)

### 6-24　心肺复苏法的单双人操作

触电者仰卧平地，脉搏呼吸均停止。

心肺复苏两人做，一人口对口吹气，

位于伤员头一侧，兼查脉搏和呼吸。

胸外按压操作者，位于伤员胸外侧。

开始先吹两口气，立即连续压五次，

压到第五次放松，吹气人立即吹气。

压吹次数五比一，周而复始的轮换。

现场急救仅一人，吹压交替着进行。

节奏二比一十五，反复进行五分钟。

检查脉搏和呼吸，五秒时间来完成。 (6-24)

### 6-25　抢救过程中搬运触电伤员的方法

触电伤员需移动，抢救暂停三十秒。

平躺担架束腰部，背垫平硬宽木板。

平地搬运头在后，上楼下坡头在上。

塑料袋装碎冰屑，帽状包绕在头部。 (6-25)

## 6-26　肢体伤口止血法

肢体有伤口渗血，消毒纱布先覆盖，

然后再进行包扎，绷带加压止渗血。

伤口出血喷射状，指压出血点上方，

并将出血肢抬高，或加压包扎止血。

若用止血带止血，先垫数层柔软布，

带子扎得松紧度，刚使动脉无搏动。 (6-26)

## 6-27　骨折急救法

高处作业时坠落，撞击挤压后骨折。

肢体骨折用夹板，两个关节间固定。

脊柱骨折重伤员，俯卧担架门板上，

胸腹部位均加垫，固定身体不移动。

若疑颈椎有损伤，平卧伤员头两侧，

放置沙袋来固定，颈头部位不转动。 (6-27)

## 6-28　电弧灼伤急救法

触电者电弧灼伤，将衣服鞋袜脱下。

灼伤部位防污染；可用急救包包扎；

或者用清洁布片、干净毛巾来覆盖。

不要擦粘着异物，也不要刺破水泡。 (6-28)

## 6-29　烧伤救护法

强酸强碱等烧伤，高温蒸汽水烫伤。

鞋袜衣服须剪除，清洁布片盖伤口。

四肢烧伤有脏物，须用清洁水冲洗。

强酸或强碱烧伤，速脱被溅染衣物，

清水冲洗要彻底，用适当药物中和。

送往医院路途中，多次口服糖盐水。 (6-29)

## 6-30　中暑、冻伤救护法

夏季高温中暑者，速移阴凉通风处。

冷水擦浴风扇吹，身上覆盖湿毛巾，

头部置冰袋降温，及时口服盐开水。

冬季野外冻伤者，肌肉僵直勿曲肢。

抬至暖室内救治，剪去身上潮湿衣，

干燥柔软衣物盖，不得烤火或搓雪。 (6-30)

## 6-31 蛇、犬咬伤救护法

野外作业蛇咬伤，不惊不跑不饮酒。

伤口大多在四肢，速从上端向下挤，

挤出毒液布带扎，伤肢固定免活动。

有蛇药时先服用，再送去医院救治。

犬咬伤口内唾液，自上而下挤出来，

并用肥皂水冲洗，然后用碘酒涂搽。

少量出血不止血，也不包扎或缝合。

查明是否疯狗咬，对症治疗很重要。 (6-31)